"十三五"普通高等教育本科部委级规划教材

服装纸样设计 （第4版）

CLOTHING PATTERN DESIGN
（4TH EDITION）

刘东　等 ｜ 编著

U0241935

中国纺织出版社有限公司

国家一级出版社
全国百佳图书出版单位

内 容 提 要

　　服装纸样设计是服装裁剪的工具书，本书共分十二章，从服装结构基础入手，系统阐述了服装的局部和整体纸样的设计规律，全面介绍了人体测量，女装原型纸样，服装衣身、衣袖、裙装、衣领等局部变化的纸样制作方法，同时介绍了男、女装衬衫、西裤、便服、西装、大衣、T恤、内裤、童装等的整体结构设计原理以及立体裁剪技术。

　　本书图文并茂，其纸样设计方法在实践中得到检验，便于读者理解和学习，可作为高等服装院校、职业技术教育、成人教育、服装设计裁剪培训学校的教材，同时兼具知识性、实用性和资料性，实用性强，可作为服装企业技术人员自学的参考用书。

图书在版编目（CIP）数据

服装纸样设计 / 刘东等编著 . ‑‑4 版 .‑‑ 北京：中国纺织出版社有限公司，2019.10（2022.11重印）

"十三五"普通高等教育本科部委级规划教材

ISBN 978‑7‑5180‑6506‑6

Ⅰ.①服… Ⅱ.①刘… Ⅲ.①服装设计—纸样设计—高等学校—教材 Ⅳ.① TS941.2

中国版本图书馆 CIP 数据核字（2019）第 167909 号

策划编辑：李春奕　责任编辑：杨　勇　责任校对：寇晨晨
责任设计：何　建　责任印制：王艳丽

中国纺织出版社有限公司出版发行
地址：北京市朝阳区百子湾东里A407号楼　邮政编码：100124
销售电话：010 — 67004422　传真：010 — 87155801
http://www.c‑textilep.com
中国纺织出版社天猫旗舰店
官方微博http://weibo.com/2119887771
三河市宏盛印务有限公司印刷　各地新华书店经销
2001年10月第1版　2019年10月第4版　2022年11月第3次印刷
开本：787×1092　1/16　印张：22
字数：350千字　定价：49.80元

第4版前言

修订本书的目的是为了服装产业的转型升级、服装智能化的发展以及行业的人才培养需求。作为服装产业、服装智能制造发展最重要的基础，服装技术人才队伍的建设显得越来越重要。尤其是在服装行业转型升级的时代背景下，更应突出专业建设、人才建设的特色性与前瞻性，以"发展是第一要务，人才是第一资源，创新是第一动力"为原则，坚持多元化服装人才培养，致力于服装行业各技术岗位结构的优化，进一步适应并推动服装产业转型、智能制造升级的大趋势。服装产业转型升级，正在从低附加值向高附加值转变，从高耗能高污染向低耗能低污染转变，从粗放管理向精益化管理转变。因此，在服装产业升级进程中，对人才、技术提出了更高的要求。服装人才调查发现，在服装企业人才需求中，对专业性高的专业人才的需求呈明显增长趋势；再加上服装产业转型升级中机器换人的步伐加快，服装市场对人才的技术、管理水平以及综合素养也提出了新的要求，服装人才层次的逐步提高有赖于人才的培养。培养高素质技术人才可以为服装产业发展提供软实力，在服装企业转型、智能制造升级中促进技术、管理生产力的转化，而服装行业用人，在专业性、实践化方面也逐渐提高，从而推动服装教育人才培养机制进一步提升。

服装纸样设计是服装生产的一门重要专业技能，也是指导服装生产的技术依据。本书在总结多年教学经验的基础上，针对成年男、女体型和儿童体型的特点，比较全面系统地阐述了服装局部及整体纸样设计的基本原理和方法。

本书由中国纺织出版社组织惠州学院服装学院具有副高职称教师编写，作者均是具有丰富教学实践经验的高校教师。书中图文并茂，循序渐进，由浅入深，以大量的图解从结构原理和裁剪要点上进行了详细的阐述及剖析，其理论具有实用性、可操作性、实际性等特点。一方面可以作为专业院校、各类服装设计裁剪培训学校教材；另一方面也可以作为企业人员以及广大服装爱好者的学习参考用书。

本书共分十二章。第一章~第七章由刘东编写；第八章、第十章由李秀英编写；第九章、第十一章由严燕连编写；第十二章由徐丽丽编写；全书由刘东主编。在本书的编写过程中得到多方关心与支持，在此表示诚挚的谢意。另外，在编撰过程中为使内容更加翔实，引用了一些参考资料，在此由衷地表示感谢。因编者经验及水平的局限，疏漏错误之处在所难免，敬请读者批评指正。

编著者

2019年3月

第3版前言

进入20世纪90年代，中国纺织业内部进行了大规模的结构调整，产业升级、技术升级，为服装业的发展提供了契机。大量的中小服装企业通过内引外联的形式迅速发展起来，成为服装业的主力军。目前我国已拥有很强的服装加工能力，确立了服装业在贸易出口中的龙头地位。但是，由于我国服装生产企业多数是以乡镇企业、三资企业、私营企业为主的中小型服装企业，企业受制于经营模式及生产特点的约束较多，自主品牌打不出国门，主要为国外贴牌生产。因此，即使中国的服装产量和出口量都是世界第一，但由于品牌、技术及板型等各种原因，一直在国际上得不到好评。如何扭转这种局面，已成为政府和企业面临的一道难题。企业要想改变这种受制于人的局面，除了寻求政府的经济支持外，解决问题的关键还是需要大量既懂服装生产、又懂经营管理的实用型人才。同时，随着中国加入了WTO，服装产业越来越感受到产业国际化带来的强大压力，在服装业及服装教育发展迅速、从业人员队伍日益扩大的同时，企业对技术人员的要求也越来越高。因此，培养和提高技术人员的水平，为企业的发展注入科学技术活力，已成为服装教育工作者不可推卸的责任。

服装纸样设计是服装生产的一门重要专业技能，也是指导服装生产的技术依据。本教材在总结多年教学经验的基础上，针对成年男、女体型和儿童体型特点，比较全面系统地阐述了服装局部和整体纸样设计的基本原理和方法。

本书是由中国纺织出版社组织惠州学院服装系具有副高职称教师编写的，作者均为具有丰富教学实践经验的高校教师。本书图文并茂，循序渐进，由浅入深，结构原理和裁剪要点都以大量的图解进行了详细的阐述及剖析，其理论具有实用性、可操作性、实际性等特点。本书既可以作为专业院校、各类服装设计裁剪培训学校的教材，也可作为企业人员以及广大服装爱好者学习参考用书。

本书共分十二章。第一章由杨雪梅编写；第二、第三、第四、第五、第六、第七章由刘东编写；第八、第十章由李秀英编写；第九、第十一章由严燕连编写；第十二章由徐丽丽编写；全书由刘东主编。在本书的编写过程中得到中国纺织出版社编辑的多方关心与支持，在此表示诚挚的谢意。另外，在编撰过程中为使内容更加翔实，引用了一些参考资料，在此也由衷地表示感谢。因编者经验及水平有限，疏漏错误之处在所难免，敬请读者批评指正。

编著者
2013年12月

第2版前言

进入20世纪90年代，中国纺织业内部进行了大规模的结构调整。产业升级、技术升级为服装业的发展提供了契机。大量的中小服装企业通过内引外联的形式迅速发展起来，成为服装业的主力军。目前我国已拥有很强的服装加工能力，确立了服装业在贸易出口中的龙头地位。但是由于我国服装生产企业多数是以乡镇企业、三资企业、私营企业为主的中小型服装企业，企业受制于经营模式及生产特点的约束较多，自主品牌打不出国门，主要为国外贴牌生产。因此，即使中国的服装产量和出口量都是世界第一，但由于品牌、技术及板型等各种原因，一直在国际上得不到好评，如何扭转这种局面，已成为我国政府和企业面临的一道难题。

除了寻求政府的经济支持外，服装企业要想改变这种受制于人的局面，解决问题的关键所在还是需要大量既懂服装生产、又懂经营管理的实用型人才。同时，随着中国加入WTO，服装产业越来越感受到产业国际化带来的强大压力。在服装业及服装教育发展迅速、从业人员队伍日益扩大的同时，企业对技术人员的要求也越来越高。因此，培养和提高技术人员的从业水平，为企业的发展注入科学技术活力，已成为服装教育工作者不可推卸的责任。

服装纸样设计是服装生产的一门重要专业技能，也是指导服装生产的技术依据。本教材在总结多年教学经验的基础上，针对成年男、女体型和儿童体型的特点，比较全面系统地阐述了服装局部和整体纸样设计的基本原理和方法。

本书是由中国纺织出版社组织惠州学院服装系具有副高职称的教师编写的，作者均为具有丰富教学实践经验的高校教师。本书图文并茂，循序渐进，由浅入深，以大量的图解从结构原理和裁剪要点上进行了详细的阐述及剖析，其理论具有实用性、可操作性的特点。既可作为专业院校、各类服装设计裁剪培训学校的教材，也可作为企业人员以及广大服装爱好者学习的参考书。

本书共分十二章。第一、第二、第三章由杨雪梅编著；第四、第五、第六、第七章由刘东编著；第八、第十章由李秀英编著；第九、第十一章由严燕连编著；第十二章由徐丽丽编著；全书由刘东主编。另外，在编撰过程中为使内容更加翔实，该书引用了一些参考资料，在此也由衷地表示感谢。

因编者经验及水平有限，疏漏错误之处在所难免，敬请读者批评指正。

编著者
2008年8月

第1版前言

随着市场经济体制改革的不断深入，我国经济步入快速发展的轨道，工业化进程加快。为了适应我国经济发展的特点，纺织行业内部进行了大规模的结构调整、产业升级、技术升级，为我国服装工业的崛起提供了契机。进入20世纪90年代，大量的中小服装企业通过内引外联的形式，在沿海开放城市迅速发展起来，成为我国服装工业的主力军。经过十多年的发展，目前我国已拥有很强的服装加工能力，显示出我国服装工业前所未有的发展势头，也确立了21世纪服装工业在纺织行业中的龙头地位。目前，我国服装生产企业多数为中小型服装企业，而且以乡镇企业、三资企业、私营企业为主。服装企业的经营模式及其生产特点，决定了服装企业所需要的大量人才是既懂服装生产工艺、又懂服装生产管理的生产第一线的实用型管理人才。

"高等服装实用技术教材"丛书正是针对服装行业发展的形势及服装企业对人才需求的特点编著而成的，具有实用性、可操作性、实际性等特点。一方面可以作为服装专业的配套教材，另一方面也可作为在职服装企业经营管理人员或有志于服装企业经营管理人员的参考丛书。

本套丛书是由中国纺织出版社组织西纺广东服装学院一批在服装专业从事教学工作的同志编写的。西纺广东服装学院与香港旭日集团合作办学十多年，培养了大量的服装生产第一线的实用型管理人才，深受服装企业的欢迎，其办学模式在珠江三角洲地区产生了广泛的影响，享有较高的声誉，并得到了国家纺织工业局和全国纺织教育学会的肯定。编著这套丛书，旨在总结西纺广东服装学院合作办学的成果，并通过这套丛书与从事服装教育的广大工作者及从事服装企业经营管理的仁人志士进行广泛交流，共同促进我国服装业的发展。

本套丛书包括《成衣工艺学》、《服装纸样设计》（上、下册）、《服装生产筹划与组织》、《服装品质管理》、《服装企业督导管理》、《成衣缝制工艺实验指导》七册，由史义民研究员担任编委会主任、吴铭副教授担任副主任，参加编写的人员有刘小红、万志琴、宋惠景、张小良、刘东、李秀英、袁新文、严燕连、陶钧、陈小云、王秀梅、陈志敏等。

本套丛书以实用为特色。由于作者的理论水平与实践经验有限，编写中的不足之处在所难免，望专家、学者批评指正。

编著者

2000年8月

《服装纸样设计》（第4版）教学内容及课时安排

章/课时	课程性质/课时	节	课程内容
第一章 （6课时）	基础知识/22课时		• 绪论
		一	服装纸样设计概述
		二	服装纸样设计基础
		三	人体测量与号型标准
第二章 （8课时）			• 基本纸样设计
		一	欧式女装基本纸样设计
		二	日式女装基本纸样设计
		三	日式童装基本纸样设计
第三章 （8课时）			• 服装的省位、褶裥变化
		一	省的形成及名称
		二	省位转移
		三	褶裥变化的方法
第四章 （10课时）	基础应用/40课时		• 上装款式造型
		一	开襟纸样设计
		二	上装款式变化
第五章 （10课时）			• 裙装款式造型
		一	直裙纸样设计
		二	斜裙纸样设计
		三	节裙纸样设计
第六章 （10课时）			• 衣袖款式造型
		一	装袖类纸样设计
		二	连身袖类纸样设计
		三	袖口纸样设计
第七章 （10课时）			• 衣领款式造型
		一	平领纸样设计
		二	立领纸样设计
		三	翻驳领纸样设计

章/课时	课程性质/课时	节	课程内容
第八章 （16 课时）	应用与实践 /38 课时		• 女装纸样设计
		一	上装纸样设计
		二	裤装纸样设计
		三	连衣裙及旗袍纸样设计
		四	T 恤纸样设计
		五	文胸及内裤纸样设计
第九章 （14 课时）			• 男装纸样设计
		一	上装纸样设计
		二	裤装纸样设计
		三	T 恤纸样设计
		四	内裤纸样设计
第十章 （8 课时）			• 童装纸样设计
		一	儿童体型特征
		二	童装原型设计
		三	童装纸样设计
第十一章 （6 课时）	实践与提高 /6 课时		• 服装纸样修正
		一	上装纸样修正
		二	裤、裙装纸样修正
		三	服装纸样工程
第十二章 （18 课时）	应用与实践 /18 课时		• 立体裁剪
		一	立体裁剪综述
		二	服装各部件造型裁剪
		三	礼服立体裁剪实例

注 各院校可根据自身的教学特色和教学计划对课程时数进行调整。

目录

基础知识——

绪论

本章内容： 1. 服装纸样设计概述

2. 服装纸样设计基础

3. 人体测量与号型标准

教学时间： 6课时

学习目的： 让学生了解服装纸样设计概念和服装纸样设计方法，掌握纸样设计的工具、制图符号及标准，熟悉工业样板的类型，并熟练掌握人体测量的方法。

教学要求： 掌握服装纸样设计概念，了解服装纸样设计方法；掌握纸样设计的工具、制图符号及标准，熟悉工业样板的类型，了解样板设计的基础；熟练掌握人体测量要领和方法，了解服装规格及参考尺寸的查询和使用。

第一章 绪论

第一节 服装纸样设计概述

一、服装纸样设计概念

服装纸样设计就是服装的结构设计。服装纸样设计是根据人的体型特征，分析服装结构的立体构成和平面裁剪的科学。它涉及的知识面很广，包括人体解剖学、人体测量学、服装设计学、服装材料学、服装卫生学、服装工艺学和美学等相关学科的内容。它与服装款式设计、工艺制造共同构成了现代服装工程，是服装制造过程中不可缺少的部分。一方面，纸样设计是款式设计的延伸和完善，是将款式设计的思想及形象思维结果转化成服装平面结构图的工作过程，它将服装的立体造型分解成平面的衣片形状，揭示服装各个部位之间的关系，并可以对款式设计中不合理的部分进行科学的修改，使服装的造型趋于完美，是款式设计的再创作、再设计；另一方面，纸样设计又是服装工艺制造的前提和准备，为服装的工艺制造提供了全面、科学的裁片、数据和制造指引。因此，服装纸样设计在整个服装生产过程中起着承上启下的作用。

服装纸样设计在学科门类中属生活科学，是一门与生产实践密切相关的学科，与其他课程相比，它更加强调科学性和实用性的统一。由于纸样设计具有很强的技术性，必须通过大量的实验才能深入理解和牢固掌握，所以必须加强实验环节，以提高实际操作能力。同时，纸样设计脱胎于劳动密集型产业的服装生产，很多方面还偏重于使用经验数据进行定量分析。因此，加强基础理论的研究，增强定量分析的科学性，是今后提高服装工程学科学术水平的主要任务。

二、服装纸样设计方法

服装纸样设计的方法很多，主要有平面裁剪和立体裁剪两大类。

1. 平面裁剪

平面裁剪是按照一定的服装款式，根据量体尺寸和人体特征，运用一定的计算方法、制图法则和变化原理，绘制款式的平面分解纸样，这种纸样设计方法称为平面裁剪。平面裁剪法应用较广泛，有许多的方式和流派，如点数法、原型法（基本样方法）、D式法、胸度法、黄金法、矩形法、短寸法等。本书主要运用点数法和原型法来介绍纸样设计的原理。

（1）点数法：指按照服装款式的要求，根据具体的人体尺寸和人体特征，运用一定的制图法则和相关原理，从第一点开始，逐点绘制服装整体结构的平面裁剪方法。这种方法精度高，适用于大批量生产服装时的纸样设计，但单从纸样设计的角度而言，其绘制速度慢，且公式繁多，复杂难记。

（2）原型法：是以在点数法的基础上绘制出的纸样作原型（基本样），按照服装款式的要求和人体特征，根据一定的结构转化原理和方法，将原型转变为相应款式纸样的平面裁剪方法。该方法简单、快捷，但要求有熟练的技术和正确的原型，其完成图的精度较点数法稍差。

2. 立体裁剪

立体裁剪指直接将布料披覆在人体或人体模型上，借助辅助工具，在三维空间中直接感觉面料的特性，运用边观察、边造型、边裁剪的方法，裁制出一定服装款式的布样或衣片纸样。通过立体裁剪所完成的服装，几乎能完全达到款式的要求，甚至能产生意想不到的完美效果。

从实用角度比较纸样设计的两种方法，立体裁剪具有成本高、效率低、操作不便、经验成分多及稳定性差等不足，而且必须在一定条件和场合下使用，不能适应现代服装工业大生产的需要。而平面裁剪则具备了成本低、效率高、灵活方便、理论性强、稳定性好及使用范围广等优点，在大批量生产中广受欢迎。虽然在实际应用中有些特殊结构尚需借助立体裁剪的方法才能解决，但相信这是暂时的，一旦探索出这些特殊结构的平面分解原理，则其显示出的优越性必将远远超过立体裁剪。当然，从研究的角度讲，在不能直接确定某些服装疑难结构的平面分解图时，运用立体裁剪在人体模型上获取它的平面分解图作为原始数据，则是必不可少的。在此基础上进一步研究立体构成与平面分解的内在联系和变化规律，将为直接在纸或布料上设计服装的平面分解图提供充分的理论根据。

第二节　服装纸样设计基础

一、纸样设计的工具

在服装工业制板中，虽然对制板工具没有严格的规定，但制板人员必须有熟练掌握使用工具的能力，常用的工具有如下几种。

1. 剪刀

对于服装制板人员来说，首先拥有的工具就是缝纫专用剪刀，常用的规格有25.4cm（10英寸）、28cm（11英寸）和30.5cm（12英寸）三种，其他种类的剪刀可根据每个人的习惯和爱好灵活运用。

2. 打板纸

由于工业化生产的特点，打板纸使用的纸张一般都是专用纸板。因为在裁剪和后整理时，纸样的使用频率较高，而且有些纸样需要在半成品中使用，如口袋净样板用于烫口袋裁片。另外，纸样的保存时间较长，以后有可能还要继续使用，所以纸样的保形很重要，制板用纸必须有一定的厚度，有较强的韧性、耐磨性、防缩水性和防热缩性，常用的有牛皮纸、白板纸等。这种打板纸的宽度一般为1.5~2m，长度以卷计，厚度为1mm左右。

3. 尺

制板用尺有多种，常用的有直尺、三角尺、软尺和曲线尺。直尺的长度通常有30cm、60cm、100cm和120cm四种。三角尺使用两种角度的直角三角板，即45°和30°，长度为25~30cm。软尺有厘米、市寸、英寸之分，工业制板中使用一面是厘米制，另一面是英寸制的软尺。另外，要选择有防止热胀冷缩特性的软尺。曲线尺的种类很多，这里只介绍一种被称为蛇尺的曲线尺，其内芯是扁形的金属条，最大的特点是可以任意弯曲成各种曲度且韧性较大，不仅可量取曲线的长度，还能沿已弯曲的曲线形状绘制该曲线，它的长度有多种，以60cm为宜。对于曲线尺，在制板中不推荐使用，因为它对曲线的造型并不能很好地控制。建议用直线尺来拟合曲线，它可以使曲线光滑并富有弹性，对于初学者一定要加强这方面的训练，从而练就扎实的基本功。

4. 笔

制板中可使用的笔很多，常用的有铅笔、蜡笔、碳素笔或圆珠笔，初学者及绘制基本纸样时多使用铅笔；蜡笔则主要用于裁片的编号和定位，如把纸样上的袋位复制在裁片上；碳素笔或圆珠笔多用于绘制裁剪线和推板。

5. 辅助工具

在工业制板中，使用较多的辅助工具有针管笔、花齿剪、对位剪（剪口剪）、描线器（或称滚轮、擂盘、复描器）、锥子、订书机、透明胶带、大头针、打孔器、工作台和立体人台等。这些工具的使用方法在许多相关书籍中均有说明，故不赘述。

二、制图符号及标准

制图符号是在进行服装绘图时，为使服装纸样统一、规范、标准，便于识别及防止差错而制定的标记。它不完全等同于单量单裁中的纸样符号，而是在一定批量的服装工业生产的要求下准确应用。另外，从成衣国际标准化的要求出发，也需要在纸样符号上加以标准化、系列化和规范化。这些符号不仅用于绘制纸样本身，许多符号还在裁剪、缝制、后整理和质量检验过程中应用，针对这两种情况，可将它们分为纸样绘制符号和纸样生产符号。

1. 纸样绘制符号

在把服装结构图绘制成纸样时，若仅用文字说明则缺乏准确性和规范化，也不符合简化和快速理解的要求，甚至会造成理解的错误，这就需要用一种能代替文字的手段，使之既直观又便捷。

下面介绍纸样绘制中经常使用的一些符号，并列表加以说明，见表1-1。

表1-1 制图符号

序 号	名 称	符 号	说 明
1	细实线		表示制图的基础线和辅助线
2	粗实线		表示制图的轮廓线
3	虚线		表示下层纸样的轮廓线
4	等分线		表示一定的长度被分成若干等份
5	经向号（布纹线）		纸样的方向与布料的经纱方向一致，也称对布丝或对丝缕
6	顺向号（单向线）		箭头所指方向表示裁片是顺毛或图案的正立方向
7	相等号		符号所在的线条相等，按使用次数的不同，可分别选用不同的符号表示
8	对位号（剪口）		裁片的某一位置与另一裁片的对应位置在车缝时必须缝制在一起
9	省道线（省）		表示裁片收省的位置、形状及尺寸
10	褶		表示裁片折叠的位置及尺寸
11	裥		表示裁片折裥的位置及尺寸
12	缩褶号		表示裁片需缩缝处理的位置及尺寸
13	钻孔号		某位置需用钻孔来表示点位
14	重叠号		表示两幅纸样在某位置交叉重叠
15	直角号		表示该位置的直线呈直角
16	剪开号		沿线剪开纸样

续表

序 号	名 称	符 号	说 明
17	对折线		表示裁片的形状沿该直线对称,纸样只需画出一半来表示其完整的形状
18	否定号		制图中表示所在的线条为作废的错误线条
19	扣位(纽位)		服装纽扣所在的位置
20	扣眼位		表示服装扣眼所在的位置
21	拼接号		表示两裁片在该位置车缝在一起
22	省略号		省略纸样某部分不画的标记
23	归缩号		裁片在该部位熨烫归缩的标记
24	拉伸号		裁片在该部位熨烫拉伸的标记

除以上这些纸样绘制符号以外,还有一些不常用的标准符号以及某些裁剪书上的一些自己设定的符号,在此不作推荐。

2.纸样生产符号

纸样生产符号主要是国际和国内服装业通用的、具有标准化生产的权威性符号。掌握这些符号的规定,有助于设计或制板人员对服装结构造型、面料特性和生产加工等综合素质的提高。

下面介绍纸样生产中经常使用的一些符号并列表加以说明,见表1-2。

表1-2 纸样生产符号

序 号	名 称	符 号	说 明
1	布纹符号		又称经向符号,表示服装材料布纹经纱方向的标记,纸样上布纹符号中的直线段在裁剪时应与经纱方向平行,但在成衣工业化排料中,根据款式要求可稍作调整,否则偏移过大会影响产品的质量
2	对折符号		表示裁片在该部位不可裁开的符号,如男衬衫过肩后中线
3	顺向符号		表示服装材料表面毛绒顺向的标记,箭头方向应与毛绒顺向一致,如裘皮、丝绒、条绒等,通常裁剪方式采用倒毛的形式
4	拼接符号		表示相邻裁片需拼接的标记和拼接位置,如两片袖中大、小袖片的缝合

续表

序 号	名 称	符 号	说 明
5	省符号: 枣核省 丁字省 宝塔省		省的作用往往是一种合体的处理,省的余缺指向人的凹点,省尖指向人的凸点,一般用粗实线表示,裁片内部的省用细实线表示,常见的省有腰省、胸省、肘省、半活省和长腰省
6	褶裥符号: 褶 裥 暗裥 明裥		褶比省在功能和形式上较灵活多样,因此,褶更富有表现力。褶一般有活褶、细褶、十字褶、荷叶边褶和暗褶,是通过部分折叠并车缝成褶 当把褶车缝后或全部熨烫出褶痕,就成为常说的裥。常见的裥有顺裥、相向裥、暗裥和倒裥,裥是褶的延伸。在褶的符号中,褶的倒向总是以毛缝线为基准,该线上的点为基准点,以基准点为中心,对称压褶,褶的符号表示正面褶的形状
7	对条符号		表示相关裁片的条纹应一致的标记,符号的纵横线与布纹对应,如采用有条纹面料制作西装,大袋盖上的条纹必须和大身上的条纹一致
8	对花符号		表示相关裁片中对应的图案或花型等的标记,如在前片纸样中有对花符号,则在裁剪时,左右两片的花型必须对称
9	对格符号		表示相关裁片的格纹应一致的标记,符号的纵横线对应于布纹
10	缩褶符号		表示裁片某部位需用缝线抽褶的标记,如西装袖子在绱袖窿之前,需采用这种方法
11	归缩符号		又称归拔符号,表示裁片某部位归缩熨烫的标记,张口方向表示裁片的收缩方向,圆弧线条根据归缩程度可画2~3条
12	拔伸符号		又称拉伸符号或拔开符号,与归缩符号的作用相反,表示裁片某部位拉伸熨烫的标记,如男西装前片肩部就采用该方法
13	剪口符号		又称对位符号,各衣片之间的有效符号,对提高服装的质量起着很重要的作用,如西服中前身袖窿处的剪口与大袖上的剪口在缝制时必须对合
14	纽扣及 扣眼符号		表示在服装上缝钉纽扣位置的标记以及锁眼的标记
15	明线符号		表示服装某部位表面车缝明线的标记,主要在服装结构图和净纸样中使用,多见于牛仔服装中
16	拉链符号		表示服装在该部位需缝制拉链的标记

当然，纸样生产符号还有其他的标准符号，由于不经常使用在此略去。以上所有的纸样绘制符号和生产符号使用普遍，必须掌握它们的特点并在实践中正确运用，才能保证制图过程的规范化和纸样的标准化。

三、工业样板的类型

服装工业样板不仅要求号型齐全，而且要结合面料特性和裁剪、缝制、整烫等工艺要求，制作出适应每一生产环节的样板，工业样板按其用途不同可分为裁剪样板和工艺样板两大类。

1. 裁剪样板

裁剪样板是主要用于批量裁剪中排料、划样等工序的样板。裁剪样板又分为面料样板、里料样板、衬料样板及部件样板。

（1）面料样板：用于面料裁剪的样板，一般是加有缝份和折边量的毛样板。为了便于排料，最好在样板的正反两面都做好完整的标记，如纱向、号型、名称和数量等。要求结构准确，纸样标示正确清晰。

（2）里料样板：用于里料裁剪的样板。里料样板是根据面料特点及生产工艺要求制作的，一般比面料样板的缝份大0.5～1.5cm，留出缝制过程中的清剪量，在有折边的部位，里料的长度可能要比衣身样板少一个折边量。

（3）衬料样板：衬布有织造衬和非织造衬、缝合衬和黏合衬之分。不同的衬料和不同的使用部位，有着不同的作用与效果，服装生产中经常结合工艺要求有选择地使用衬料。衬料样板的形状及属性是由生产工艺决定的，有时使用毛板，有时使用净板。

（4）部件样板：用于服装中除衣片、袖片、领子之外的小部件的裁剪样板。如袋布、袋盖、袖克夫等，一般为毛样板。

2. 工艺样板

在成批生产的成衣工业中，为使每批产品保持各部位规格准确，对一些关键部位及主要部位的外观及规格尺寸进行衡量和控制的样板称为工艺样板。生产的手工操作越多，需用的工艺样板也越多；机械化、自动化程度越高，则需用的工艺样板越少。按作用和用法不同，工艺样板基本分为五种。

（1）修正样板：用于裁片修正的模板，是为了避免裁剪过程中衣片变形而采用的一种补正措施。主要用于对条、对格的中高档产品，有时也用于某些局部的修正，如领口、袖窿等。有些面料质地疏松且容易变形，因此在划样裁剪中需要在衣片四周加大缝份的余量，在缝制前再用修正样板覆在衣片上进行修正。局部修正则放大相应部位，再用局部修正样板修正。修正样板可以是毛样板，也可以是净样板，一般情况下以毛样板居多。

（2）净片样板：主要用于高档产品，特别是对条、对格、对花产品以及高档西装、礼服等产品的主附件定位、画剪净样、修剪等操作。面料经烫缩后的大小、丝缕平服、双片对称、条格相对等画剪、修剪和规正的样板多为毛样板。

（3）定量样板：主要是用于掌握和衡量一些较长部位、宽度、距离的小型模具，多用于折边、贴边部位。例如，各种上衣的底边、袖口折边、女裙底边、裤脚口折边等，如图1-1所示。

（4）定形（扣烫）样板：为了保证某些关键部件的外形规范、规格符合标准，在缝制过程中采用定形样板，一般采用不加放缝份的净样板，如衣领、驳头、衣袋、袋盖、袖克夫等小部件。定形样板按不同的使用方法又可分为画线定形板、缉线定形板和扣边定形板。定形样板要求结实、耐用、不抽缩，有的使用金属材料制作。

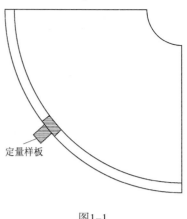

图1-1

①画线定形板：按定形板勾画净线，可作为缉线的线路，保证部件的形状规范统一。例如，衣领在缉领外围线前先用画线定形板勾画净线，能使衣领的造型与样板基本保持一致。画线定形板一般采用黄板纸或卡纸制作，如图1-2所示。

②缉线定形板：按定形板缉线，既省略了画线，又使缉线与样板的符合率大大提高，如下摆的圆角部位、袋盖部件等。但要注意，缉线定形板应采用砂布等材料制作，目的是为增加样板与面料间的附着力，以免在缝制中移动，如图1-3所示。

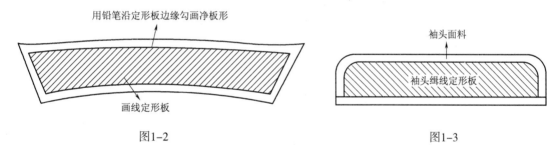

图1-2　　　　　　　　　　　　　　　图1-3

③扣边定形板：多用于单缉明线不缉暗线的零部件，如贴袋、弧形育克等。将扣边定形板放在衣片的反面，周边留出缝份，然后用熨斗将这些缝份向定形板方向扣倒并烫平，以保证产品规格一致。扣边定形板应采用坚韧耐用且不易变形的薄铁片或薄铜片制成。扣边定形板以净样板居多，如图1-4所示。

（5）定位样板：为了保证某些重要位置的对称性和一致性，在批量生产中常采用定位样板。主要用于不允许钻眼定位的高档衣料产品。定位样板一般取自于裁剪样板上的某一个局部。对于衣片或半成品的定位往往采用毛样板，如袋位的定位等。对于成品中的定位则往往采用净样板，如扣眼位等。定位样板一般采用白卡纸或黄板纸制作，如图1-5所示。

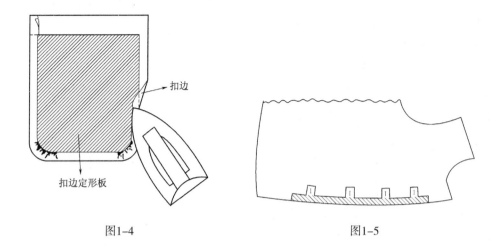

图1-4   图1-5

第三节　人体测量与号型标准

一、测量要领和方法

服装纸样设计通常根据所需的服装标准来获得必要尺寸，它是理想化的，工业化生产更无须进行个别的人体测量。但是，作为服装设计人员，人体测量是必不可少的知识和技术，而且要懂得服装标准中规格和参考尺寸的来源、测量的技术要领和方法，这对一名设计者认识人体—结构—服装的构成过程是十分重要的。这里所讲的测量是针对服装设计要求的人体测量，一方面这种测量标准要与国际服装测量标准一致；另一方面它必须符合纸样设计原理的基本要求，只是这种测量工作是由纸样设计者完成并使用测量尺寸的。作为定制服装的纸样设计，则更显出它的优越性，但需要对被测者进行认真细致的形体观察和测量，获得与标准体型的差异尺寸。

1.测量要领

（1）净尺寸测量：净尺寸是确立纸样基本结构的主要参数。为了使净尺寸测量准确，被测者要穿紧身的衣服。净尺寸的另一种解释称为内限尺寸，即各尺寸的最小极限或基本尺寸，如胸围、腰围、臀围等围度测量都不加放松量；袖长、裤长等长度原则上并非指实际成衣的长度，而是这些长度的基本尺寸，设计者可以依据内限尺寸进行设计（或加、或减）。净尺寸的测量还需要结合款式造型的要求，重点部位尺寸要多测量几次。

（2）定点测量：是为了保证各部位测量的尺寸尽量准确，避免凭借经验猜测。例如，围度测量先确定测位的凸凹点，然后作水平测量；长度测量是有关各测点的总和，如袖长是肩点、肘点和尺骨点的连线之和。

（3）厘米制测量：测量者所采用的软尺必须是厘米制，以求得标准单位的规范和统一。切忌使用市尺制的软尺，国际上还有英寸单位被普遍使用，通常使用于外单生产。英寸和厘米（cm）的换算公式：1英寸=2.54cm。

2. 测量方法

在测量围度时，左手持软尺的零点一端紧贴测点，右手持软尺水平绕测位一周，并记下读数。其软尺在测位紧贴时，其状态既不滑落，也不使被测者有明显扎紧的感觉。长度测量一般随人体起伏，并通过中间定位的测点进行测量。

二、人体主要基准点和基准线

1. 人体的主要基准点

在测量人体尺寸前，必须对人体和服装结构相关的点与线有深入的了解。图1-6所示为人体的主要基准点。

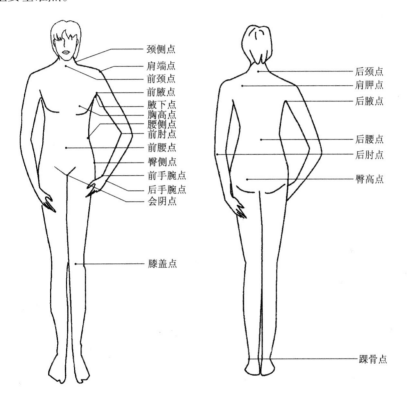

图1-6

（1）颈侧点：是颈侧线与颈根围的交点。

（2）肩端点：位于人体的肩关节处。

（3）前颈点：位于人体前中线的颈、胸交界处。

（4）前腋点：位于胸部与手臂的交界处。

（5）腋下点：位于腋下最低处。

（6）胸高点：乳头所在的位置。

（7）腰侧点：位于腰侧部中央。

（8）前肘点：位于手臂肘关节前中央。

（9）前腰点：位于前腰部中央。

（10）臀侧点：是臀围线与体侧线的交点。

（11）前手腕点：位于手腕部的前端中点。

（12）后手腕点：位于手腕部的后端中点。

（13）会阴点：位于两腿的交界处。

（14）膝盖点：位于膝关节的前端中央。

（15）后颈点（颈椎点）：位于后中线的颈、背交界处（第七颈椎骨）。

（16）肩胛点（背高点）：位于肩胛骨最高点处。

（17）后腋点：位于背部与手臂的交界处。

（18）后腰点：位于后腰部中央。

（19）后肘点：位于手臂肘关节后中央。

（20）臀高点：位于臀部最高处。

（21）踝骨点：位于踝骨外部最高点。

2. 人体的主要基准线

人体体表的基准线是人体各曲面的交界线，反映出体表的起伏状态，是确定纸样结构线条的主要依据。图1-7所示为人体的主要基准线示意图。

（1）小肩线：颈侧点至肩端点的线条。

（2）臂根围线：绕手臂根部一周的线条。

（3）胸宽线：左、右前腋点之间的直线距离。

（4）胸围线：经胸高点水平绕人体一周的线条。

（5）前中线：从前颈点起，经前胸中点、前腰中点至会阴点的线条。

（6）上身长线（腰节线）：从小肩线中点开始，经胸高点至腰围线的线条。

（7）腰围线：水平绕腰部最细部位一周的线条。

（8）腰长线（腰至臀长）：腰围线与臀围线之间的直线距离。

（9）手腕围线：绕手腕一周的线条。

（10）臀围线：水平绕臀部最丰满处一周的线条。

（11）裆深线：经过会阴点的水平线。

（12）大腿围线（髀围）：绕大腿最粗位置一周的线条。

（13）腰至膝线：腰围线至膝围线之间的直线距离。

（14）膝围线：水平绕膝盖部位一周的线条。

（15）踝围线：水平绕脚踝部位一周的线条。

（16）头围线：水平绕头部最宽部位一周的线条。

（17）颈围线：绕颈部喉结处一周的线条。

（18）颈根围线：绕颈根底部一周的线条。

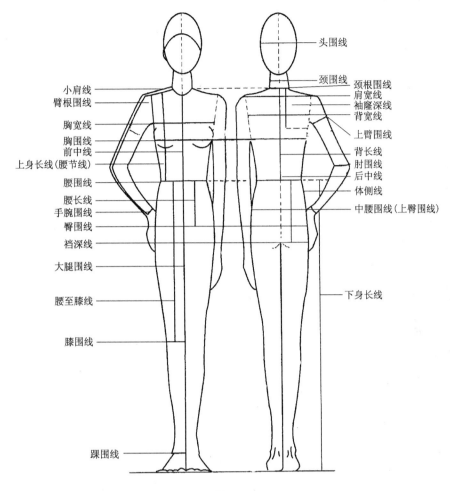

图1-7

（19）肩宽线：在背部连接两肩端点的直线。

（20）袖窿深线：颈根围线与经腋下点下方2cm处水平线间的直线。

（21）背宽线：在背部连接两臂根围线中点的水平直线。

（22）上臂围线：在腋下点处，绕上臂最粗部位一周的线条。

（23）背长线：连接后颈点与后腰点的直线。

（24）肘围线：手臂自然下垂时，绕手臂肘关节处一周的线条。

（25）后中线：从后颈点起，经后腰中点至会阴点止的线条。

（26）体侧线：从腋下点起，经腰侧点、臀侧点至脚踝点的人体侧面中央线条。

（27）中腰围线（上臀围线）：在腰围线和臀围线中间位置水平绕一周的线条。

（28）腰围高：腰围线至地面的线条。

（29）颈椎点高：第七颈椎点至地面的线条。

（30）身高：头顶至地面的线条。

三、女装尺寸测量

对人体进行尺寸测量时，测量者应站在被测者的侧面，被测者要自然站立。

1. 围度尺寸测量

（1）领围：在喉结下2cm处绕脖颈一周的尺寸，如图1-8所示。

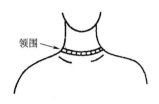

图1-8

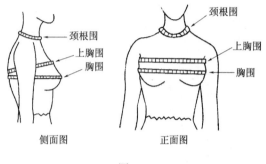

侧面图　　　　正面图

图1-9

（2）颈根围：经过后颈点（第七颈椎骨）、左右颈侧点和前颈点围量一周的尺寸，如图1-9所示。

（3）胸围：在胸部经过胸高点水平量取一周的尺寸，软尺要保持水平状态，如图1-9所示。

（4）上胸围：在胸高点上方约4cm处围量一周。由于受双臂的影响，软尺不必处于水平状态，如图1-9所示。

（5）前后胸线：指将胸围在左、右侧缝处分为前、后两部分尺寸，侧缝的具体位置由款式决定。这两个尺寸也可以在确定侧缝位置后直接测量。

（6）高腰围：在胸围稍下部位水平围量一周的尺寸。具体位置可由款式决定，如图1-10所示。

（7）腰围：在腰部最细位置水平围量一周的尺寸，如图1-10所示。

（8）上臂围：在手臂最粗位置围量一周的尺寸，如图1-10所示。

（9）手腕围：在手腕关节处围量一周的尺寸，如图1-10所示。

（10）手掌围：五指自然并拢，软尺绕手掌最宽位置围量一周的尺寸，如图1-10所示。

（11）臀围（坐围）：在臀部最丰满位置水平围量一周的尺寸，如图1-10所示。

（12）大腿围（髀围）：水平围量大腿最粗位置一周的尺寸，如图1-10所示。

（13）膝围：经膝盖点水平围量膝部一周的尺寸，如图1-10所示。

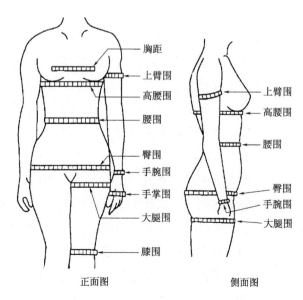

正面图　　　　　侧面图

图1-10

（14）踝围：经踝骨点水平围量脚踝一周的尺寸。

2. 长度尺寸测量

（1）胸距：水平量取两胸高点之间的距离，如图1-10所示。

（2）全身长：由前颈点分别过高腰围线、腰围线、膝围线至地面的垂直距离，也是前中线的位置，如图1-11所示。

（3）肩端点至胸高点：测量肩端点至胸高点之间的直线距离，如图1-11所示。

（4）前身长（腰节长）：由小肩线中点起，经胸高点至腰围线的垂直距离，如图1-11所示。

（5）后身长（后腰节长）：由颈侧点至后身腰围线的直线距离，如图1-12所示。

（6）肩端点至后腰中点：测量肩端点至后腰中点间的直线距离。

（7）背长：后颈点至腰围线的垂直距离，如图1-12所示。

（8）后长：后颈点至服装（上衣或裙子）底边的长度。

（9）总肩宽：左、右肩端点之间的距离，如图1-12所示。测量时，软尺应保持水平。

（10）背宽：左、右后腋点间的距离，如图1-12所示。后腋点指双臂自然下垂时与躯干在腋部所形成的夹缝后顶点。

（11）肩端点至后腰中点：测量肩端点至后腰中点间的直线距离，如图1-12所示。

（12）侧缝长(胁下长)：由腋下点至腰线的距离，可借助直尺量，如图1-12所示。

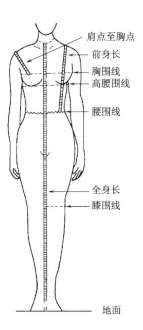

图1-11

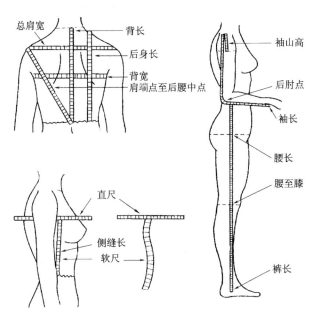

图1-12

（13）袖长：由肩端点量至手腕处的尺寸，测量时将手臂弯曲至90°角，软尺绕过后肘点，如图1-12所示。

（14）袖山高：双臂自然下垂，用橡筋圈水平套住上臂最高处，在手臂侧面测量肩端点至橡筋圈的距离，如图1-12所示。

（15）腰长：测量腰围线至臀围线的垂直距离，如图1-12所示。

（16）股上长：腰围线至臀股沟的距离。被测者需端坐在椅子上，量取腰侧点至椅面的垂直距离。

（17）裤长：腰侧点至膝部、踝骨外侧凸点的垂直距离，如图1-12所示。

四、男装和童装尺寸测量

1. 男装尺寸测量

男装尺寸的测量比女装要简单一些，主要测量部位如图1-13所示。

（1）身高：头顶至地面的垂直距离。

（2）全身长：后颈点至地面的垂直距离。

（3）背长：被测者端坐在椅子上，测量后颈点至椅面的垂直距离。

（4）袖长：从肩端点经后肘点至手腕的距离。

（5）外侧缝：腰围线至地面在体侧位置的垂直距离。

（6）胸围：在胸部经胸高点水平围量一周的尺寸。

（7）领围：在喉结下方2cm处，经后颈点围量一周的尺寸。

（8）总肩宽：左、右两肩端点之间的水平距离。

（9）腰围：在腰部最细处水平围量一周的尺寸。

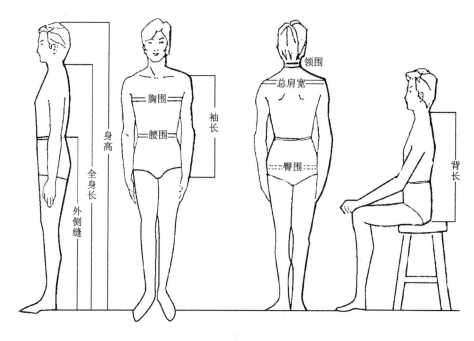

图1-13

（10）臀围：在臀部向后最凸出部位水平围量一周的尺寸。

2. 童装尺寸测量

测量儿童尺寸时，在腰围线的位置上用一条细绳作标记，然后测量各部位的尺寸，测量时必须在自然站立的状态下进行，如图1-14所示。

（1）身高：从头顶直至地面的垂直尺寸。

（2）胸围：由腋下点经过胸部最厚处水平围量一周的尺寸。

（3）腰围：水平围量腰部一周的尺寸。

（4）臀围：臀部最丰满处水平围量一周的尺寸。

（5）后背宽：在背部水平测量左、右腋下点的距离。

（6）领围：测量颈根围的尺寸。

（7）小肩宽：颈侧点至肩端点的距离。

（8）上臂围：从肩端点至肘点的中间处围量一周的尺寸。

（9）手腕围：围量手腕一周的尺寸。

（10）袖窿深：后颈点至胸围线的垂直距离。

（11）背长：后颈点至腰围线的垂直距离。

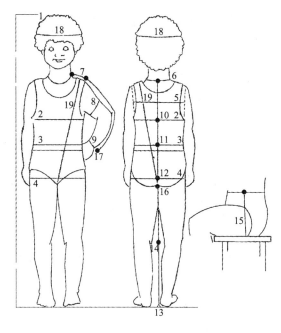

图1-14

（12）腰长：腰围线至臀围线在后中线的垂直距离。

（13）全身长：后颈点至地面的后中线的垂直距离。

（14）腰至膝围：腰围线至膝围线在后中线的垂直距离。

（15）股上长：被测者需端坐在椅子上，量取腰侧点至椅面的垂直距离。

（16）内侧缝：裤裆底部至地面的距离。

（17）袖长：测量时手臂叉腰，由肩端点经后肘点至手腕的长度。

（18）头围：围量头部最大部位一周的尺寸。

（19）躯干围：从小肩的中点向人体后背测量，绕过裤裆底部，经腹部、胸部回至小肩中点的尺寸。

五、服装规格及参考尺寸

我国第一部《服装号型》国家标准诞生于1981年，由国家技术监督局正式批准发布实施。为研制我国首部《服装号型》标准，国家轻工业部于1974年组织全国服装专业技术人员，在我国21个省市进行了40万人的体型调查，其对象包括农民、轻/重工矿企业及商业、机关、文艺、卫生、街道居民、大专院校、中小学生、幼儿园、托儿所等的各类人员。其年龄对象为：1~7岁的幼儿占10%，8~12岁的儿童占15%，13~17岁的少年占15%，成人占60%。调研测量了人体的17个部位，测量数据以人体净体的高度、围度数为准。调研所得的数据由中国科学院数学研究所汇总，从17个部位数据中男子选择12个，即上体长、手臂长、胸围、颈围、总肩宽、后背宽、前胸宽、全身长、身高、下体长、腰围、臀围；女子增加腰围高，为14个部位的数据。这些数据经整理、计算，求出各部位的平均值、标准差及相关数据，制定了符合我国体型的服装号型标准。

第一部《服装号型系列》标准经过十年的宣传和应用，又增加了体型数据，于1991年批准发布，标准代号为：GB 1335.1—1991《服装号型》国家标准。1991年发布的《服装号型》使用7年后又作了修订，这就是GB/T 1335.1—1997《服装号型 男子》，GB/T 1335.2—1997《服装号型 女子》和GB/T 1335.3—1997《服装号型 儿童》三个服装号型标准。服装号型国家标准自实施以来对规范和指导我国服装生产、销售都起到了良好的作用，我国批量生产的服装的适体性有了明显改善。十余年来，随着我国经济的快速发展，社会的不断进步，人民的生活水平有了很大的提高，我国人口的社会结构、年龄结构在不断变化，消费者的平均身高、体重、体态都与过去有了很大区别，人们的消费行为和穿着观念也在发生转变，原有的服装号型已不能完全满足服装工业生产和广大消费者对服装适体性的要求，必须加以改进和完善。修订服装号型国家标准并完善相关应用技术将对我国的服装贸易起到积极地推动和保护作用。

1. 我国的服装尺寸规格

我国最新修订的"服装号型国家标准"日前已由国家质量监督检验检疫总局、国家标准化管理委员会批准发布。GB/T 1335.1—2008《服装号型 男子》和GB/T 1335.2—2008《服装号型 女子》于2009年8月1日起实施，GB/T 1335.3—2009《服装号型 儿童》于2010年1月1日起实施。

现代服装工业生产中，必须使用标准统一的服装尺寸规格。尺寸规格不仅是批量生产服装时规格设定的依据，也是消费者选购合体服装的标识，同时还是服装质量检验的重要项目之一。尺寸规格表按其用途通常分为两类，即实际尺寸表和成衣尺寸表。实际尺寸表由测量人体后所得数据汇总而成，如国家颁布的统一号型标准就属于这一类，它是纸样设计的尺寸来源依据；成衣尺寸表是测量成衣主要控制部位尺寸所得的尺寸表，如服装质量检验尺寸表等，是衡量成衣尺寸是否符合要求的依据。

服装号型系列是服装在设计、生产和选购时的依据，并以国际通用净尺寸表示。号表示人体总高度，表示服装长度的参数；型表示净体胸围或腰围，表示服装围度的参数，均取厘米数。根据人体胸围与腰围之间的差数大小，将人体划分为Y、A、B、C四种类型（Y——宽肩细腰，属扁圆形体态；A——正常，属扁圆形体态；B——偏胖，属圆柱形体态；C——胖，属圆柱形体态）。儿童服装号型无体型之分。有关体型分类的代号及其胸腰差范围见表1-3。

表 1-3　体型分类代号及范围　　　　　　　　　　　　　单位：cm

体型分类代号	Y	A	B	C
男子胸围与腰围之差	17~22	12~16	7~11	2~6
女子胸围与腰围之差	19~24	14~18	9~13	4~8

（1）号型标识：服装成品上必须要有号型标识，其表示方法为号的数值写在前面，型的数值写在后面，中间用斜线分隔。型的后面再加标示体型分类代号。例如，男子上装：170/88A，表示服装适合于身高为168~172cm、净胸围为86~89cm的人穿着，"A"表示胸围与腰围的差为12~16cm的体型。又如，女子下装：160/68A，表示该号型的裤子适合于身高为158~162cm、净腰围为67~69cm的人穿着，"A"表示胸围与腰围之差为14~18cm的体型。儿童没有体型分类，儿童上装：145/68，表示号（身高）/型（净胸围）；儿童下装：145/60，表示号（身高）/型（净腰围）。

（2）成人号型系列：把人体的号和型进行有规则的分档排列，即为号型系列。号的分档为5cm(130cm以下儿童分档为10cm)，型的分档为4cm、2cm。把号的分档和型的分档结合起来，分别有5·4系列和5·2系列，其写法为号的分档数写在前面，型的分档数写在后面，中间用圆点分开，不能写成5—4系列或5/4系列。号的分档是指人体身高的分档，不是服装规格中衣长或裤长的分档。以5·4系列为例：表示号的分档为5cm，型的分档为4cm，即：号（人体身高）有160、165、170、175、180等，型（人体围度）有80、84、88、92、96等。

（3）儿童号型系列：儿童服装中的7·4与7·3系列，用于身高为52~80cm的婴儿，指身高以7cm分档，胸围以4cm分档，腰围以3cm分档。儿童服装中的10·4与10·3系列，用于身高为80~130cm的儿童，指身高以10cm分档，胸围以4cm分档，腰围以3cm分档。儿童服装中的5·4与5·3系列，用于身高在135cm以上的男童和女童，指身高以5cm分档，胸围与腰围分别以4cm和3cm分档。

（4）控制部位：控制部位数值是"标准"的主要内容之一，它和"号型系列"组成一个整体，是设计服装规格的依据。在长度方面的控制部位有：身高、颈椎点高、全臂长、腰围高。在围度方面的控制部位有胸围、腰围、颈围、臀围、总肩宽。"服装规格"中的衣长、袖长、胸围、领围、总肩宽、裤长、腰围、臀围等，就是用控制部位的数值加上不同放松量而制定的。为了方便使用，一般可用"号型"中号的百分率加减放松量来确定衣长、袖长、裤长规格。用"型"加放松量来确定胸围、腰围规格。而领围、总肩宽、臀围的数值再加上放松量为服装围度规格。表1-4~表1-14是成年男、女和儿童多种体型控制部位的数值（选自GB/T 1335.1—2008《服装号型　男子》、GB/T 1335.2—2008《服装号型　女子》和GB/T 1335.3—2009《服装号型　儿童》）。

2. 日本的服装规格尺寸

日本的服装规格尺寸是参照日本工业规格（JIS）制定的，它的特点是以标准人体测量的净尺寸为基础。在女装规格中分普通、特殊和少女三种规格（表1-15），男装以胸腰落差作为划分体型的依据，分为Y、YA、A、AB、B、BE、E七种体型，其中Y型胸腰落差定为16cm，以后每种体型落差依次减少，到E型则是指胸腰落差为零。在本章男装规格只列出常规体型A型的系列号型（表1-16），其他系列需要时可查询相关书籍。

然而，在日本众多的服装企业和设计部门，为了树立各自的"形象和风格"，都不愿束缚于统一的规格。往往是在参考JIS的基础上制订出自己的标准和规格尺寸，较成熟和具代表性的有文化式和登丽美式（表1-17）。文化式的规格以S、M、ML、L、LL表示小、中、中大、大、特大的系列号型，这种规格系列同国际成衣标准相吻合。登丽美式规格只用大、中、小表示。从表中可以发现，文化式的三围比例的差数小，而登丽美式的差数大。这说明文化式更适合于大众化的标准，首先是规格较全，其次是尺寸比例接近实体。而登丽美式发挥了个性表现的优势，规格尺寸的比例更为理想化。可见利用规格本身也有个性发挥的余地，这对设计者来说，在尺寸设计上是很有启发性的。

3.英国的服装规格尺寸

英国的服装规格尺寸由英国标准研究所提供，与日本的文化式女装规格相似，但它的规格等级更全、更多，用数字表示。规格号所对应的关键尺寸灵活，提高了选购的机会。在英国女装规格中，除了表示围度的等级和浮动范围外，它还对身高的等级进行了概括的划分。一是身高不超过160cm的妇女，在规格号后面标出"S"；二是身高超过170cm的妇女，在规格号后面标出"T"；一般身高则不作任何标记。在英国常用的传统女装规格是12号、14号及16号三种。英国标准研究所建议把16号作为适合服装厂生产的中等规格，其臀围是100～104cm，胸围是95～99cm，取其中尺寸的平均值，就得出中等规格，上下分别推出等级系列，就完成了作为任何一种服装纸样设计的参考尺寸（表1-18）。这个女装系列规格表属于英国标准尺寸亦符合欧洲标准，更确切地说，它更适合体型发育成熟的英国和其他欧洲国家妇女。

英国男子标准人体服装规格是指35岁以下，身高为170～178cm的尺寸，身高分档数值为2cm，胸围分档数值为4cm，腰围、臀围分档数值为4cm（表1-19）。

4.美国的服装规格尺寸

美国的服装规格尺寸表中，女装规格分类详细，主要分为四个系列：一是女青年规格系列，它适合于年轻苗条的体型；二是成熟女青年规格系列，这个规格属于女青年中较丰满而身高较矮的体型；三是妇女规格系列，是中年妇女的体型标准；四是少女规格系列，它与青年规格相比属于小比例，适合于年轻、矮小、肩较窄但胸部较高、腰较细、发育良好的女性。男、女服装规格见表1-20、表1-21。

表1-20、表1-21中胸围的基本尺寸为净胸围加6.4cm的放松量；腰围的基本尺寸为净腰围加2.5cm的放松量，胸腰的两个基本尺寸之差就是基本纸样胸乳省量。臀围的基本尺寸为净臀围加5.1cm的放松量。根据这种尺寸特点，在制作基本纸样时，无须考虑三围的基本放松量。

总之，无论是日本、英国、还是美国的服装规格和标准尺寸，不管采用什么形式和表达方式，其基本原则是一致的，即规格表不对单一成品进行任何尺寸规定。国际成衣标准规格也正是依据这一基本要求制定的，因此，上述的规格表和参考尺寸对任何一种服装设计都适用。同时，与国际成衣标准规格配合使用，可以设计出国际范围流通的成衣制品。要顺利和有效地进行纸样设计，必须正确运用上述尺寸表中的主要部位尺寸制作出基本纸样，其他部位尺寸则可作为参考尺寸使用。

表 1 - 4　男子 5·4,5·2Y 号型系列控制部位数值

单位:cm

体型	数　值（Y）						
部位							
身高	155	160	165	170	175	180	185
颈椎点高	133.0	137.0	141.0	145.0	149.0	153.0	157.0
坐姿颈椎点高	60.5	62.5	64.5	66.5	68.5	70.5	72.5
全臂长	51.0	52.5	54.0	55.5	57.0	58.5	60.0
腰围高	94.0	97.0	100.0	103.0	106.0	109.0	112.0
胸围	76	80	84	88	92	96	100
颈围	33.4	34.4	35.4	36.4	37.4	38.4	39.4
总肩宽	40.4	41.6	42.8	44.0	45.2	46.4	47.6
腰围	56　58	60　62	64　66	68　70	72　74	76　78	80　82
臀围	78.8　80.4	82.0　83.6	85.2　86.8	88.4　90.0	91.6　93.2	94.8　96.4	98.0　99.6

表 1 - 5　男子 5·4,5·2A 号型系列控制部位数值

单位:cm

体型	数　值（A）							
部位								
身高	155	160	165	170	175	180	185	
颈椎点高	133.0	137.0	141.0	145.0	149.0	153.0	157.0	
坐姿颈椎点高	60.5	62.5	64.5	66.5	68.5	70.5	72.5	
全臂长	51.0	52.5	54.0	55.5	57.0	58.5	60.0	
腰围高	93.5	96.5	99.5	102.5	105.5	108.5	111.5	
胸围	72	76	80	84	88	92	96	100
颈围	32.8	33.8	34.8	35.8	36.8	37.8	38.8	39.8
总肩宽	38.8	40.0	41.2	42.4	43.6	44.8	46.0	47.2
腰围	56　58　60	60　62　64	64　66　68	68　70　72	72　74　76	76　78　80	80　82　84	84　86　88
臀围	75.6　77.2　78.8	78.8　80.4　82.0	82.0　83.6　85.2	85.2　86.8　88.4	88.4　90.0　91.6	91.6　93.2　94.8	94.8　96.4　98.0	98.0　99.6　101.2

表1-6 男子5·4,5·2B号型系列控制部位数值

单位：cm

体型	B						
部位	数值						
身高	155	160	165	170	175	180	185
颈椎点高	133.5	137.5	141.5	145.5	149.5	153.5	157.5
坐姿颈椎点高	61.0	63.0	65.0	67.0	69.0	71.0	73.0
全臂长	51.0	52.5	54.0	55.5	57.0	58.5	60.0
腰围高	93.0	96.0	99.0	102.0	105.0	108.0	111.0

胸围	72	76	80	84	88	92	96	100	104	108
颈围	33.2	34.2	35.2	36.2	37.2	38.2	39.2	40.2	41.2	42.2
总肩宽	38.4	39.6	40.8	42.0	43.2	44.4	45.6	46.8	48.0	49.2

腰围	62	64	66	68	70	72	74	76	78	80	82	84	86	88	90	92	94	96	98
臀围	79.6	81.0	82.4	83.8	85.2	86.6	88.0	89.4	90.8	92.2	93.6	95.0	96.4	97.8	99.2	100.6	102.0	103.4	104.8	106.2

表1-7 男子5·4,5·2C号型系列控制部位数值

单位：cm

体型	C						
部位	数值						
身高	155	160	165	170	175	180	185
颈椎点高	134.0	138.0	142.0	146.0	150.0	154.0	158.0
坐姿颈椎点高	61.5	63.5	65.5	67.5	69.5	71.5	73.5
全臂长	51.0	52.5	54.0	55.5	57.0	58.5	60.0
腰围高	93.0	96.0	99.0	102.0	105.0	108.0	111.0

胸围	76	80	84	88	92	96	100	104	108	112
颈围	34.6	35.6	36.6	37.6	38.6	39.6	40.6	41.6	42.6	43.6
总肩宽	39.2	40.4	41.6	42.8	44.0	45.2	46.4	47.6	48.8	50.0

腰围	70	72	74	76	78	80	82	84	86	88	90	92	94	96	98	100	102	104	106
臀围	81.6	83.0	84.4	85.8	87.2	88.6	90.0	91.4	92.8	94.2	95.6	97.0	98.4	99.8	101.2	102.6	104.0	105.4	106.8	108.2

表1-8 女子 5·4,5·2Y 号型系列控制部位数值

单位:cm

体型	Y						
部位	数 值						
身高	145	150	155	160	165	170	175
颈椎点高	124.0	128.0	132.0	136.0	140.0	144.0	148.0
坐姿颈椎点高	56.5	58.5	60.5	62.5	64.5	66.5	68.5
全臂长	46.0	47.5	49.0	50.5	52.0	53.5	55.0
腰围高	89.0	92.0	95.0	98.0	101.0	104.0	107.0
胸围	72	76	80	84	88	92	96
颈围	31.0	31.8	32.6	33.4	34.2	35.0	35.8
总肩宽	37.0	38.0	39.0	40.0	41.0	42.0	43.0
腰围	50 52	54 56	58 60	62 64	66 68	70 72	74 76
臀围	77.4 79.2	81.0 82.8	84.6 86.4	88.2 90.0	91.8 93.6	95.4 97.2	99.0 100.8

表1-9 女子 5·4,5·2A 号型系列控制部位数值

单位:cm

体型	A						
部位	数 值						
身高	145	150	155	160	165	170	175
颈椎点高	124.0	128.0	132.0	136.0	140.0	144.0	148.0
坐姿颈椎点高	56.5	58.5	60.5	62.5	64.5	66.5	68.5
全臂长	46.0	47.5	49.0	50.5	52.0	53.5	55.0
腰围高	89.0	92.0	95.0	98.0	101.0	104.0	107.0
胸围	72	76	80	84	88	92	96
颈围	31.2	32.0	32.8	33.6	34.4	35.2	36.0
总肩宽	36.4	37.4	38.4	39.4	40.4	41.4	42.4
腰围	54 56	58 60	62 64	66 68	70 72	74 76	78 80
臀围	79.2 81.0	82.8 84.6	86.4 88.2	90.0 91.8	93.6 95.4	97.2 99.0	100.8 102.6

表 1-10 女子 5·4,5·2B 号型系列控制部位数值

单位:cm

体型	B 数值						
部位							
身高	145	150	155	160	165	170	175
颈椎点高	124.5	128.5	132.5	136.5	140.5	144.5	148.5
坐姿颈椎点高	57.0	59.0	61.0	63.0	65.0	67.0	69.0
全臂长	46.0	47.5	49.0	50.5	52.0	53.5	55.0
腰围高	89.0	92.0	95.0	98.0	101.0	104.0	107.0

胸围	68		72		76		80		84		88		92		96		100		104	
颈围	30.6		31.4		32.2		33.0		33.8		34.6		35.4		36.2		37.0		37.8	
总肩宽	34.8		35.8		36.8		37.8		38.8		39.8		40.8		41.8		42.8		43.8	
腰围	56	58	60	62	64	66	68	70	72	74	76	78	80	82	84	86	88	90	92	94
臀围	78.4	80.0	81.6	83.2	84.8	86.4	88.0	89.6	91.2	92.8	94.4	96.0	97.6	99.2	100.8	102.4	104.0	105.6	107.2	108.8

表 1-11 女子 5·4,5·2C 号型系列控制部位数值

单位:cm

体型	C 数值						
部位							
身高	145	150	155	160	165	170	175
颈椎点高	124.5	128.5	132.5	136.5	140.5	144.5	148.5
坐姿颈椎点高	56.5	58.5	60.5	62.5	64.5	66.5	68.5
全臂长	46.0	47.5	49.0	50.5	52.0	53.5	55.0
腰围高	89.0	92.0	95.0	98.0	101.0	104.0	107.0

胸围	68		72		76		80		84		88		92		96		100		104		108	
颈围	30.8		31.6		32.4		33.2		34.0		34.8		35.6		36.4		37.2		38.0		38.8	
总肩宽	34.2		35.2		36.2		37.2		38.2		39.2		40.2		41.2		42.2		43.2		44.2	
腰围	60	62	64	66	68	70	72	74	76	78	80	82	84	86	88	90	92	94	96	98	100	102
臀围	78.4	80.0	81.6	83.2	84.8	86.4	88.0	89.6	91.2	92.8	94.4	96.0	97.6	99.2	100.8	102.4	104.0	105.6	107.2	108.8	110.4	112.0

表 1 – 12　身高 80～130cm 儿童控制部位数值

单位:cm

部位	数　值					
身高	80	90	100	110	120	130
坐姿颈椎点高	30	34	38	42	46	50
全臂长	25	28	31	34	37	40
腰围高	44	51	58	65	72	79
胸围	48	52		56	60	64
颈围	24.20	25		25.80	26.60	27.40
总肩宽	24.40	26.20		28	29.80	31.60
腰围	47	50		53	56	59
臀围	49	54		59	64	69

表 1 – 13　身高 135～160cm 男童控制部位数值

单位:cm

部位	数　值					
身高	135	140	145	150	155	160
坐姿颈椎点高	49	51	53	55	57	59
全臂长	44.50	46	47.50	49	50.50	52
腰围高	83	86	89	92	95	98
胸围	60	64	68	72	76	80
颈围	29.50	30.50	31.50	32.50	33.50	34.50
总肩宽	34.60	35.80	37	38.20	39.40	40.60
腰围	54	57	60	63	66	69
臀围	64	68.5	73	77.5	82	86.5

表 1 – 14　身高 135～155cm 女童控制部位数值

单位:cm

部位	数　值				
身高	135	140	145	150	155
坐姿颈椎点高	50	52	54	56	58
全臂长	43	44.50	46	47.50	49
腰围高	84	87	90	93	96
胸围	60	64	68	72	76
颈围	28	29	30	31	32
总肩宽	33.80	35	36.20	37.40	38.60
腰围	52	55	58	61	64
臀围	66	70.50	75	79.50	84

表 1-15　日本女装规格表 单位：cm

部位＼类别	普 通 规 格							
胸围	77	80	83	86	89	92	95	
腰围	56	58	60	63	66	69	72	
臀围	85	87	89	91	94	97	100	
衣长	91~95	94~98	94~98	97~101	97~101	99~103	99~103	灵活范围
背长	35~36	36~38	36~38	37~39	37~39	37~39	37~39	灵活范围
袖长	49~51	50~52	51~53	52~54	52~54	52~54	52~54	灵活范围
裙长	56~58	58~60	58~60	60~62	60~62	62~64	62~64	灵活范围
部位＼类别	特 殊 规 格					少 女 规 格		
胸围	92	95	98	101	105	80	82	84
腰围	74	76	78	80	83	60	60	60
衣长	102	103	105	105	105	93	97	100

表 1-16　日本男装规格表 单位：cm

体型＼部位	身高	胸围	腰围	臀围	肩宽	到膝围线	股上	股下	背长
A体型（胸围和腰围相差12cm的体型）	155	86	74	87	41	51	23	64	43
	155	88	76	88	42	52	23	64	43
	160	88	76	89	42	52	23	66	45
	160	90	78	90	42	52	23	66	45
	165	90	78	90	42	54	23	69	46
	165	92	80	92	43	54	23	69	46
	170	92	80	92	43	54	24	71	47
	170	94	82	94	44	55	24	71	47
	175	94	82	94	44	56	24	74	48
	175	96	84	97	45	57	25	74	48
	180	96	84	97	45	58	25	76	50
	180	98	86	100	46	58	26	76	50
	185	98	86	102	46	60	27	77	51
	185	100	88	104	46	61	28	77	51

表 1-17 日本新女装规格和参考尺寸表 单位:cm

部位	类别 规格	文化式					登丽美式		
		S	M	ML	L	LL	小	中	大
围度	胸围	78	82	88	94	100	80	82	86
	腰围	62~64	66~68	70~72	76~78	80~82	58	60	64
	臀围	88	90	94	98	102	88	90	94
	中腰围	84	86	90	96	100			
	颈根围						35	36.5	38
	头围	54	56	57	58	58			
	上臂围						26	28	30
	腕围	15	16	17	18	18	15	16	17
	掌围						19	20	21
长度	背长	37	38	39	40	41	36	37	38
	腰长	18	20	21	21	21		20	
	袖长	48	52	53	54	55	51	53	56
	全肩宽								
	背宽						33	34	35
	胸宽						32	33	34
	股上长	25	26	27	28	29	24	27	29
	裤长	85	91	95	96	99			
	身长	148	154	158	160	162			

表 1-18 英国女子标准人体服装规格表 单位:cm

部位	规格 尺寸	8	10	12	14	16	18	20	22	24	26	28	30
	胸围	80	84	88	92	97	102	107	112	117	122	127	132
	腰围	60	64	68	72	77	82	87	92	97	102	107	112
	臀围	85	89	93	97	102	107	112	117	122	127	132	137
	颈根围	35	36	37	38	39.2	40.4	41.6	42.8	44	45.2	46.4	47.6
	颈宽	6.75	7	7.25	7.5	7.8	8.1	8.4	8.7	9	9.3	9.6	9.9
	上臂围	26	27.2	28.4	29.6	31.2	32.8	34.4	36	37.8	39.6	41.4	43.2
	腕围	15	15.5	16	16.5	17	17.5	18	18.5	19	19.5	20	20.5
	背长	39	39.5	40	40.5	41	41.5	42	42.5	43	43.2	43.4	43.6
	前身长	39	39.5	40	40.5	41.3	42.1	42.9	43.7	44.5	45	45.5	46
	袖窿深	20	20.5	21	21.5	22	22.5	23	23.5	24.2	24.9	25.6	26.3

续表

尺寸\规格\部位	8	10	12	14	16	18	20	22	24	26	28	30
背宽	32.4	33.4	34.4	35.4	36.6	37.8	39	40.2	41.4	42.6	43.8	45
胸宽	30	31.2	32.4	33.6	35	36.5	38	39.5	41	42.5	44	45.5
肩宽(半斜肩)	11.75	12	12.25	12.5	12.8	13.1	13.4	13.7	14	14.3	14.6	14.9
全省量(乳凸)	5.8	6.4	7	7.6	8.2	8.8	9.4	10	10.6	11.2	11.8	12.4
袖长	57.2	57.8	58.4	59	59.5	60	60.5	61	61.2	61.4	61.6	61.8
股上长	26.6	27.3	28	28.7	29.4	30.1	30.8	31.5	32.5	33.5	34.5	35.5
腰长	20	20.3	20.6	20.9	21.2	21.5	21.8	22.1	22.3	22.5	22.7	22.9
裙长	57.5	58	58.5	59	59.5	60	60.5	61	61.25	61.5	61.75	62

表1-19　英国男子标准人体服装规格表　　　　　　单位:cm

尺寸\身高\部位	170	172	174	176	178	180	182	184	186	188
胸围	88	92	96	100	104	108	112	116	120	124
臀围	92	96	100	104	108	114	118	122	126	130
腰围	74	78	82	86	90	98	102	106	110	114
低腰围	77	81	85	89	93	100	104	108	112	116
半背宽	18.5	19	19.5	20	20.5	21	21.5	22	22.5	23
背长	43.4	43.8	44.2	44.6	45	45	45	45	45	45
领围	37	38	39	40	41	42	43	44	45	46
袖长	63.6	64.2	64.8	65.4	66	66	66	66	66	66
上裆	26.8	27.2	27.6	28	28.4	28.8	29.2	29.6	30	30.4

表1-20　美国女装规格及参考尺寸　　　　　　单位:cm

尺寸\规格\部位	女青年规格					成熟女青年规格				
	12	14	16	18	20	14.5	16.5	18.5	20.5	22.5
胸围	88.9	91.4	95.3	99.1	102.9	97.8	102.9	108	113	118.1
腰围	67.3	71.1	74.9	78.7	82.5	76.2	81.3	86.4	91.5	96.6
臀围	92.7	96.5	100.3	104.1	105.4	99	104.1	109.2	114.3	119.4
落肩度	7.6	7.6	7.6	7.6	7.6	7.6	7.6	7.6	7.6	7.6

续表

尺寸部位 \ 规格	女青年规格					成熟女青年规格				
	12	14	16	18	20	14.5	16.5	18.5	20.5	22.5
背长	40.6	41.3	41.9	42.5	43.2	38.7	39.4	40	40.6	41.3
袖窿长	41.9	43.2	45.1	47	48.9	46.4	48.9	51.4	54	56.5
袖内缝长	41.9	42.5	43.2	43.8	44.5	41.3	41.9	42.5	43.2	43.2
腰长	18.1	18.4	19.1	19.7	20.3	19.1	19.4	19.7	20.3	21
股上长	29.8	30.5	31.1	32.4	33					
裤长	104.1	104.8	105.4	106	106.7	100	100	100	100	100
身长	165	165.7	166.3	167	167.6	157	157	157	157	157

尺寸部位 \ 规格	妇女规格					少女规格				
	36	38	40	42	44	9	11	13	15	17
胸围	101.6	106.7	111.8	116.9	122	85.1	87.6	91.4	95.3	99.1
腰围	77.5	82.6	87.6	92.7	97.8	63.5	66	69.2	72.4	76.2
臀围	104.1	109.2	114.3	119.4	124.5	87.6	90.2	93.3	96.5	100.3
落肩度	7.6	7.6	7.6	7.6	7.6	7.6	7.6	7.6	7.6	7.6
背长	43.2	43.5	43.8	44.1	44.5	38.1	38.7	39.4	40	40.6
袖窿长	48.3	50.8	53.3	55.9	58.4	40	41.3	43.2	45.1	47
袖内缝长	44.5	44.5	44.5	44.5	44.5	39.4	40	40.6	41.9	42.5
腰长	20.6	21.5	21.9	22.2	22.2	17.1	17.5	17.8	18.1	18.4
股上长	33	33.7	34.3	34.9	35.6	29.2	29.8	30.5	31.1	31.8
裤长	106.7	106.7	106.7	106.7	106.7	96.5	97.8	99.1	100.3	102.2
身长	169	169	169	169	169	152	155	157	160	164

表1-21　美国男装规格和尺寸参考表　　　　　　　　单位:英寸

尺寸部位 \ 规格	34	36	38	40	42	44	46	48
胸围	34	36	38	40	42	44	46	48
臀围	35	37	39	41	43	45	47	49
腰围	28	30	32	34	36	39	42	44
领围	14	$14\frac{1}{2}$	15	$15\frac{1}{2}$	16	$16\frac{1}{2}$	17	$17\frac{1}{2}$
衬衫袖长	32	32	33	33	34	34	35	35

本章要点

服装纸样设计也就是服装的结构设计。服装纸样设计是根据人的体型特征，分析服装结构的立体构成和平面裁剪的科学。它涉及的知识面很广，包括人体解剖学、人体测量学、服装设计学、服装材料学、服装卫生学、服装工艺学和美学等相关学科的内容。它与服装款式设计、工艺制造共同构成了现代服装工程，是服装制造过程中不可缺少的部分。一方面，纸样设计是款式设计的延伸和完善，是将款式设计的思想及形象思维的结果转化为服装平面结构图的工作过程，它将服装的立体造型分解成平面的衣片形状，揭示服装各个部位之间的关系，并可以对款式设计中不合理的部分进行科学修改，使服装的造型趋于完美，是款式设计的再创作、再设计；另一方面，纸样设计又是服装工艺制作的前提和准备，为服装的工艺制作提供了全面、科学的裁片、数据和制作指引。因此，服装的纸样设计在整个服装生产过程中起着承上启下的作用。服装纸样的设计方法很多，主要有平面裁剪法和立体裁剪法两大类。

服装纸样设计基础主要了解绘图工具及其在绘图中的规范要求，同时了解工业样板的类型，熟悉纸样设计的结构设计依据、尺寸规格依据、面料依据等，掌握制板设计过程。

服装纸样设计通常根据所需的服装标准来获得必要尺寸，它是理想化的，工业化生产更无须进行个别的人体测量。作为服装设计人员，人体测量是必不可少的知识和技术，而且要懂得服装标准中规格和参考尺寸的来源、测量的技术要领和方法，这对一名设计者认识人体—结构—服装的构成过程是十分重要的。

本章习题

1. 从实用角度比较纸样设计的平面裁剪法和立体裁剪法。
2. 简述点数法和原型法两者的关系。
3. 如何区别纸样制图符号中的细实线和粗实线？
4. 经向号和顺向号的符号如何画？并指出其差异。
5. 定形样板的作用是什么？
6. 解释服装号型的标注形式。

基础知识——

基本纸样设计

本章内容： 1. 欧式女装基本纸样设计

2. 日式女装基本纸样设计

3. 日式童装基本纸样设计

教学时间： 8课时

学习目的： 让学生掌握服装基础原型纸样的设计过程；了解各主要部位数据和板型的关系；主要掌握欧式和日式女装原型的设计。

教学要求： 掌握服装基础原型纸样的设计方法，熟记原型结构关系；了解各种原型的体型区别和纸样差异的关系。

第二章　基本纸样设计

　　任何一种事物都遵循其固有的规律而存在着，服装亦是如此。服装的基本纸样习惯称为原型，也就是基本样和母板。原型本身无任何款式意义，用它缝制的服装只是基本造型。以原型为基础，根据一定的变化原理，可以设计出各种服装款式的纸样。

　　目前对我国影响较大的原型有三种：日式、英式和美式。三种纸样各有特点，都是由五个部分组成，即上衣前、后片，袖片和裙子前、后片。在设计基本纸样时，考虑到人体是左右对称的，因此原型只需绘制一半，另一半用对称的方式绘出；当需要设计左右不对称的纸样时，才将整个纸样绘出，但在实际生产中必须将任何款式的纸样全部绘出。

　　绘制原型时，先画出最大围度和长度所构成的外轮廓方形；然后依次画出各重要部位辅助线；接着在此基础上根据各部位尺寸的要求寻求关键点；最后将各关键点依次连接完成原型结构制图。以下各原型基本按照这种绘制方法进行绘制。

第一节　欧式女装基本纸样设计

　　欧式女装基本纸样以英式女装基本纸样为代表，是适合贴身服装设计的基本纸样和适合弹性面料设计的基本纸样。

一、衣身基本纸样制作步骤

1. 上身原型的必要尺寸

　　以中码为例，绘制女装上身原型的必要尺寸包括身高162cm、胸围86cm、臀围92cm、腰围62cm、小肩长11.9cm、背宽16.5cm、背长40cm等。

2. 上身原型的制图步骤

　　上身原型的绘制涉及两个概念：半围和缝份（子口）。半围在上身是指二分之一胸围，在下身是指二分之一臀围。缝份是为了将两块或多块分开的裁片缝合在一起，在裁片的实际尺寸外加出的部分。本书的所有原型中，除特别说明外，均不含缝份。其制图方法如图2-1所示。

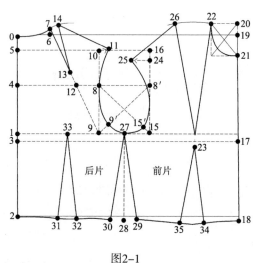

图2-1

从点0开始，向右、向下各引出直角射线，得到上平线和后中线。

0—1 $\dfrac{身高+半围}{8}-4=21.6\text{cm}$。

0—2   背长，在后中线上，从点0向下量40cm。

0—3 $\dfrac{背长}{2}+3.5=23.5\text{cm}$。

4   是0—1的中点。

0—5   3cm。

从点1、2、3、4、5分别向右引水平直线，得到袖窿深线、基本腰围线、胸围线、背宽线、肩宽线。

0—6 $\dfrac{半围}{8}+1.6=7\text{cm}$，为后横开领（后领宽）。

6—7 $\dfrac{半围}{16}-1=1.7\text{cm}$，为后直开领（后领深）。

4—8   半背宽+1.3=17.8cm，1.3cm为放松量，点8为后袖偏折点。过点8作该线的垂线，得到点9和点10。

10—11   2.2cm，为后冲肩量。

连接点7及点9交4—8于点12。

12—13   3cm，以点13为圆心，7—13的距离为半径过点7向右画弧线。

11—14   小肩长+0.6=12.5cm，为后肩线，点14为前一步骤所画弧线上的一点。

9—15 $\dfrac{3半围}{8}-4.7=11.4\text{cm}$，为窿门宽。过点15的垂直延长线交5—11的延长线于点16。

3—17   半围+5=48cm，其中的5cm为放松量（抛位）。过点17的垂直延长线与基本腰线和上平线分别交于点18和点19。将点18向下延长1.3cm作为胸高量的补充尺寸。

19—20 $\dfrac{3半围}{16}-6=2.1\text{cm}$。

20—21 $\dfrac{半围}{8}+1.6=7\text{cm}$，为前直开领（前领深）。

20—22 $\dfrac{半围}{8}+0.6=6\text{cm}$，为前横开领（前领宽）。

17—23 $\dfrac{3半围}{16}+1.5=9.6\text{cm}$，为半胸距，点23为胸点。以点23为圆心、点22—23的距离为半径，过点22向左画弧线。

16—24   2.5cm，为固定尺寸（定寸）。

24—25   4cm，为前冲肩量。

25—26   等于11—14的尺寸（12.5cm），为前肩线，点26为前面步骤所作弧线上的点，经点22、点26向点23上1.3cm处（省尖）作前胸省。

1—27　$\dfrac{半围}{2}$+1.5=23cm，点27在前后片分别称为胸侧点和背侧点。点27的垂直延长线至基本腰线下0.6cm得点28。

28—29　与28—30相等，各为2.7cm。连接点27—点29、点27—点30得到前、后侧缝（侧骨），点29、点30分别是前、后腰侧点。

2—31　$\dfrac{半围}{8}$+3.5=8.9cm，点31在基本腰线下0.3cm处。

31—32　4cm，这是后腰省的宽度，点32在基本腰线下0.3cm处。

1—33　$\dfrac{半围}{8}$+5.5=10.9cm。直线连接点33—点31、点33—点32得到后腰省，点33为其省尖。

18—34　$\dfrac{3半围}{16}$-0.5=7.6cm，点34在基本腰线下1.5cm处。

34—35　5cm，为前腰省的宽度。该省尖点在胸点下1.3cm处，点35在基本腰线下1.5cm处。

3. 女装原型的轮廓绘制

（1）领围：后领围的绘制是将后横开领分成三份，在图的左三分之一处开始向右画线并逐渐起翘直至与点7处的弧线圆顺连接。前领围绘制是先画矩形及对角线，找出向右倾斜的对角线的下四分之一点，过该点画出前领口弧线。

（2）袖窿：以点9、点15为起点，分别作矩形点8—8′—15—9的对角线，点9至点9′的距离为3cm，点15至点15′的距离为2cm。圆顺连接点11—8—9′—27—15′—25（其中点11及点25处的弧线分别与后、前肩线呈直角），绘出袖窿弧线。

（3）自然腰线：过点2、点31、点32、点30和点29、点35、点34、点18画顺自然腰线。

4. 检查纸样

将前、后肩省闭合，对齐前、后片肩线，观察它们在肩线连接处的领口弧线和袖窿弧线是否平滑圆顺。将所有腰省闭合，前、后片在侧缝对齐，观察自然腰线是否平滑圆顺。

二、袖子纸样制作步骤（图2-2）

袖原型是在上身原型的基础上绘制的。在上身原型［图2-2（a）］上找到A、B、C三点。点A对应图2-2（b）上的点8，点B（前袖偏折点）为直线15—16上一点，与点15的距离为5.5cm，点C（前袖控制点）在背宽线下1cm处的前袖窿弧线上，是前袖对位点。直线连接点11—B、点25—A，得两线的交点D，点D至袖窿深线的直线距离为袖山高。袖山高是一个重要数值：当袖窿尺寸不变，袖山越高，袖子就越窄，袖子侧向抬高的范围就越小；袖山越低，袖子就越宽，其侧向抬高的范围就越大。因此，袖山高的尺寸直接影响袖子的造型和穿着的舒适程度，在确定尺寸时应以具体的服装造型和服装材料为依据，选择合适的尺寸。

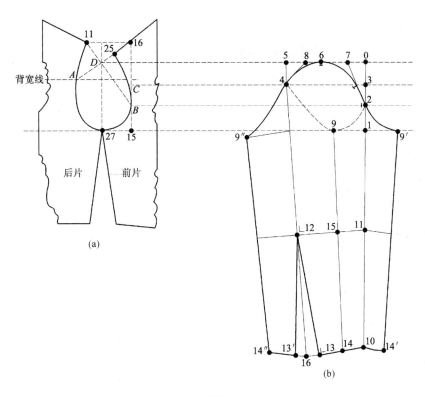

图2-2

（1）袖原型的必要尺寸：绘制袖原型的必要尺寸包括袖山高、上臂围、袖长、内袖长等。

（2）袖原型的制图步骤：由点0向左、向下作直线，得到上平线和前袖偏折线。

0—1 袖山高的尺寸，约14.2cm。

2—3 点B至点C的距离，为4.3cm。

3—4 $\dfrac{上臂围}{2}$ +4=16.5cm，4cm为放松量。过点4作垂线交上平线于点5。

0—6 $\dfrac{0—5}{2}$ +1=9.8cm。

0—7 $\dfrac{0—6}{2}$ −1=3.9cm。连接点7和点2。

5—8 等于0—7。连接点8和点4。

1—9 （27—15）+1.5=7.7cm。圆顺连接点2—6—4形成部分袖山弧线；圆顺连接点2—9—4形成袖山弧线反向连接图。

1—10 内袖长+2=44cm。

1—11 $\dfrac{1—10}{2}$ −2=20cm。

11—12 $\dfrac{上臂围}{2}$ +1.5cm=14cm。直线连接点12和点4，使点4、点12、点11在点12形成

直角。

10—13　$\dfrac{手腕围}{2}$+2=9.5cm，直线连接点13和点12，使点12、点13、点10在点13形成直角。

10—14　（1—9）–2.5=5.2cm。连接点14和点9，得到点15。4—12与10—13延长线的交点为点16。

以线段2—10为对折线，复制出2—9—14—10的形状为2—9′—14′—10。

以线段4—16为对折线，复制出4—9—14—16的形状为4—9″—14″—16，完成袖原型的绘制。

三、裙子纸样制作步骤（图2-3）

英式裙子的原型是根据欧洲妇女体型设计的，特点是后片尺寸大于前片，省量也是后片大于前片，这与欧洲妇女臀部较丰满的特点相适应。

（1）裙原型的必要尺寸：绘制裙原型的必要尺寸包括腰围、臀围、裙长。

（2）裙原型的制图步骤：由点0向右、向下作射线，得到基本腰线和后中线。

0—1　$\dfrac{身高+半围}{2}$ – 4.5=21.1cm。过点1向右作射线为臀围线。

0—2　裙长（由款式而定）=全后长–背长=97–40=57cm。从点2向右作射线得到底边线。

1—3　半围+1.6=47.6cm。过点3作垂线交上平线和底边线于点4和点5得到前中线。

1—6　$\dfrac{1—3}{2}$ – 0.5=23.3cm。过点6作垂线交上平线和底边线于点7和点8，点8在基本腰线向上1cm处。

8—9　3cm，8—10与8—9等长，点9和点10均在基本腰线向上1cm处。

6—11　6cm（定值）。弯线圆顺连接点9—11、点10—11得到侧缝，保持两侧缝的弯度一致。

0—12　与上身原型的2—31尺寸相等，约8.9cm。

10—13　与上身原型的30—32尺寸相等，点12、点13在基本腰线向上0.5cm处，12—13为4cm。

14　后腰省尖点，是点12、点13的中点向下引垂线（省中线）上的一点，距离臀围线6cm。

4—15　与上身原型的18—34尺寸相等，

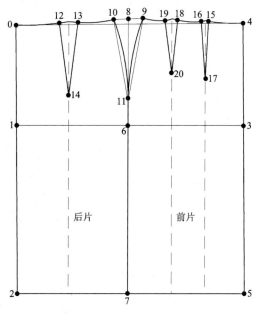

图2-3

约7.6cm。

15—16　1.5cm，是前中省的宽度，点15、点16在基本腰线向上0.3cm处。

17　前中省尖点，省长12cm。

16—18　5cm，点18在基本腰线向上0.6cm处。

18—19　上身原型（29—35）与裙原型（9—16）的差值，为前侧省的宽度，点19在基本腰线向上0.6cm处。

20　前侧省尖点，省长11cm。

完成自然腰线：将前后腰省、前后侧缝闭合并齐，沿点0—12—13—10和点9—19—18—16—15—4圆顺画出自然腰线，完成裙原型的绘制。

纸样的结构线条绘制完成后，还要有标准的文字和符号等说明资料才能成为一套完整的纸样。这些资料包括：款式编号、尺码规格、款式名称、裁片名称、裁片数量、细节说明、必要尺寸、制作人、制作日期及对位记号、扣位、布纹经向号、钻孔符号、对折符号、省位符号等。直接用于生产的纸样，必须在原型变化的基础上另行加上缝份才能使用。

第二节　日式女装基本纸样设计

日式女装原型中，较具代表性的有登丽美式和文化式两种，其中文化式的影响较大，应用较普遍。下面以文化式纸样为例进行说明。

绘制尺寸：日本文化式女装衣身基本纸样绘制尺寸可参考第一章中的表1-17日本新女装规格和参考尺寸。采用M规格，衣身基本纸样绘制只需要胸围和背长尺寸即可，胸围（B）82cm，背长37cm，袖长52cm，袖窿弧长（AH，从已完成的衣身基本纸样中测得），腰围（W）68cm，臀围（H）90cm，腰长20cm，裙长在应用设计时可根据造型效果的要求进行相应调整，这里裙长为60cm。

一、衣身基本纸样绘制步骤

1. 作外轮廓方形（图2-4）

（1）作矩形：作长为 $\dfrac{胸围}{2}$ + 5cm（放松量），宽为背长的矩形。矩形的右边线为前中线，左边线为后中线，上边线为辅助线，下边线为腰辅助线。

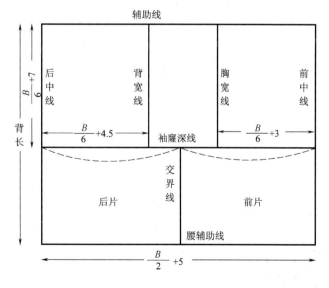

图2-4

（2）作基本分割线：从后中线顶点向下取$\frac{胸围}{6}$+7cm，垂直后中线引出袖窿深线交于前中线。在袖窿深线上，分别从后、前中线起取$\frac{胸围}{6}$+4.5cm和$\frac{胸围}{6}$+3cm作垂线交于辅助线，两线分别为背宽线和胸宽线。在袖窿深线的中点向下作垂线交于腰辅助线，该线为前后衣片的分界线。

2.画出各重要部位辅助线，寻找关键点（图2-5）

（1）确定后颈侧点：在辅助线上，从后中线顶点取$\frac{胸围}{20}$+2.9cm为后领宽。在后领宽向上取$\frac{后领宽}{3}$为后领深，此线端点即为颈侧点。

（2）确定后肩端点及肩线：从背宽线和辅助线的交点向下取$\frac{后领宽}{3}$作水平线段2cm定位，此点即为后肩端点；连接后颈侧点和后肩端点，即完成后肩线。在该线中含有1.8cm的肩胛省。

（3）作前领口辅助线：从前中线顶点分别横向取后领宽-0.2cm为前领宽，竖向取后领宽+1cm为前领深并作矩形。从前领宽线与辅助线的交点下移0.5cm为前颈侧点，矩形右下角为前颈点，在矩形左下角平分线上取线段为$\frac{前领宽}{2}$-0.3cm作点，为前领口曲线上的一点。

（4）作前肩线：从胸宽线与辅助线的交点向下取$\frac{2后领宽}{3}$水平引出射线，在射线与前颈侧点之间取后肩线长-1.8cm为前肩线，减掉的1.8cm为肩胛省。

（5）作胸高点、腰线和侧缝线：在前片袖窿深线上取胸宽的中点，向后身方向移0.7cm作垂线，其下4cm处为胸高点（BP）。向下交于腰辅助线，再延伸出$\frac{前领宽}{2}$为胸凸量，同时，前中线同样延长此量；从腰辅助线与前后片交界线的交点向后身方向移2cm设点，根据此点分别作出侧缝线和腰线。

3.依次连接各关键点，完成原型结构制图（图2-5）

（1）作后领口曲线：用平滑的凹曲线连接后颈点和后颈侧点，完成后领口曲线。

（2）作前领口曲线：用圆顺的曲线连接前颈点、辅助点和前颈侧点，完成前领口曲线。

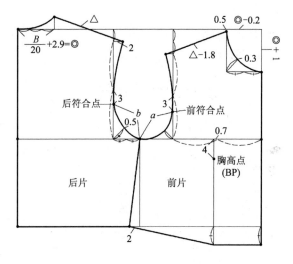

图2-5

（3）作袖窿弧线：在背宽线上取后肩线至袖窿深线的中点为后袖窿与背宽线切点；在胸宽线上取前肩线到袖窿深线的中点为前袖窿与胸宽线切点。分别在胸宽线、背宽线与袖窿深线的外夹角平分线上，取背宽线至前后片交界线间距离的一半为前袖窿弯点；在此线段上增加0.5cm为后袖窿弯点。最后，参照前、后袖窿各点轨迹，用圆顺的线条描绘出袖窿弧线。

（4）确定前、后袖窿符合点：在背宽线上，后肩线至袖窿深线的中点下移3cm处水平作对位记号，为后袖窿符合点；在胸宽线上，前肩线至袖窿深线的中点下移3cm处水平作对位记号，为前袖窿符合点。至此完成衣身基本纸样。

二、袖子基本纸样制作步骤

袖窿弧长（AH）从已完成的衣身基本纸样中测得，为42cm。

1. 作外轮廓长方形（图2-6）

（1）作十字线及确定袖肥：作袖中线为竖线和落山线为横线的十字交叉线，从交叉点向上取$\frac{AH}{4}$+2.5cm为袖山高，袖中线取袖长尺寸。以袖中线顶点为基点向左取$\frac{AH}{2}$+1cm交在后落山线上；向右取$\frac{AH}{2}$+0.5cm交在前落山线上得到袖肥。

（2）完成其他基础线：从袖肥两端垂直向下至袖中线同等长度为前、后袖缝线，作袖口辅助线。将袖中线的中点下移2.5cm，作水平线为肘线。

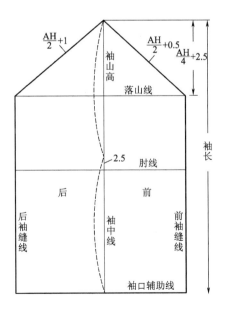

图2-6

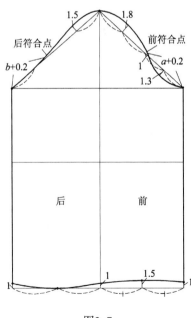

图2-7

2. 寻找各关键点，用圆顺曲线依次连接袖山弧线、袖口弧线（图2-7）

（1）作袖山曲线：把前斜线分为四等分，靠近顶点的等分点垂直斜线向外凸起1.8cm，靠近前袖缝线的等分点垂直斜线向内凹进1.3cm，在斜线中点顺斜边下移1cm为袖山曲线的转折点。在后斜线上，靠近顶点处取 $\dfrac{前斜线}{4}$ 并凸起1.5cm，靠近后袖缝线处取其同等长度作为切点。到此完成了8个袖山曲线的轨迹点，最后用圆顺的曲线把它们连接起来，即完成袖山曲线。

（2）作袖口曲线：分别把前袖口和后袖口辅助线二等分，在前袖口中点向上凸起1.5cm，后袖口中点为切点，在袖口的两端，分别向上移1cm，确定袖口曲线的四个轨迹点。注意袖中线与袖口辅助线的交点上移1cm，也可以作为轨迹点，最后平滑地绘制出袖口摆曲线。

（3）确定袖符合点：袖后符合点取衣身基本纸样后符合点至前后片交界点间弧长加0.2cm；袖前符合点取衣身基本纸样前符合点至前后片交界点间弧长加0.2cm。最后复核袖山曲线应比袖窿弧线长3cm左右为宜。至此完成整个袖子的制图。

三、裙子基本纸样制作步骤

1. 作外轮廓矩形 [图2-8（a）]

（1）作矩形：作长为裙长，宽为 $\dfrac{臀围}{2}$ +2cm（放松量）的矩形。矩形右边线为前中线，左边线为后中线，下边线为裙底边辅助线，上边线为腰辅助线。

（2）作基本分割线：从后中线顶点向下取腰长作后中线的垂线，交于前中线为臀

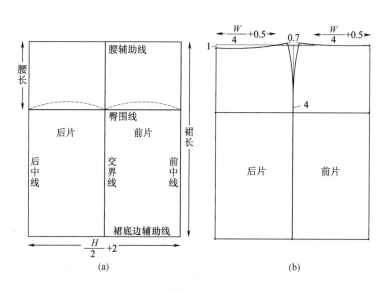

图2-8

围线。取臀围线的中点垂直向上交于腰辅助线，向下交于裙底边辅助线，该线即为前、后裙片的交界线。

2.寻找各关键点，用圆顺曲线依次连接腰曲线、裙侧缝线〔图2-8（b）〕

（1）作裙侧缝线：从腰辅助线的两端，分别向中间取$\frac{腰围}{4}$+0.5cm，把剩余部分三等分。在前、后裙片的交界线与臀围线的交点上移4cm画弧，向上分别交于靠近腰辅助线中点的三分之一等分点上，并翘起0.7cm完成前、后裙片的侧缝线。

（2）作腰曲线：从前翘点到腰辅助线上作下凹的曲线完成前裙片；后中线顶点下移1cm为实际后裙长顶点，以此点过腰辅助线第一个等分点，并与后裙片的0.7cm翘点弧线相接，至此完成裙片的制图。

第三节 日式童装基本纸样设计

日式童装在结构设计过程中和成人纸样设计过程一样，即首先作外轮廓矩形；其次画出各重要部位辅助线，寻找关键点；最后用圆顺曲线连接，完成纸样。有一点需要注意，童装的尺寸范围是从0～15岁，在这个年龄阶段中儿童体型变化大，所用原型要考虑年龄和身高。以下童装原型是以6岁孩童为例，绘制参考尺寸：净胸围60cm，背长26cm。详细过程不再叙述，上衣绘制过程如图2-9所示，袖子绘制过程如图2-10所示。

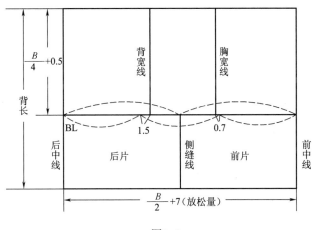

图2-9

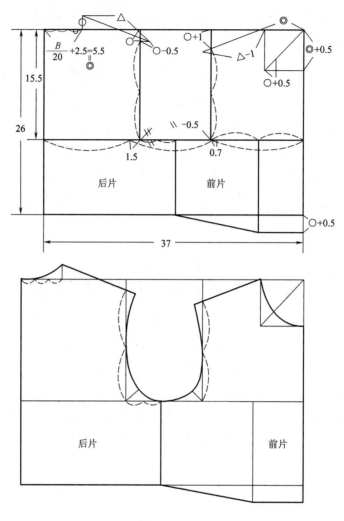

$\frac{B}{20}+2.5=5.5$

15.5

26

○−0.5 ○+1 △−1 ◎+0.5 ○+0.5

\\ −0.5

1.5 0.7

后片 前片

○+0.5

37

后片 前片

图2-9

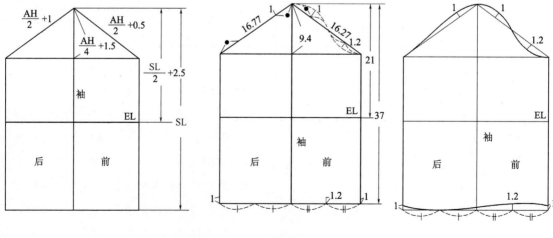

$\frac{AH}{2}+1$ $\frac{AH}{2}+0.5$

$\frac{AH}{4}+1.5$

$\frac{SL}{2}+2.5$

袖

EL SL

后 前

16.77 1 1 16.27 1.2

9.4

21

EL 37

袖

后 前

1 1.2 1

1 1

1.2

EL

袖

后 前

1.2

图2-10

本章要点

本章主要介绍了女装和童装原型。在绘制原型时，考虑到人体是左右对称的，原型只需绘制一半，另一半用对称的方式绘出。绘制原型时，先画出最大围度和长度所构成的外轮廓形状，然后依次画出各重要部位的辅助线，接着在此基础上根据各部位的尺寸要求寻求关键点，将各关键点依次连接完成原型结构制图。

原型本身不代表任何款式，其只是一个紧身合体的基本造型。各式服装款式的纸样设计均是以原型为基础，根据一定的纸样设计方法及原理，用原型纸样能简便、清晰地设计出各式各样的服装款式纸样。

本章习题

1. 简述原型纸样绘制基本过程。

2. 日式女装原型绘制尺寸少，在后期纸样应用中需注意的方面有哪些？

3. 分析日式女装原型和欧式女装原型在纸样绘制中的区别。

4. 为什么童装原型要根据年龄和身高有不同的原型板？

基础知识——

服装的省位、褶裥变化

本章内容： 1. 省的形成及名称

2. 省位转移

3. 褶裥变化的方法

教学时间： 8课时

学习目的： 让学生了解服装中省的构成；掌握省位转移的方法和技巧；理解褶裥设计；在进行省转移或褶裥设计时要考虑服装工艺的要求。

教学要求： 掌握省位转移的方法和原理，熟悉常用的三种省转移效果设计；熟悉褶裥的设计要求。

第三章　服装的省位、褶裥变化

第一节　省的形成及名称

省位的转移是服装结构设计的基础，服装通过收省，才能合体并具有立体效果。省可以根据服装款式的需要设在服装的不同部位，如上衣的前身、后身、袖子，裤子和裙子的腰部等。

一、省的形成

人的体型呈立体状，将布料围裹在人体模型上，在肩部、腰部会出现不合体的宽松现象，如图3-1（a）所示。因此，要在宽松的部位采用收省的方法，将多余的布料折叠起来，以适合人体体型，如图3-1（b）所示。折叠部分称为省。在围裹人体模型的布料上画出领围线、肩线、袖窿线、胸围线和腰围线，然后展开布料成平面，如图3-1（c）所示。

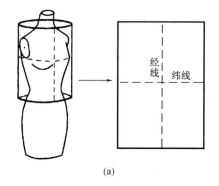

(a)

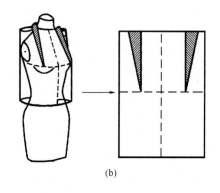

(b)

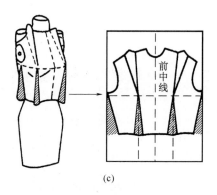

(c)

图3-1

二、省的名称

省是依据它在衣片上的部位而命名的。例如，位于肩部的称肩省，位于领口处的称领口省，位于胸部的称胸省或袖窿省，位于腰部的称腰省，位于腋下处的称腋下省，等等。

省的位置随服装款式的需要而定，只要是以
胸高点为中心，可向任何方向确定省的位
置。图3-2所示仅为六种基本的省位设计，另
外还可设计出多种省位变化。

第二节　省位转移

省的位置随服装款式的需要而定，省位
的变化是服装，特别是女装款式变化的主要
手段之一，许多部位均可通过省的变化进行
结构设计。省经过缝合使平面的布料呈现凸
起的立体效果。上衣的胸省和腰省缝合所形
成的曲面，满足了胸部的隆起；裤腰、裙腰
前后的省缝合形成的曲面，满足了腰围与臀
围的差别。省可以根据服装款式的要求设在
服装的不同部位，根据工艺和效果的不同可

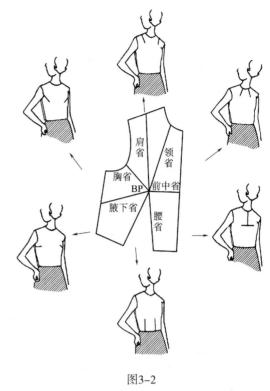

图3-2

分为三种：一是将省位移动或分解，在完整的衣片上车缝省道；二是将省转换为弧线形成
分割线，将衣片分割成多片；三是将省转移到设计部位，工艺要求省量以收褶形式表现。

省位的变化通过将省转移操作来完成，即以凸点为旋转点，把省的设计转移量移动到
设计部位。以下从省转移后的三种效果来讲述，图解以英式女装原型为例，英式原型的前
后片省位置都有两个，省的转移操作方法一样，可用在其他原型的省设计上。

一、省位的转移

1. 前片省的转移

将衣片上的省转移到同一衣片上的任何部位，省量不变，只是位置根据设计效果进
行移动。对于贴体服装，省转移后要保持两个特点：服装尺寸保持不变，立体效果不受影
响。对于适度贴体和宽松的服装，省转移可根据需求作一些调整，如将省量变小或缩短
等。省转移时，要求省线尽可能到达省尖点。前衣片的省尖点即胸高点（BP），在缝制
时不宜缝到胸高点，一般省尖点距胸高点1.5cm以上。省处理得好，能柔和地显示出胸部
的隆起，使服装富有曲线美。女性上身曲线柔顺，如果将省量全部集中在一个部位，缝制
后会导致凸点出现，表面不柔顺，其他部位容易出现涟漪效果，除非将集中在一个部位的
省量以抽褶的形式表现，具体操作参见本章第三节。因此，省道通常设计两个以上，但不
能设计太多，会增加缝制工序，影响美观。

图3-3（a）、（b）、（c）所示为将部分省转移，如将领侧省分别转移为肩省、袖窿

省和领口省，而腰省不移动，位置保持不变；图3-3（d）、（e）、（f）所示为将领侧省和腰省转移到设计需要的部位，两个省都移动。省转移操作的方法一样，具体操作步骤是：先画出新省线的位置并剪开，原省合并，新省线位置打开，修正新省线的省尖点，完成省转移操作。

（1）图3-3（a）、（b）、（c）中的省转移方法如图3-4所示，其具体步骤如下。

①先在原型前衣片下放一张纸。

②在前衣片肩线上任取一点*A*，作为省转移后新省的位置，并在需要转移的领侧省处作标记*B*、*C*。

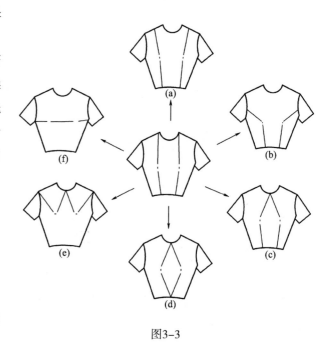

图3-3

③在纸上画出不需要变动的衣片线条，其中图3-4（a）、（b）从点*A*开始沿衣片外缘逆时针方向旋转画至点*C*，图3-4（c）从点*A*开始顺时针方向旋转画至点*B*，不需变化的腰省也按原型纸样画出。

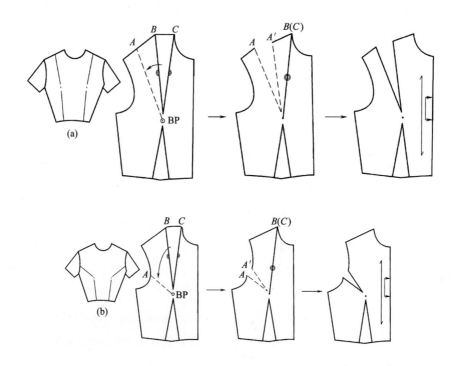

图3-4

④以省尖点（BP）为圆心分别将图3-4（a）、（b）的衣片顺时针方向旋转，使点B与纸上的点C重合；图3-4（c）的衣片逆时针方向旋转，使点C与纸上的点B重合。

⑤当点B、点C重合后，点A会自然张开至点A'，这便是领侧省转移至点A位置所形成的新省，再沿纸样外缘画出变动后的有关线条。

⑥取走前衣片，从A、A'两个点向胸高点画直线，省尖点距胸高点1.5cm，这样就可分别将领侧省转移为肩省、袖窿省和领口省。

⑦画出平行于前中线的布纹经向号，标示出以前中线为折边线的对折号。

（2）图3-3（d）、（e）、（f）的领侧省和腰省转移为两个不同位置的新省，其具体步骤如下。

①先在原型前衣片下放一张纸。

②根据款式图在新省形成的位置上作标记A、D，需要转移的领侧省作标记B、C，腰省作标记E、F。

③画出不需要变动的衣片线条，其中图3-4（d）从点B开始沿衣片外缘逆时针方向旋转画至点F，从点A画至点D；图3-4（e）从点A开始顺时针方向旋转画至点E，从点B画至点D；图3-4（f）从点A开始顺时针方向旋转画至点E，从点B开始逆时针方向旋转画至点D。

④以省尖点（BP）为圆心逆时针方向旋转衣片，使点C与纸上的点B重合。

⑤当点C、点B重合后，点A会自然张开至点A'，这便是领侧省转移至点A位置所形成的新省，再沿纸样外缘画出点B至点A'的线条。

⑥然后将衣片旋转回原来的位置，图3-4（d）以胸高点为圆心顺时针方向旋转衣片，使点E与纸上的点F重合，点D会自然张开至点D'，沿纸样外缘画出点F至点D'的线条；图3-4（e）、（f）分别以胸高点为圆心逆时针方向旋转衣片，使点F与纸上的点E重合，点D会自然张开至点D'，沿纸样外缘画出点F至点D'的线条，这就是腰省转移至点D位置而形成的新省。

⑦取走前衣片，从两个打开的新省向胸高点作直线，省尖点距胸高点约1.5cm，这样就将两个省分别转移为两个新省。如果将图3-4（f）的两个省尖点连接，可将整衣片分成上、下两片。

⑧画出平行于前中线的布纹经向号，标示出以前中线为折边线的对折号。

2. 后片省的转移

后片省的转移方法与前片相似，但由于后片存在的两个省尖点不像前片省尖点位置统一，后肩省以肩胛骨部位为中心进行转移，后腰省则以胸围线部位进行转移（图3-5）。

后片省转移的具体步骤如图3-6所示。图3-6（a）是将后肩省全部转

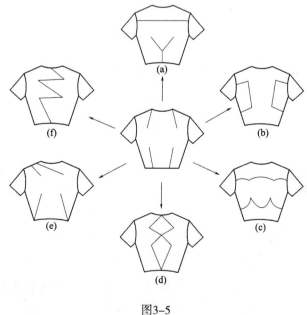

图3-5

移至后袖窿位置，再从省尖点剪开至后中线处；也可以将肩省一分为二，一半转移至后袖窿处，一半转移至后中线处；还可以将后肩省全部转移至后中线处，然后剪开省尖点至后袖窿。将纸样放回原来位置，以腰省的省尖点为圆心，如图所示将腰省转移至后中线上。利用类似的方法可以画出图3-6（b）、（c）、（d）的三种款式造型。

图3-6（e）、（f）为衣片左右两侧不对称款式，省转移的方法与前衣片不对称的转移方法相似，把握住不同省转移以不同的省尖点为圆心转动即可，这里不再逐一介绍。

图3-6

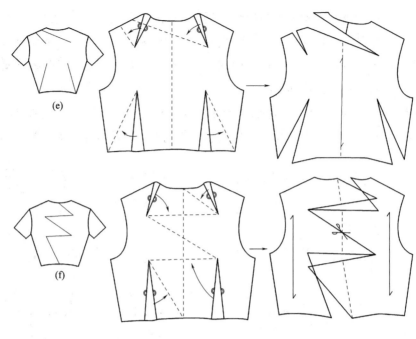

图3-6

3. 省转移成分割线

以上介绍的省是经过车缝工艺后，在表面形成直线形态。省也可以转化为曲线、弧线等多种形态。不同形态的选择，主要视衣身与人体的贴体程度和服装款式造型的需要而定。

在不影响服装合体情况的基础上常将相关的省转移到衣片的分割部位，形成多片状态，通过这样的处理，能使服装款式变化丰富。省转移成分割线与转移成新省有些不同，省转移时都是在同一片原型衣片上转移，衣片是整片型，且省基本上以胸高点为中心向四周呈放射状。而省转移成为分割线时，则是根据款式将衣片分割为两片或三片等。上身省转移成分割线，常见的形态有公主线、刀背线、高腰线等。下身裤子的后片省转移可形成后育克，如牛仔裤的后片腰部处理。

图3-7是省转移成分割线的实例，以BP点为旋转点进行转省的转移操作。其中图3-7（a）、（b）、（c）省转移的方法较为简单，可先将要转移的省看成普通的直线省，转移后再按款式要求画为弧线，但注意弧线长度要相等，以保证缝合时不出

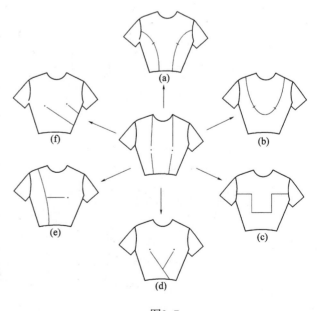

图3-7

现误差。画弧线时可先在张开省的位置取中点，按款式造型要求的线条经过这点画弧线至胸高点，然后复制出另一条相同的弧线作为曲线形的省，只有这样才能保证其准确性。图3-7（d）、（e）、（f）是将省转移成衣片两边不对称的省。这种不对称的省转移较为复杂，在转移省时首先要弄清楚省的走向，并要将左、右衣片两侧的省都转移才能达到其效果。

省转移的具体步骤如图3-8所示。

图3-8

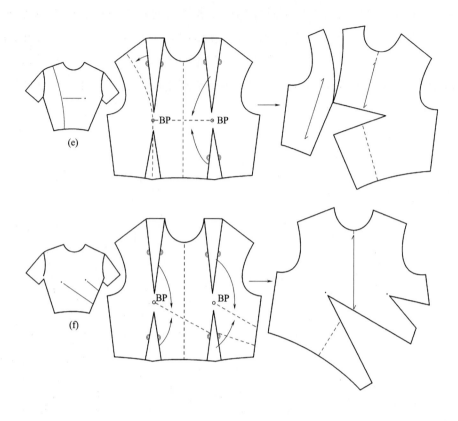

图3-8

①先在原型前衣片下放一张纸。

②画出新省所处的位置，确定前中线上省转移后的位置。这点很重要，因为转移省时衣片左右两侧都要移动，而图3-8（f）由于新省经过右下侧的腰省，可以先将此省折起闭合后再画出新省线条，这样才能保证左侧的省转移至右侧时，不会因有腰省而使新省位置不准确。

③按图3-8中箭头方向先将左侧两个省一起转移至新省位置，图3-8（d）、（f）的新省先通过前中线，图3-8（e）将左领侧省转移至肩线中点。

④再按图中箭头方向将图3-8（d）、（e）的右侧两个省分别转移至前中线处，然后将图3-8（f）两个省转移至腋下处。

⑤图3-8（d）、（f）根据左侧下部前中线，将右侧腰部一片纸样移至左侧相应的部位；图3-8（e）要同时将左侧两片纸样按前中线转移至右侧。

当省转移成分割线时，其合体效果与原省缝合后的合体效果必须是一样的，省转移后，对分割线要修圆顺，使缝线富有曲线美。

通过以上操作，要注意以下几点：

第一，省经过转移后，新省宽与原省宽不同，是因为新省位置距离胸高点与原省不同而造成的，但省的角度不变。

第二，省经过分解转移后，新的省角度之和等于原省角度。

第三，省转移缝合后各部位的尺寸及其立体效果与原型省缝合后的尺寸及立体效果一样。

第四，省转移后的量，可缝合为省道线或抽碎褶处理，外观效果不同，这点在后面还有详细说明。

第五，腰部省量在后工艺加工时，可不缝合或抽褶，当作腰部放松量处理也可以。

第六，上衣省量不适合集中在一个部位，会形成省尖点凸起，不符合体型。

二、剪省法

剪省法如图3-9所示，其具体步骤如下。

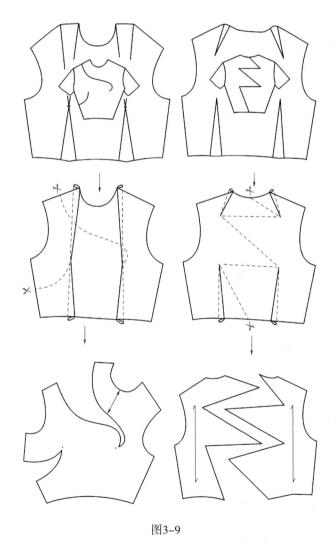

图3-9

①先将衣片复制在一张白纸上，剪下复制出的衣片纸样。

②将纸样上的省全部折起闭合，如同衣片的省缝合。要闭合至省转移时的圆心点，如

前衣片的胸高点、后衣片的省尖点，折叠后纸样就会产生立体效果。

③根据服装造型的需求，用笔在这个立体纸样上画出新省所处位置，省的形状可以是直线形、曲线形或分割线等外形，如图中虚线所示。

④用剪刀按画出的线条剪开，要剪至省尖点，这样，原来纸样的立体效果就会回复成平面状态，纸样张开处就是形成的新省位置。如果进行省的分解，按分解的数量剪开即可。

⑤重新画出新省的形状，剪省过程即完成。

第三节　褶裥变化的方法

褶裥在辅助结构中一般通过缩褶（抽褶）、打裥等形式完成，它赋予服装丰富的造型变化。通过缩褶、打裥的方式能将服装面料较长或较宽的部分缩短或变窄，使服装适合人体，并给人体较大的宽松量，还能发挥面料悬垂性、层次性和飘逸性的特点。由于褶裥能使服装舒适合体并增加其装饰效果，因而被大量用于半宽松和宽松的女式服装中。服装褶裥的表现形式很多，可以在一定的部位以水平或垂直的形式出现，也可以上下两端或曲线缩褶控制该部位的造型，因此服装褶裥量的多少、抽褶部位及缩褶后控制的尺寸量，是由服装款式造型和面料的特性决定的。

上衣褶裥除了通过省的转移处理操作获得收褶的量外，还可以额外增加褶量。因为褶裥具有强调和装饰的作用，只有褶量达到造型设计要求才能出效果。

一、省转移后以收褶的形式表现

省的转移操作同上，只是在结构表现上有所不同，进而造型效果也不同。如图3-10所示的缩褶量来源于省，具体操作步骤如下。

①采用欧式女装原型的前衣片纸样，图3-10（a）、（b）是将领侧省转移至腰省处，作用是能准确画出前育克的形状；图3-10（c）则是将腰省转移至肩省处。

②根据款式造型要求，画出图3-10（a）、（b）并剪开育克纸样；图3-10（c）剪开侧腰部位的育克。图3-10（b）、（c）的育克无须剪断。

③将省转移至需要缩褶的位置，用圆顺的曲线连接省。为了连接线的圆顺，有时省在转移为缩褶时可多分几个省。

二、省转移后，增加缩褶量，提高造型效果

图3-11中，省转移后，为了加强效果，需要增加缩褶量。具体操作步骤如下。

①采用原型前衣片纸样，将省转移至需要缩褶处。

②在图3-11（a）、（b）、（c）三个图中，缩褶量只有省转移来的量是不够的，

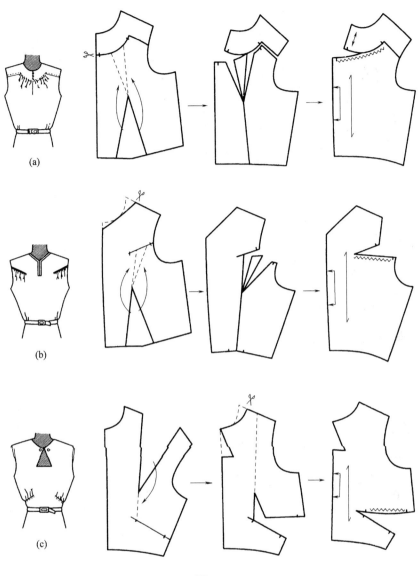

图3-10

因此须按图示将缩褶线加长，以加大缩褶量。加褶量时可多剪些剪口，使连接线圆顺。增加缩褶量的多少根据款式造型要求而定，同时也要根据面料特性来控制。

③用圆顺的曲线连接缩褶位置，可在原连线处向外稍加出0.5～1cm。图3-11（a）须画出新的领口线，最后标示出缩褶号、对折号和布纹线方向。

三、褶裥效果设计

褶裥效果设计主要讲述因造型需要额外增加量的操作方法。在制作中，加入褶裥量的多少要根据服装款式的缩褶方向和大小来确定。图3-12为加缩褶的具体步骤。

①采用原型前衣片纸样，先将领侧省转移至腰省处。

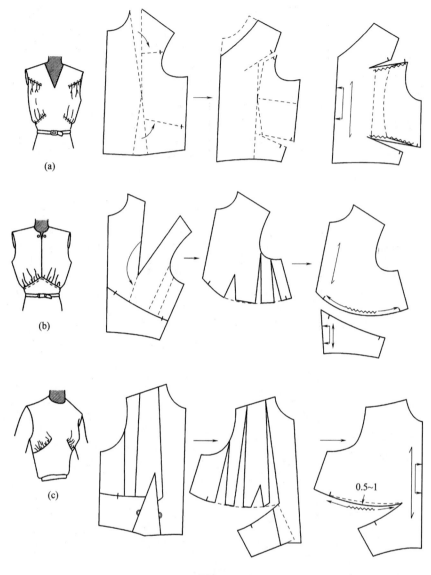

图3-11

②在图3-12（a）的腰部两侧加缩褶，即腰省缝合时对靠侧腰一边的省缝线处进行缩褶处理，这就需要将省缝的一侧加大。将省缝向侧腰方向剪开六小片纸样。

③将六小片纸样在保持侧缝长度不变的情况下呈螺旋形张开，张开的距离由分开的片数决定。片数越少，每片纸样张开的距离越大，同时要根据缩褶量的多少决定，缩褶量越大，张开的距离也应该越大。

④调整好每片纸样的张开量，用圆顺的曲线将六小片纸样连接好。

图3-12（b）的缩褶位置在前胸两侧，图3-12（c）的缩褶位置在上胸围处，其制作方法与图3-12（a）相似。图3-12（c）缩褶的布纹经向号可采用直纹或斜纹两种方向。

移褶法和加褶法虽然是两种不同的处理褶裥的方法，但在制作缩褶时两种方法可一起

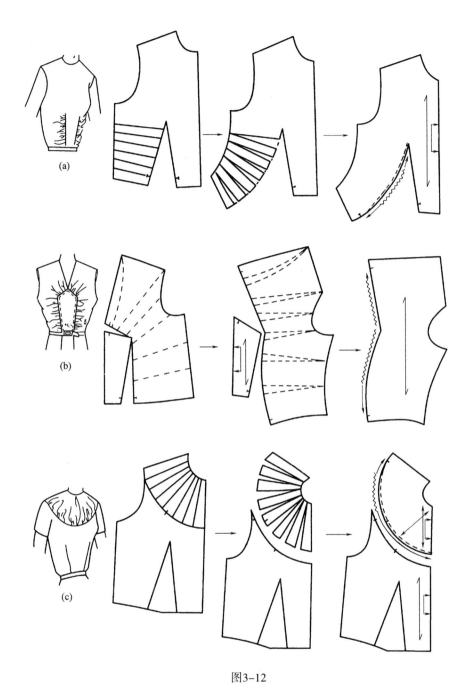

图3-12

运用，如以上介绍的图3-12，而图3-13所示也是两种方法一起运用的实例。图3-13（a）
的肩部缩褶是由原型肩省和腰省转移形成；图3-13（b）的缩褶是用加褶法直接制作出
来，并将原型的省转移至腋下；图3-13（c）的缩褶一部分是由原型的省转移而成，一部
分是用加褶法剪开张大缩褶量；图3-13（d）的肩部和腰部缩褶是用加褶法制作出来，原
型的省转移至腋下；图3-13（e）的缩褶一部分由原型的肩省和腰省转移而成，一部分用
加褶法制作出来。

　　服装的缩褶制作主要是由缩褶形成的方向和大小决定。以图3-14为例，缩褶形成的方向决定了剪开的位置。其中图3-14（a）的缩褶方向是从领部向腰部垂直放射出来，纸样

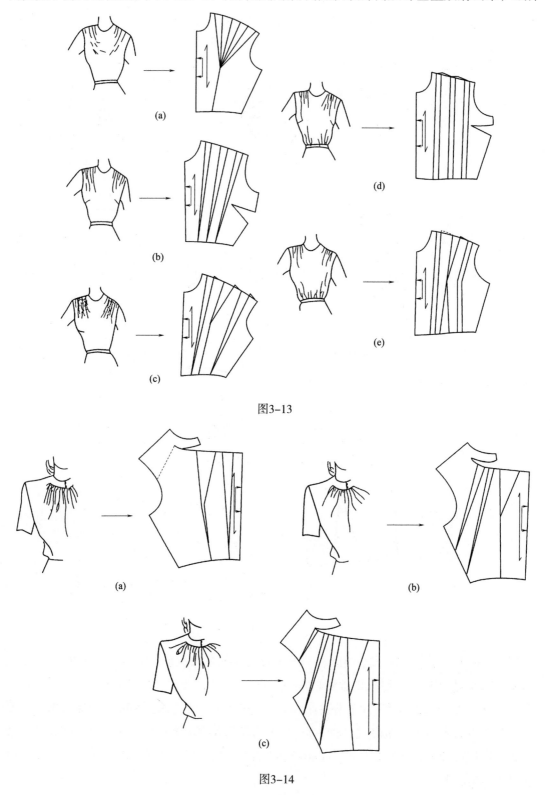

图3-13

图3-14

制作时必须从领部向腰部垂直剪开张大；图3-14（b）的缩褶是从领部向腋下放射出来，纸样制作应根据缩褶方向剪开加大；图3-14（c）的缩褶是从领部向袖窿和腋下放射出来，但分量比图3-14（b）多，纸样制作也是依据缩褶方向剪开张大。可见，由于缩褶方向的不同，款式相同的服装在纸样制作上也存在差异。根据款式造型，有时还会出现弯形的剪开线，这都是由缩褶的方向和大小决定的。

本章要点

省位的转移是服装结构设计的基础，服装通过收省，才能合体并具有立体效果。省可以根据服装款式的需要设在服装的不同部位，如上衣的前身、后身、衣袖，裤子和裙子的腰部等。

省的位置随服装款式的需要而定，省是依据它在衣片上的部位而命名的。省位的变化是服装，特别是女装款式变化的主要手段之一，许多部位均可通过省的变化进行结构设计。省经过缝合使平面的布料呈现凸起的立体效果。上衣的胸省和腰省缝合所形成的曲面，能满足胸部的隆起；裤腰、裙腰前后的省缝合形成的曲面，满足了腰围与臀围的差别。省可根据服装款式的要求设在服装的不同部位，根据工艺的不同和效果的不同可分为三种：一是将省位转移或分解，在完整的衣片上车缝省道；二是将省转换为弧线形成分割线，将衣片分割成多片；三是将省转移到设计部位，工艺要求省量以收褶形式表现。省位的变化通过将省转移操作来完成，即以凸点为旋转点，把省的设计转移量移到设计部位。

本章习题

1. 省是怎样形成的？
2. 省可根据服装款式造型的要求分为几类？具体说明各自特点。
3. 收省设计通常不是1个，为什么？
4. 后衣片省转移和前衣片省转移有何不同？注意点是什么？
5. 简述省分解转移操作中应注意的环节。
6. 省转移成分割线和形成收省处理有何差异？
7. 叙述剪省法的操作过程。
8. 褶裥的量是由什么决定的？

基础应用——

上装款式造型

本章内容：1. 开襟纸样设计
           2. 上装款式变化

教学时间：10课时

学习目的：让学生掌握服装各式开襟款式的纸样设计，上装分割线的造型变化，各式上装款式造型变化及纸样设计。

教学要求：掌握服装开襟的纸样设计方法，了解开襟的作用及位置要求；掌握上装分割线的制作原理，了解上装分割线的作用；掌握各式上装款式的纸样设计原理；学会利用以上知识点分析或解剖上装款式的变化原理及其纸样设计方法。

第四章　上装款式造型

第一节　开襟纸样设计

　　开襟可设计在服装的不同部位，形式多种多样。按其所在的位置可分为前开襟、后开襟、肩开襟、腋下开襟等。从外形上又可分为直线襟、斜线襟、曲线襟等。日常穿着的服装开襟多设计在前衣片的前中线处，用纽扣、拉链等作为系结物，其中最常用的开襟形式是用纽扣和扣眼作为系结物。开襟分左、右两襟位，锁扣眼的一侧称为门襟，钉纽扣的一侧称为里襟，两襟扣搭在一起的重合部位叫搭门，搭门根据布料厚度和纽扣大小决定其宽度，一般单排扣的搭门宽度为1.5~3cm，等于纽扣直径加上0.5~1cm。双排扣的搭门要根据服装款式而定，一般为5~10cm，扣眼的大小一般等于纽扣直径加上纽扣厚度。

　　开襟的类型和位置虽然随服装的设计而定，但也和开襟的作用有关，选择合理的开襟款式，不仅为服装的穿着提供了方便，而且也对服装起到了装饰作用。以下用原型衣片介绍各种开襟款式的制作。

一、单排扣开襟

　　图4-1所示为普通的单排扣开襟款式，是便装最常采用的开襟形式。其制作步骤如下。

　　①采用原型前片纸样，按款式要求先将领侧省转移至腋下，腰省放开做成缩褶。

　　②在前中线处加放出搭门，搭门宽度等于纽扣直径加上0.5~1cm。

　　③画出门襟贴边（挂面或过面）线，保证左、右前片纸样相同。

　　④按款式要求分别在左、右前片的前中线上标示出纽扣和扣眼位置，并画出经向号。

二、双排扣开襟

　　图4-2所示款式为普通的双排扣开襟款式。其制作步骤如下。

　　①采用原型前片纸样，按款式要求先将领侧省转移至腋下，腰省放开做成缩褶。

　　②将领口线降低，然后在前中线处加放出搭门，通常双排扣开襟的搭门较宽，一般取5~10cm。

　　③画出门襟贴边线。由于双排扣开襟的搭门较宽，为了排料时节省布料，一般门襟贴边不像单排扣开襟款式连在前中的搭门线上，多采用与前片分开的单独纸样。

　　④按款式要求分别在左、右前片标示出纽扣和扣眼位置。双排扣开襟的纽扣和扣眼应

对称在前中线左右两侧，如图4-2所示，扣眼开在搭门位，距搭门止口线1～2cm，与前中线对称的位置钉纽扣，服装外面和里面各钉一排纽扣，这样对应的一侧扣眼才能和在里面一排的纽扣相扣，左、右前片开扣眼、钉纽扣的方法相同。

⑤画出对位号、缩褶号和经向号。

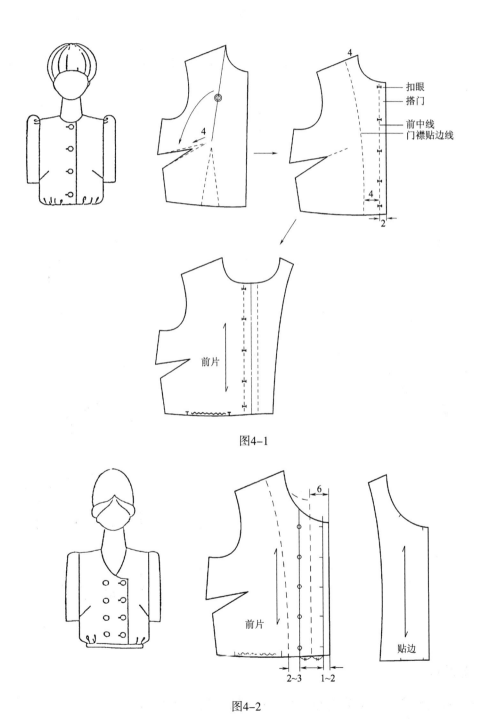

图4-1

图4-2

三、不对称开襟

如图4-3所示款式为一种左、右不对称的开襟款式。其制作步骤如下。

①不对称开襟一般要画出整个前片，将原型前片的左、右领侧省转移至腋下，腰省放开做成缩褶。

②画出开襟位置，门襟从前中线向右片平移约7cm，按款式将圆形领口做成方形领口。

③在右片开扣眼，开襟位加搭门约1.5cm，标示出扣眼的位置。左片钉纽扣也加搭门1.5cm，标示出钉纽扣的位置。

④画出左、右片门里襟的贴边线，右片的门襟贴边与衣片分开，左片的里襟贴边与衣片相连。

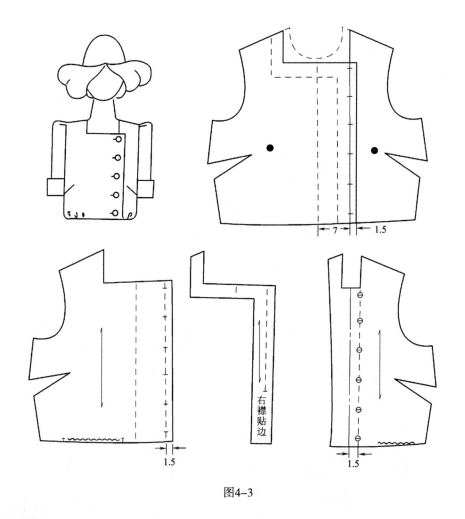

图4-3

四、暗开襟

暗开襟是一种纽扣被遮盖的开襟款式（图4-4）。其在右前开襟内多设计一层布料开

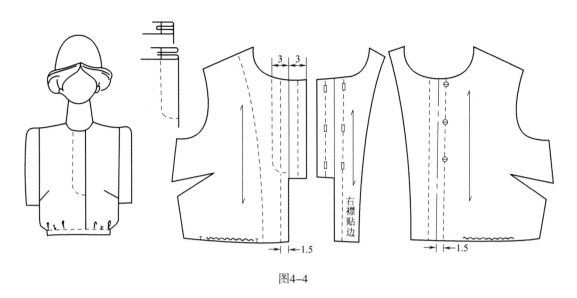

图4-4

扣眼，左前开襟钉纽扣，当右前开襟扣上后，外面有一层布遮盖着纽扣。其具体制作步骤如下。

①观察图4-4中右前片门襟的横截面图，其门襟为双层结构，纸样制作可在原衣片上加出或与衣片分开。

②在右片的前中线处加放出搭门1.5cm和前开襟宽3cm，左片加放出搭门1.5cm。

③画出左、右片的开襟贴边，左襟贴边与衣片相连，右襟贴边可以与衣片相连或与衣片分开。标示出右片的扣眼位置和左片的纽扣位置。

五、明开襟

明开襟在衬衣中最常见，其结构方式有多种，这里介绍常见的两种。

1. 明开襟的第一种方式

（1）图4-5（a）所示为明开襟的展开结构图，以开襟宽度3cm为例，在左片前中线处加放出搭门1.5cm，右片的开襟宽度为3cm。

（2）在左片前中线处加放出搭门1.5cm，从搭门止口线处再加放出3～5cm作为里襟贴边，由于有衣领，里襟贴边不用加至领围处。

2. 明开襟的第二种方式

（1）图4-5（b）所示为明开襟的展开结构图，以开襟宽度3cm为例，在右片的前中线处修入1.5cm，右衣片的搭门做在开襟上，其折起宽度为3cm，打开宽度为6cm。

（2）在左片前中线处加放出搭门1.5cm，从搭门止口线处再加放出3～5cm作为里襟贴边，由于有衣领，里襟贴边不用加至领围处。

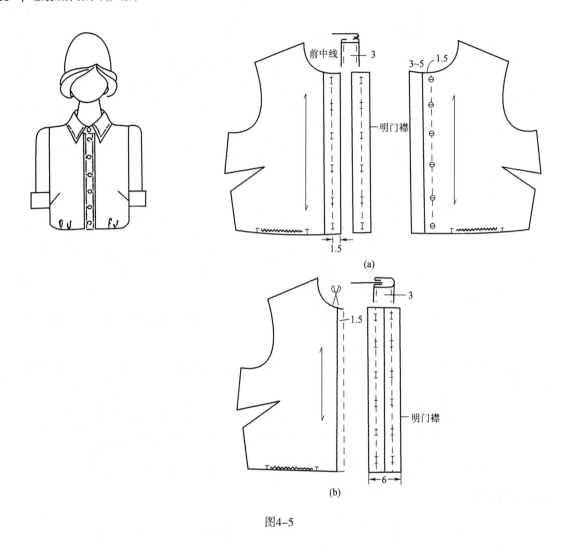

图4-5

第二节 上装款式变化

上装的各种款式设计，多应用省的变化规律在紧身或合体服装中进行一系列的结构转化，体现了服装款式在演变过程中省赋予它的丰富的表现力。

一、上装分割线变化

根据人体体型和款式变化的需要，分割线应该设计在与凸起点有关的不同位置，通过省的变化而获得不同的立体断缝（分割缝）造型。

1.曲线分割造型

（1）如图4-6所示，将原型上衣的省变为公主线分割。其制作步骤如下。

①从BP点画一条长4cm的直线，与公主线相交。在后片距腰省尖点4cm处画一条弧线至袖窿处。

②用转省的方法将前片的肩省和腰省转移至前分割线处，后片肩省转移至肩线中间，腰省转移至分割线处。

③在前片中，由于将全部省量都转移至分割线处，其省量即为原型衣片上两个省量之和，说明这是一种紧身的结构处理，因此可将前、后片分割线和侧缝线均修入约0.5cm，这样能使服装的贴体效果与人体体型配合得更好。

④后片被剪开后，会出现后片缝线比侧片缝线稍长的现象，缝合时可将多余部分归至后片分割线处。

（2）图4-7所示款式是将原型上衣的省转移为育克曲线分割。其制作步骤如下。

①按款式要求在前、后片上共画出四条分割线，前育克曲线经过BP点，后育克曲线经过肩省尖点。

②用转移省的方法将前片肩省转移至分割线的袖窿处，后片的肩省转移至分割线的肩端点处，前、后腰省放开做成缩褶。

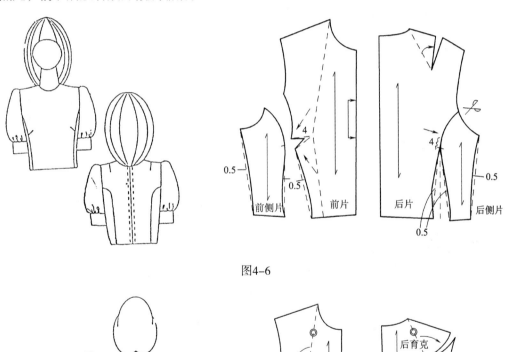

图4-6

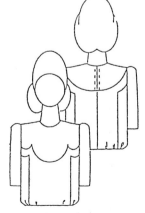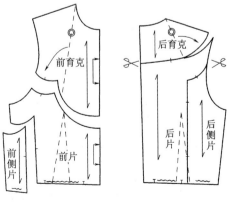

图4-7

③按要求分割出前、后育克及前、后侧片纸样，作为装饰性的分割线。

2.组合型分割线造型

（1）图4-8所示款式是用上衣原型作育克直线分割，制作步骤与图4-7相似，其分割线都具有功能性，修改领口时要保持前、后肩线等长。

（2）图4-9所示款式是用上衣原型作育克斜线分割，但前片分割线不经过BP点，育

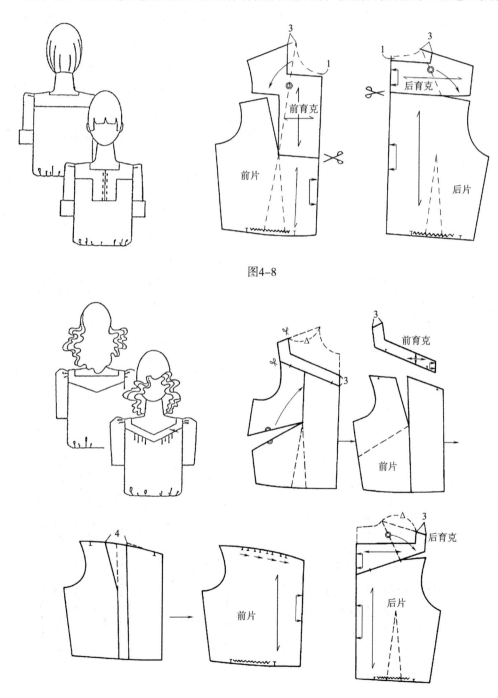

图4-8

图4-9

克线至BP点要制作四个单向顺裥。其制作步骤如下。

①按款式要求先将前片肩省转移至腋下，目的是为了能准确画出前育克分割线。

②画出前育克并剪开，将腋下省转移至制作顺裥处，腰省放开做成缩褶。

③如果每个顺裥折起后的尺寸是0.5cm，放开就有1cm，四个共有4cm，如果省的宽度少于4cm，则要按图所示剪开平行张大，使张开的尺寸加上原省的宽度等于4cm。经过这样的处理后，服装转化为半贴体款式。最后按要求将领口画成方形。

④后片的制作是直接将肩省转移至后育克袖窿处，腰省放开做成缩褶，并将后领口画成方形。

二、各式上装造型变化

利用分割线、缩褶等多种形式，使服装造型变化丰富，但在设计款式时，分割线、褶和裥的组合方式并不是随意的，必须考虑它们在服装上的功能和装饰作用。如分割线的主要作用是固定褶、裥和作为装饰线条，而缩褶主要用于造型设计的主体效果。下面用具体款式加以说明。

1.曲线分割的胸褶设计

图4-10所示为曲线分割的胸褶设计，分割线从领侧点向下环绕胸部外沿构成曲线分割，在分割线的胸部下方制作成缩褶。其制作步骤如下。

①首先将前、后片的侧缝重合，这是为了准确画出曲线分割线的外形。再将前片肩省

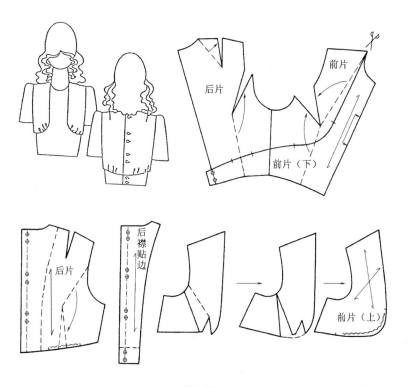

图4-10

和腰省转移至袖窿处，后片肩省按款式要求转移至肩线中间，后腰省转移至袖窿处。

②将分割线下部剪开，在后片中线处加放出搭门，另画出一片后襟贴边，标示出纽扣位。

③分开前、后片，将前片袖窿省转移至缩褶处，按款式要求，前片的缩褶要加大，后片则无须加大。当前片的余省不足以表现出缩褶时，要额外增加褶量，用加褶法在缩褶处剪开至袖窿，张开剪口增加缩褶量；后片则用余省直接进行缩褶。

2. **腰部褶裥式悬垂褶设计**

图4-11所示款式是腰部褶裥式悬垂褶设计。这是一种不对称的悬垂褶，经过右BP点的分割线是由原型肩省和腰省转移形成，向下的两条线是布料叠起形成的悬垂褶，一直延伸至后衣片束扎起来。其制作步骤如下。

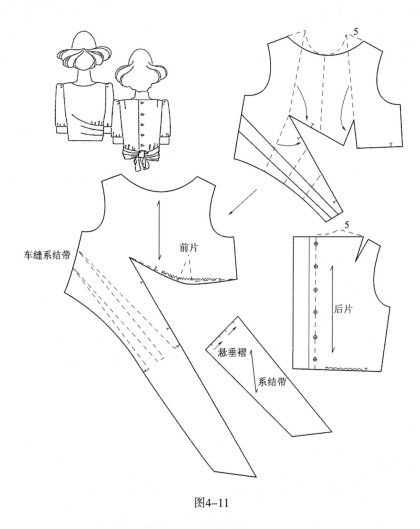

图4-11

①由于款式是不对称的，因此须将整个前片画出，根据款式要求将省转移成不对称形式。衣片右侧的两个省经过前中线一直延伸至左边侧腰处，左侧的两个省转移至向下的右省线上，放松做成缩褶。

②在右省向下处从右侧腰画分割线至左侧腰，沿着分割线将纸样剪开张大至必要的宽度，再将纸样加长，使之能延伸到后面足够束扎起来的长度，在右侧腰处多加一块布（系结带），使之能和左侧延伸的布（系结带）在后中扎起束结。

③将后片肩省转移至肩线稍偏肩点处，腰省放开做成缩褶，在后中线处加放出搭门和后襟贴边，按照款式画出一字形领口线。

3. 胸部加装饰带设计

图4-12所示为胸部加装饰带设计，装饰带束结后产生缩褶效果。其制作步骤如下。

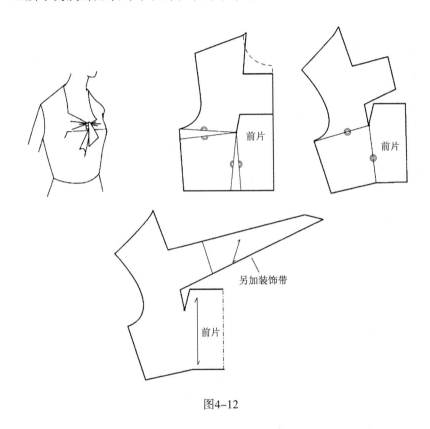

图4-12

①首先在BP点至前中线处画出折线分割线，在颈侧点处斜向上升1cm，画出方形领口。

②把省位都转移到折线分割线处，加出装饰带，长度要足够束结。由于前衣片是一片式，前中要对折，装饰带可分开另裁。

4. 前胸悬垂褶设计

图4-13所示为前胸悬垂褶设计，在前片领口至胸口处做成许多悬垂褶，但肩线长度不变。其制作步骤如下。

①将原型前片的两个省转移至前中线设计有悬垂褶处。

②画出新的领口线，沿着前中线向下画出三条形成悬垂褶的分割线，每条线间隔约3cm，延伸至肩线处。

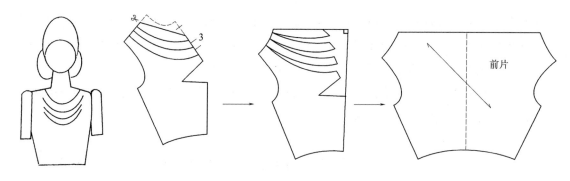

图4-13

③沿着这三条分割线剪开，固定肩线并将每片张开，直至第一片与前中线成直角，分别延长前中线与领口线使之相交。

5.露背装设计

（1）图4-14所示为露背装设计，属于贴体造型。其制作步骤如下。

①为画出款式线条，首先将前片的省转移至领省处，由于款式贴体，要把胸围、腰围的放松量在侧身处去掉，再画出弧形分割线，领省放开制作成缩褶，画出前中的搭门。

②后片将腰省闭合，同样要把胸围、腰围的放松量去掉，画出分割线，保持前、后侧腰长度相等。

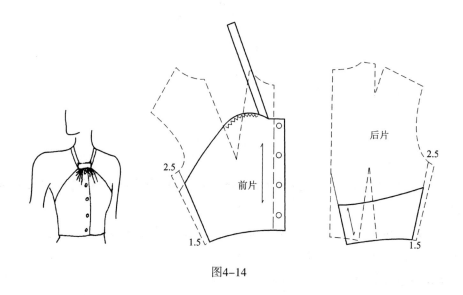

图4-14

（2）图4-15、图4-16所示也是露背装设计，是典型的晚礼服上装结构设计。其制作步骤如下。

①为画出款式线条，首先将原型前片的肩省转移至腰省处，后片将肩省转移至肩端点，腰省转移至袖窿处。

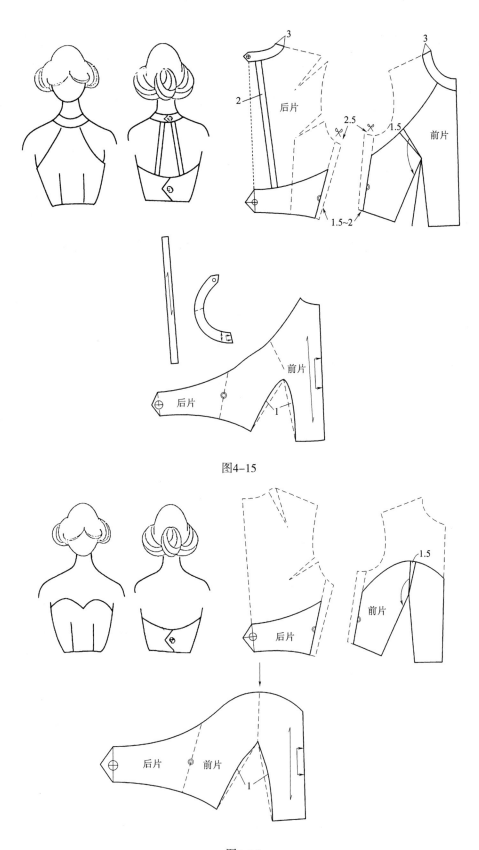

图4-15

图4-16

②由于上身裸露较多，各部位尺寸要求绝对贴体。首先将胸围、腰围的放松量去掉，再画出分割线、领口的前后宽度，侧腰长度要相等，从BP点至前胸分割线处多加一个1.5cm的省，并将省转移至腰省处，修顺分割线。再画出后片带条并复制出领口线。

③将后腰育克与前片在侧腰处重合，并将腰省向两边各修入1cm，使之更为贴体，画出后腰中线搭门。

服装分割线虽然有各种各样的形态，但通常可将它们分成两大类：造型分割线和功能分割线。造型分割线指为了造型的需要，附加在服装上起装饰作用的分割线，其所处的部位、形态和数量的改变会引起服装效果的改变。功能分割线指为了适合人体体型，以简单的分割形式来显示人体轮廓线的曲面形态，如公主线、侧缝线等，既显示了人体的侧面和正面体型，同时也以简单的分割形式取代了复杂的工艺制作，兼有或取代了收省作用，直接通过连省成缝而形成。分割线既能根据人体的线条进行塑造，也可以改变人体的一般形态为目的而塑造出新的、带有强烈个性的形态，其对服装的造型与合体起着主导性作用，同时也赋予了服装丰富的内涵和表现力。

女式上衣的纸样设计是女装的一个重要组成部分，由于女性体型的曲线丰富，使得女装比男装结构要复杂。但不论款式如何变化，其结构都与原型有着密切的联系。虽然采用的原型不同，但对同一款式的服装，所作的结构分解图是基本一致的。从以上各式服装款式的纸样制作过程中可以看出，纸样制作是褶裥、分割线处理和平面图样设计技术的组合。由于平面图样设计的逻辑性较强，而且采用平面图样设计这一基本技术，能清晰、简单地设计出千姿百态的服装款式造型，因此被广泛应用于服装的生产制造中。

本章要点

服装的开襟可设计在服装的不同部位，形式多种多样。日常穿着的服装开襟多设计在前片的前中线处，用纽扣、拉链等作为系物。开襟分左右两襟位，锁扣眼的一侧叫门襟，钉纽扣的一侧叫里襟，两襟扣搭在一起的重合部位叫搭门，搭门根据布料厚度和纽扣大小决定其宽度，一般单排扣的搭门宽度为1.5～3cm，等于纽扣直径加上0.5～1cm，双排扣的搭门要根据服装款式而定，一般为5～10cm，扣眼的大小一般等于纽扣直径加上纽扣厚度。开襟的类型和位置虽然随服装的设计而定，但也和开襟的作用有关，选择合理的开襟款式，不仅为服装的穿着提供方便，而且也对服装起到装饰的作用。常用的开襟形式有单排扣开襟、双排扣开襟、不对称式开襟、暗开襟和明开襟。

服装各种分割线设计，大多运用省的变化规律在紧身或合体服装中进行一系列的结构转化。服装分割线虽然有各种各样的形态，但通常可将它们分成两大类：造型分割线和功能分割线。造型分割线指为了造型的需要，附加在服装上起装饰作用的分割线，其所处的部位、形态和数量的改变会引起服装效果的改变。功能分割线指为了适合人体体型，以简单的分割形式来显示人体轮廓线的曲面形态。根据人体体型和款式变化的需要，分割线要设计在与凸起点有关的位置，通过省的变化而获得不同的立体断缝造型。常见的分割线形式有曲线分割线造型、组合型分割线造型、纵向曲线分割线和横向分割线等。

　　女式上衣是女装的一个重要组成部分，由于女性体型的曲线丰富，使得女装比男装结构复杂。但不论款式如何变化，其结构都与原型有着密切的联系。从服装款式的纸样制作中可以看出，纸样制作是褶裥、分割线处理和平面图样设计技术的组合。上装的款式变化也是利用分割线、缩褶等多种形式。在设计款式时，分割线、褶和裥的组合方式并不是随意的，必须考虑它们在服装上的功能作用和装饰作用，如分割线的主要作用是固定褶、裥和作为装饰线条。而缩褶主要用于造型设计的主体效果，如曲线分割的胸褶设计、胸部加装饰带设计、腰部褶裥式悬垂褶设计、前胸或腋下悬垂褶设计等。由于平面图样设计的逻辑性较强，而且用平面图样设计这一基本技术能清晰、简单地设计出千姿百态的服装款式造型，因此被广泛应用于服装的生产制造中。

本章习题

　　1. 服装分割线分为哪两大类？分别介绍两大类分割线的特点。

　　2. 服装开襟的作用是什么？按其位置和外形可分为几个种类？

　　3. 服装搭门根据布料厚度和纽扣大小决定其宽度，单排扣和双排扣的搭门宽度、扣眼大小如何取值？

基础应用——

裙装款式造型

本章内容： 1. 直裙纸样设计

           2. 斜裙纸样设计

           3. 节裙纸样设计

教学时间： 10课时

学习目的： 让学生掌握各式裙装款式的纸样设计，裙装分割线的造型变化，裙装褶裥的造型变化及纸样设计。

教学要求： 掌握各式直裙的纸样设计方法，了解直裙中纵向分割线及褶裥的制作原理；掌握各式斜裙的纸样设计方法，了解斜裙款式随裙片数量及裙摆大小变化的原理；掌握各式节裙的纸样设计方法，了解分割线在节裙中的运用；学会利用以上知识点分析或解剖裙装款式的变化原理及其纸样设计方法。

第五章　裙装款式造型

　　裙装是围在人体下半身的服饰，无裆缝，呈筒状。裙装的结构设计是将人体的下肢看作一个整体来考虑，裙装的款式丰富多样，造型美观、飘逸，能充分展现女性的优美体态。因此，裙装一直深受广大女性的欢迎，是女性主要的下装形式。

　　裙装款式繁多，按裙装长度可分为有超短裙、短裙、及膝裙、中长裙、长裙等（图5-1）。按裙装外部形式可分为直裙、斜裙和节裙三大类，不论是哪种裙子的款式都可以从这三种原型图中变化而成。只要了解裙装款式的变化方法，就能举一反三掌握各式不同款式裙子的纸样设计。

第一节　直裙纸样设计

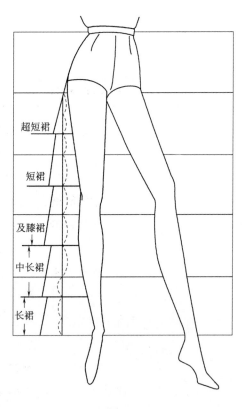

　　直裙是裙类中最基本的裙种，又称筒裙。它的外形特征是裙身平直，在腰部收省，使腰部紧窄贴身，臀部微松，裙底边与臀围之间成直线，裙身的外观线条优美流畅，如西装套裙、一步裙、窄摆裙等。由于造型简洁，一直被广泛采用，并逐步发展变化出许多直裙类的裙子。由于直裙的外形和原型相同，下面用原型纸样制作几种直裙款式。

一、西装套裙

　　图5-2所示为一种直筒紧身裙，为了穿着舒适，增加了功能性设计，在裙片后中线上端设有拉链，方便穿脱；在下端设有方便行走的裙衩。在臀围处加放约6cm作为放松量，如图5-2（a）所示。

　　西装套裙一般有衬里，衬里比面裙约短5cm；衬里的开衩位制图要根据面裙的开衩位尺寸画出，如图5-2（b）所示。

图5-1

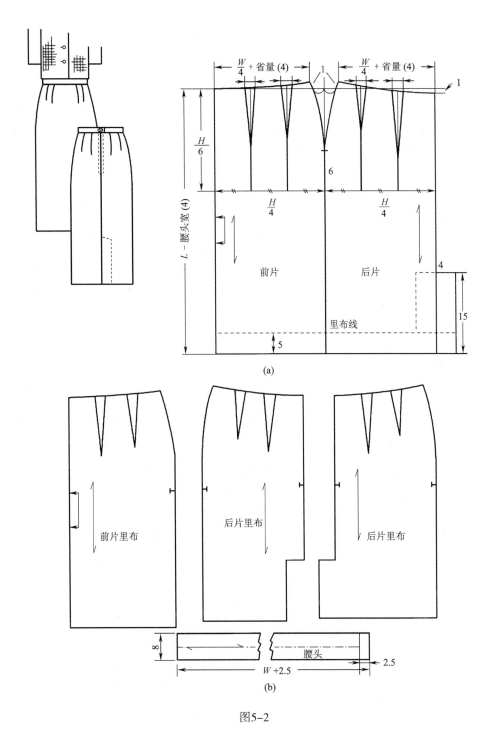

图5-2

裙腰头的长度是根据腰围尺寸加放出搭门2.5cm，腰头宽为2～4cm。

二、多片直筒裙

采用纵向分割的直裙，常见的有四片、六片、八片和十二片等。分割时要考虑视觉效果，不能所有裙片都采用平分的方式，如六片裙前、后裙片中间的一片要稍宽于两侧裙片。

1. 六片直筒裙

多片裙外表都不设省，而实际上省已在每块裙片的裁剪过程中被去掉了。图5-3所示为六片直筒裙，利用原型裙片制作步骤如下。

①先将前片两个省合并成一个省，其步骤如下：连接两个省的尖点A、B，在连线上定出新省尖点C，由点C作垂线至点D；在点C至点D和点A至点B处剪开，合并原来两个省；由点D及点D′重新画线至点C与点C′的中点，省的合并完成。

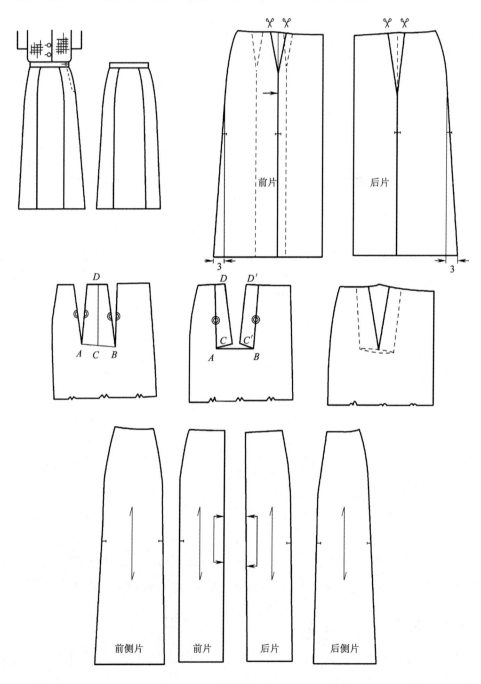

图5-3

②按款式要求将前、后片分开，前、后片的中间两片要稍宽于侧片，这样的分配在视觉上更美观。将前、后省平移至分割线上，省量每片各占二分之一。在侧缝设拉链开口。

③为了行走方便，可稍微加大下摆。

2. 十二片直筒裙

图5-4所示为十二片直筒裙，其制作步骤如下。

①将前、后片各分开三片，各片宽度相等。

②前片两省平行移动，分别放在两条分割线中间；后片省平分为两个省，同样放在两条分割线中间。

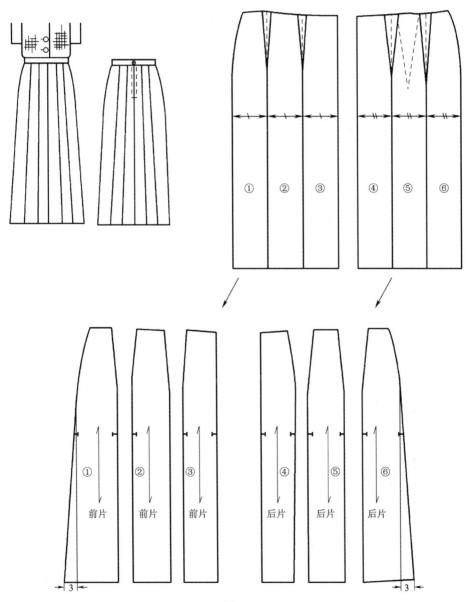

图5-4

③分开各片纸样，稍加大下摆。

三、各式褶裥直裙

此类裙子是由各式各样的褶、裥与直裙相结合而成，下摆在保持直裙外形的基础上，在裙上设计各种褶、裥，从而使裙子款式造型变化丰富。

1. 缩褶裙

图5-5所示为裙腰缩褶、款式随意大方、富有动感的缩褶裙。其制作步骤如下。

①从前、后裙片的侧缝和裙底边处向腰口画数条放射状的剪开线。

②从腰口剪开至侧缝或裙底边，在保持裙摆宽度不变的情况下张开各剪开线，放松量可比原腰围扩大约一倍，原型的省也包括在放松量中，每个剪开线的放松量均等，也可视实际情况而定。

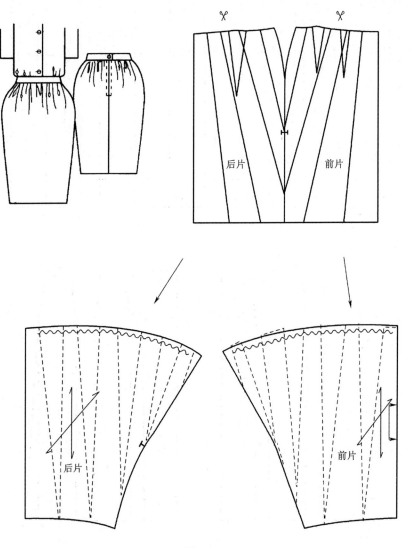

图5-5

③用圆顺的线条将扩大的裙腰口画好（布纹可采用直纹或斜纹）。

2. 百褶裙

图5-6所示为普通的百褶裙款式，由于其顺褶的关系，也称为顺风褶裙或排褶裙。这种裙型可以腰围或臀围为尺寸打褶，以腰围尺寸打褶缝制成裙后，臀围以下的顺褶会裂开而影响美观，因此一般只在童装中采用这种制法。制作百褶裙多采用以臀围为尺寸打褶，并在腰围处根据臀腰差在每个褶中收进一部分，以便称身合体，同时在腰下约15cm处车线固定，这样能使臀部平整而丰满，固定之下的顺褶熨烫定形，从上至下自然打开，使之富有空间感和动感。

百褶裙的纸样制作不需要原型裙片，直接进行制作更简便。其制作步骤如下。

①设计裙褶的数量，如用半围纸样，褶的数量用二分之一，定出腰围和臀围的尺寸，臀围加6cm放松量。

②臀围尺寸加上褶宽度总量，如图5-6（a）所示，褶数量的选择可以随意而定。

③按分配后的褶宽度折叠，在腰部将腰臀围的差量均匀放入每个腰褶内，做出腰围的尺寸，并用缝线固定在腰围处。注意折叠的褶量不能大于褶宽度的两倍，否则会出现两个褶重叠。最后从后中线顶点下降1cm重新修正腰线，并在侧缝设开口。

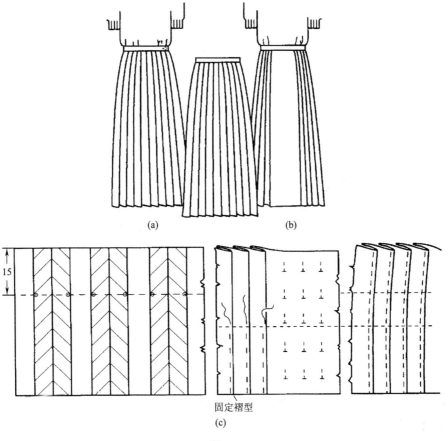

(a)　　　　　　　　　(b)

固定褶型

(c)

图5-6

④图5-6（b）的纸样制作与图5-6（a）相似，不同的只是在前中线处有搭门8cm，因此左、右裙片在距前中线8cm处无须打褶。具体参照图5-6（c）所示。

3. **褶裥裙**

图5-7所示为前片包含两个尺寸相同并分别倒向侧边的褶裥，外表像一个箱形褶裥。这类裙的省要转移至分割线中间，褶裥上部要缝住，或缉明线作装饰，缉线可缉至臀围线以下12cm处。其制作步骤如下。

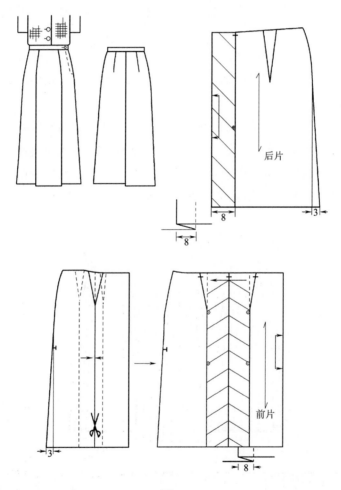

图5-7

①采用原型裙前片纸样，画出分割线，将前省合并后转移至分割线中间，侧缝下摆处加放3cm。

②将纸样平行张开，在分割线处加出两倍的褶裥宽度。注意，在缝合褶裥的上部时要把省的量缝入。

③后片可在后中线处加出一份褶裥宽度，侧缝下摆处加放3cm。

4. **悬垂褶裙**

图5-8所示为将悬垂褶设计在裙的两侧，两褶跨越前后裙身悬垂在侧缝处。这类悬垂

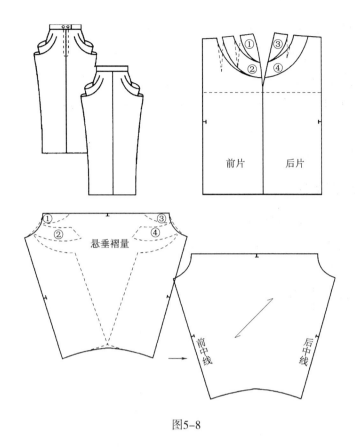

图5-8

褶不用定形，而是利用布料的悬垂性自然形成，使其富有动感效果。其制作方法与前胸形成的悬垂褶相似。

①将前、后片原型在侧缝处合并，按款式图确定两个悬垂褶的曲线位置。

②由于裙摆宽度不变，固定下摆侧缝线端点，分别将前、后片向两侧张开，张开的大小根据悬垂褶的分量而定。

③按腰至侧缝的分割线将各分割片张开，使前、后片臀围线以上的两条侧缝线转移为一条水平线。注意，原省在腰部要合并。

④为了在指定位置形成悬垂褶，须修顺裙摆。腰的弧线可修顺，也可不修顺，由于侧缝不能断缝，因此将断缝放在前、后中线处，后中腰设拉链开口，如裙摆过小可做裙衩。缝制这类悬垂褶裙时，首先要把左、右两片前后腰之间的水平线按中点对折，并将左、右两片的前后腰处分别缝合，然后再进行其他部位的缝制。

第二节　斜裙纸样设计

斜裙是一种裙摆宽松、两条侧缝呈放射状的锥形裙，又称喇叭裙或波浪裙。在腰部很少有省，省大多转移为裙摆量，增加了侧缝线的翘度，使其几乎接近直线，因此斜裙的制作主要是以腰围和裙长的尺寸为依据，不需要臀围和臀高的尺寸。斜裙的结构随裙片数量及裙摆的大小而变化，根据裙片数量可分为两片裙、四片裙、六片裙、八片裙和十二片裙等；按裙摆的大小根据侧缝斜角计算，有从60°开始直至360°的各式圆台裙。

各种角度的斜裙，能表现出不同的风格和穿着效果。角度小的斜裙给人的感觉是合体、活泼；角度大的斜裙则有飘逸、潇洒的效果。各人可根据自己的体型、爱好和布料的特性等具体情况选择不同角度的斜裙。

一、A字形和波浪形斜裙

图5-9、图5-10所示为裙摆大小不同的两种斜裙，裙摆较小的称为A字裙、裙摆较大的称为波浪裙，采用原型裙片的制作步骤如下。

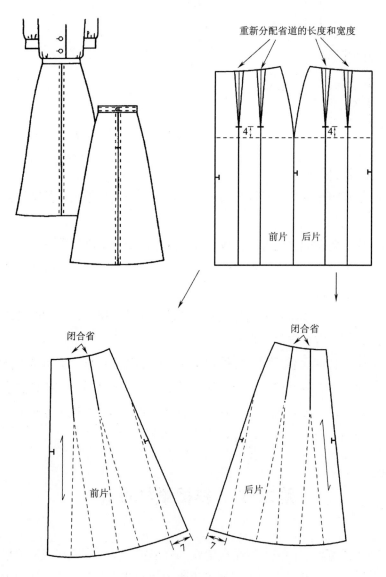

图5-9

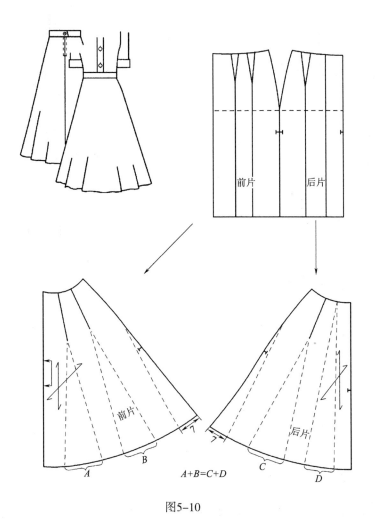

图5-10

①重新分配省位，将原型前、后片三个省的宽度相加除四，平均分配在前、后腰线上，在臀围线上4～6cm处取省端点，这样处理是为省转移至裙摆时保持张开的分量相等，同时按款式要求臀围处不需加太多的放松量。

②将四个省闭合，并将四个省分别转移至下摆处。在前、后侧缝处加大裙摆各7cm，画直侧缝线，修顺腰线、裙摆线。

波浪裙的制作方法与A字裙相似。先将原型前、后片的省闭合，裙摆增大时会出现前片大于后片的现象，可将后片剪开张大裙摆，使前、后裙摆增加的宽度相等。画直侧缝线，修顺腰线和裙底边线。

二、不同角度的圆台裙

圆台裙的角度一般有60°、90°、120°、150°、180°等，以图5-11的90°斜裙为例，其制图步骤如下。

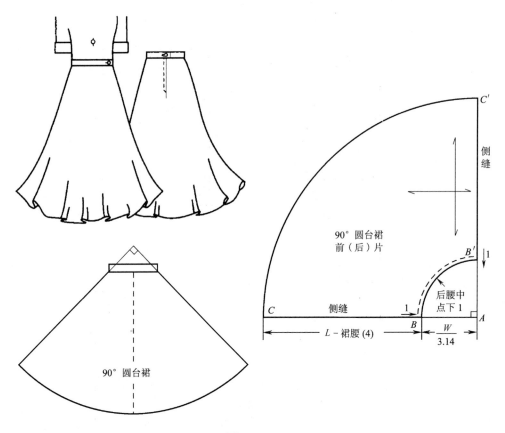

图5-11

①画相互垂直的两条线，交点为A。

②从点A量 $\dfrac{腰围}{3.14}$ 为半径，以点A为圆心画圆弧，分别交两垂线于B、B′ 两点，从点B至点B′ 的弧线即为前片或后片的腰围线。

③点B至点C为裙长减去腰头高度，以点A为圆心，A至C为半径画圆弧，交另一垂线为点C′，点C至点C′ 的弧线就是前片或后片的裙摆。

④裙片画完后，在侧缝点向腰线加出1cm，使两边侧缝在穿着时不会出现起吊现象，同时在后腰中点处下降1cm以避免后片过长，从而保持了裙摆平衡。

斜裙的结构实际是直裙的张开，将直裙竖直分割成若干等份，定住腰围分割点将裙摆张开，就可以画出任何不同角度的斜裙。直裙分割的数量越多，在变化中所形成的腰围线越圆顺、越精确，裙摆造型也越好。当腰线在各分割点均匀地张开至四分之一圆时就形成了半圆台裙（90°斜裙）；再继续弯曲至二分之一圆就形成了圆台裙（180°斜裙）。由于圆台裙可以形成不同角度，因此运用圆周角度制作圆台裙较为方便、准确。

为画出不同角度的斜裙，首先要计算出圆弧的半径，然后用此半径可以画出裙的腰围线和底边线。由于圆周长=$2\pi R$（圆周长尺寸就是裙的腰围），2π 为定量：

$2 \times 3.14 = 6.28$。根据此公式可以计算出180°斜裙的半径$R = \dfrac{腰围}{6.28}$，150°斜裙的半径$R = \dfrac{腰围}{5.2}$，120°斜裙的半径$R = \dfrac{腰围}{4.2}$，90°斜裙的半径$R = \dfrac{腰围}{3.14}$，60°斜裙的半径$R = \dfrac{腰围}{2.1}$。图5-12所示为各种不同角度斜裙的前裙片或后裙片制图。

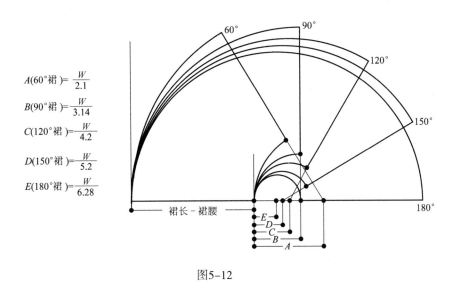

图5-12

圆台裙在排料时裙摆会出现直纹、横纹和斜纹，由于斜纹伸缩性强，在成型时，处于斜纹的布料会比实际伸长一些，从而造成裙摆不等长，为了避免这种情况，在斜纹处的裙摆要修进一些。同时，圆台裙排料时应根据布料的图案、弹性和组织的密度灵活掌握。

三、各种不同结构的斜裙

斜裙的款式千变万化，如在裙中有缩褶、褶裥、分割、育克等不同处理形式，下面讨论其制图方法。

1. 加大裙摆的斜裙

图5-13所示为在多片斜裙的前中片腰部两侧缩褶，并用三角形布加大裙摆。采用原型裙片制作步骤如下。

①前片将靠前中的省向下垂直分割，后片的省平移至分割线上。

②在前侧片内画四条平行分割线，剪开固定侧缝将各分割点张开，加出约为原尺寸二分之一的分量作为缩裙量。

③画出三角形下摆，以点A为圆心，30cm长为半径画弧，在弧线上取20cm作为加大的裙摆。

图5-14所示为在前中处分割一片作缩褶的斜裙，制作时首先要将原型裙片作成A字裙外形，在前裙片分割出一片，将此片分割成三小片，并以上小下大的形式张开，张开的尺

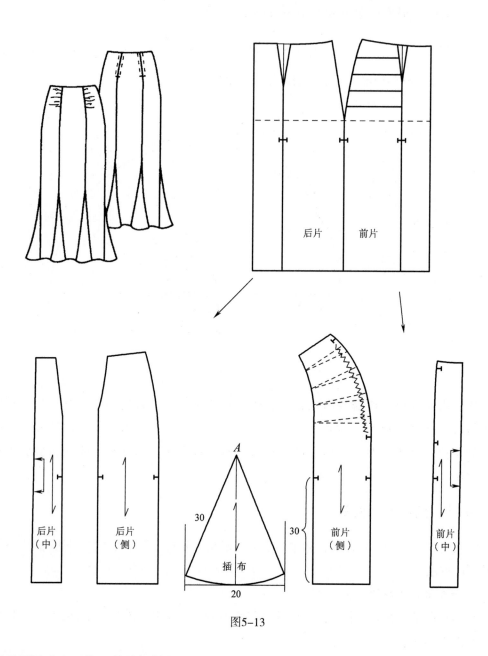

图5-13

寸要比原尺寸大一倍，使缩褶效果更明显。

2. 褶裥斜裙

图5-15所示为前、后片均包含两个箱形褶裥的斜裙，制作时先采用原型裙片作A字裙外形，然后将A字裙纸样分割，按所需要的褶宽张开。为了配合斜裙外形，在做箱形褶裥宽度时要求上窄下宽。

3. 育克多片斜裙

图5-16所示为腰部有育克的八片喇叭斜裙。其制作步骤如下。

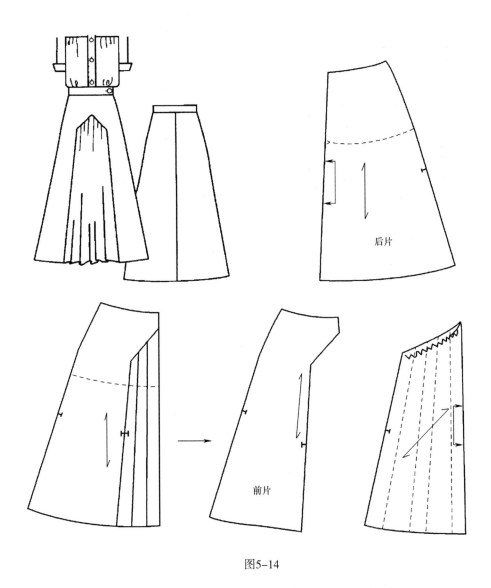

图5-14

①根据育克的外形在前、后片腰部画出分割线，同时平分前、后片。

②将育克上的省闭合，修顺育克线条。分开四片裙样，每片裙摆两侧加出约7cm，向上约30cm处连斜线，然后从斜线中间1cm处从上至下用圆滑的曲线修顺，保持裙摆两边为直角。

③四块裙片都可以排直纹或斜纹。

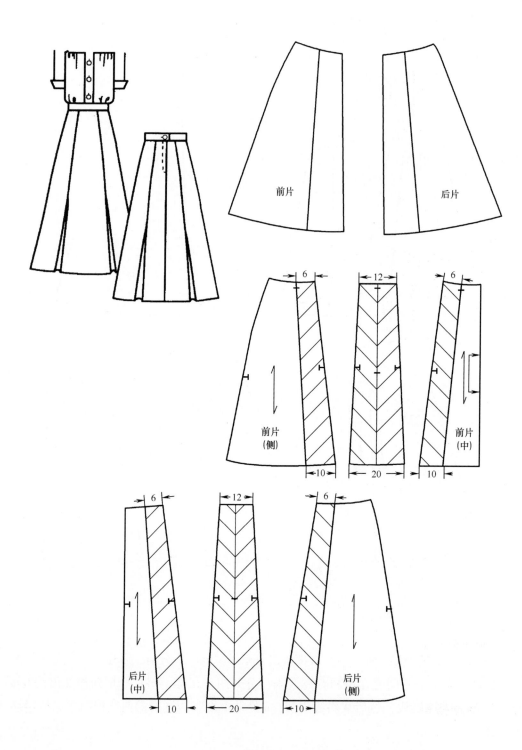

图5-15

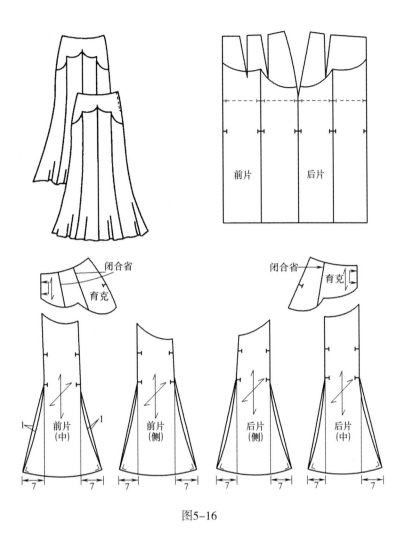

图5-16

第三节　节裙纸样设计

　　节裙又称为接裙、层裙，有两节、三节和多节结构。它是通过多块布料横向拼接而成。可以有直料与直料、直料与横料、直料与斜料的拼接等，但一般以直料与直料的拼接为主，形成逐节放大为上窄下宽的塔式造型。此外，还有异色拼接以及采用花边、荷叶边及覆盖、重叠等形式做成的节裙。

一、三节缩褶裙

　　图5-17所示为在腰部和每节之间采用缩褶处理，每节的长度逐渐加长。第一节长度为：$\dfrac{裙长}{3} - \dfrac{裙长}{10}$，第二节长度为：$\dfrac{裙长}{3}$，第三节长度为：$\dfrac{裙长}{3} + \dfrac{裙长}{10}$。如果是两节裙可用黄金分割率进行分割。节裙缩褶分量取决于布料的厚度和所要求的丰满度。其制作步

骤如下。

①如图5-17（b）所示，画出裙长及每节的分割线。

②在前片画出腰围线，并在腰围上量取腰围的四分之一。

③画出裙子第一节的缩褶量，加出四分之一腰围的二分之一；裙子第二节的缩褶量是第一节放大后腰围的二分之一；裙子第三节的缩褶量是第二节放大后腰围的二分之一。

④后片的制作方法同前片，为了平衡，需在后中腰围线处向下修1cm。

图5-17（b）的制作方法比图5-17（a）所要求的缩褶量要大，但所用布料要薄一些。

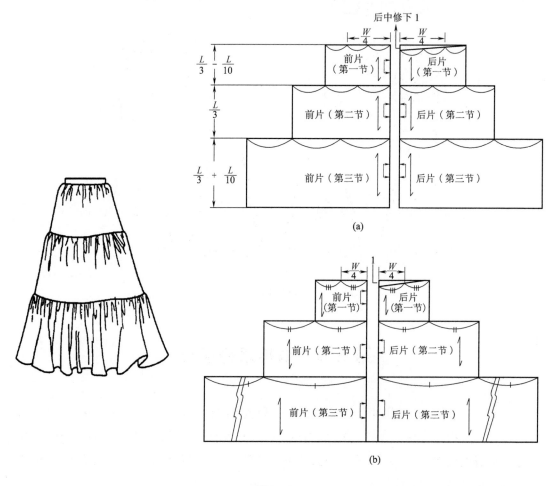

图5-17

二、三节喇叭裙

图5-18所示为腰节之间可活动的喇叭三节裙，为避免在腰围间布料显得过多，交叠的节裙靠衬裙作依托。其制作方法可采用原型裙片变化，也可将三节喇叭裙看成三条圆台裙进行制作。下面介绍用原型裙片进行制作的方法。

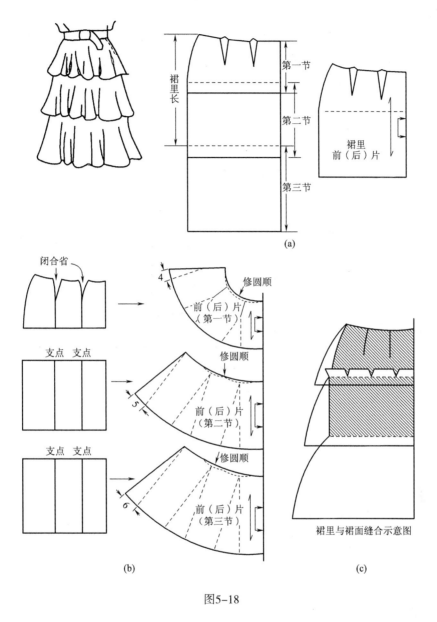

图5-18

①如图5-18（a）所示，画出裙各节的长度，在画第二节和第三节的顶部时，要分别长于第一层、第二层的底边6cm，如图5-18（a）中的虚线，这样可以遮盖住裙里和下面二层的接缝线。

②如图5-18（b）所示，每节都竖直画分割线并剪开张大，第一节要将省闭合，在每节的上下部位用圆滑弧线修顺，各节侧缝线下摆分别加出4~6cm以增加喇叭外形。

③图5-18（c）所示为展示各节之间与裙里缝合的截面图。

④后片做法与前片相同。

三、无腰荷叶边裙

图5-19所示为下摆做成荷叶边形状，腰部采用无腰头结构的节裙。裙子的臀部以上是贴体的，臀部以下做成荷叶状，分割线采用两侧高低不同的形式，荷叶边的侧缝不断缝。其制作步骤如下。

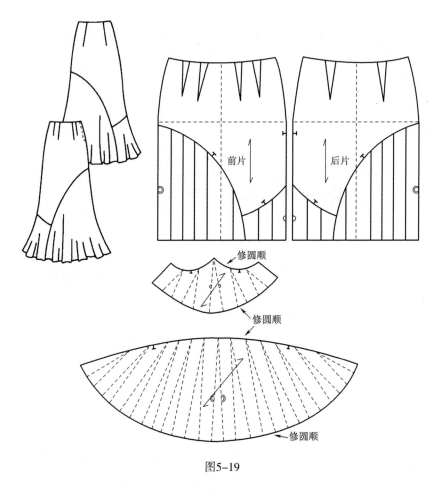

图5-19

①采用原型前、后片，画出适合的长度。

②根据款式要求画出曲线分割线，由于荷叶边的侧缝不分割，前、后片侧缝的相连处要等长。

③将前后分割后的纸样取出在侧缝处相连接，四片纸样合并成两大片，然后竖直画出多条分割线。

④保持纸样上部尺寸不变，下部按分割线张开，张开的分量是原尺寸一倍以上，并将弧线修顺，这就是前后裙摆部分的荷叶边纸样。

图5-20所示也是腰部无腰头的节裙，下摆采用缩褶形式做成荷叶边外形。裙子上部为直裙结构，下部在分割线处采用缩褶处理，分割片剪开张大时，下部尺寸要大于上部尺

寸，这样裙子的外形才会好看。其制作步骤如图5-20所示。

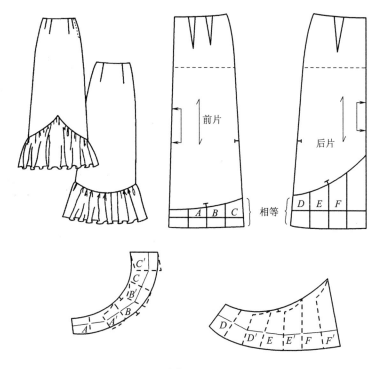

图5-20

节裙是由多块裙拼接而成的，由于拼接裙片的造型可以多种多样，如长方形、条形、扇形等，因此，通过不同造型的裙片相互拼接，可以产生各种节裙款式。同时还可以通过褶裥、缩褶、收省等手法来丰富节裙的造型。

以上分别介绍了直裙、斜裙和节裙款式，在实际制作中，可以将这三大类裙的特点相互结合，综合运用；还可选择合适的分割线和各式省、褶、裥，使之变化出各式各样的裙款。

裙子经常采用的分割线除了装饰性外，还要考虑与人体体型的关系，作为裙子的分割设计，首先要以美观、舒适为基础，同时要考虑其功能性。如横线分割要利用省转移方法，特别是在臀部、腹部的分割线，要以凸起点为位置，结合其他分割、打褶等形式进行设计。而在其他部位的横线分割可以依据合体、装饰、活动等综合造型原则去设计。竖线分割要以相对均衡分配为原则，有利于腰省与分割线结合，使腰部、臀部和裙摆造型更加完美。

裙子的打褶同分割处理一样有两个特点：一是功能性，二是装饰性。它们的作用虽然相同，但呈现的风格却不一样。打褶的方法很多，但无论哪一种，都应具有立体效果，同时由于褶的方向性强，给人以生动性和飘逸感。而褶的装饰性会使人们产生丰富的视觉美感，使它被广泛地运用于裙子、特别是晚礼服的设计中。当同时采用各种分割线和褶的处理时，虽然能变化出无穷无尽的裙子款式和各类造型结构，但要因时、因地、因人来综合考虑，如运用不当则会影响体型的美观，这就需要理解好、掌握好各种分割线和褶的种类及特点。

本章要点

裙装款式繁多，按裙装长度分类有超短裙、短裙、及膝裙、中长裙、长裙等，按裙装外部形式可分为直裙、斜裙和节裙三大类，无论哪种裙子款式都可以从这三种基型图中变化而成。

直裙是裙类中最基本的裙种，又称筒裙。它的外形特征是裙身平直，在腰部收省，使腰部紧窄贴身，臀部微松，裙摆与臀围之间成直线，裙身的外观线条优美流畅，如西装套裙、一步裙、窄摆裙等。由于造型简洁，一直被广泛采用，并逐步发展变化出许多直裙类的裙子，如各式褶裥直裙、百褶裙和多片式直裙等。

斜裙是一种裙摆宽松、两条侧缝呈放射状的锥形裙，所以又称喇叭裙或波浪裙。在腰部很少有省，省大多转移为裙摆量，增加了侧缝线的翘度，使其几乎接近直线。因此，斜裙的制作主要是以腰围和裙长的尺寸为依据，不需要臀围和臀高的尺寸。斜裙的结构随裙片数量及裙摆的大小而变化，根据裙片数量可分为两片裙、四片裙、六片裙、八片裙和十二片裙等；按裙摆的大小根据侧缝斜角计算，有从60°开始直至360°的各式圆台裙。各种角度的斜裙，能显示出不同的风格和穿着效果。角度小的斜裙给人的感觉是合体、活泼；角度大的斜裙则有飘逸、潇洒的效果。各人可根据自己的体型、爱好和布料特性等具体情况选择不同角度的斜裙。

节裙又称接裙、层裙，有两节、三节和多节结构，它是通过多块布料横向拼接而成。可以有直料与直料、直料与横料、直料与斜料的拼接等，但一般以直料与直料的拼接为主，形成逐节放大为上窄下宽的塔式造型。此外还有异色拼接以及采用花边、荷叶边及覆盖、重叠等形式制成的节裙。节裙是由多块裙片拼接而成的，由于拼接裙片的造型可以多种多样，如长方形、条形、扇形等，因此，通过不同造型的裙片相互拼接，可以产生各种节裙款式。同时，还可以通过褶裥、缩褶、收省等手法丰富节裙的造型。

在实际制作中，可根据直裙、斜裙和节裙这三大类裙的特点相互结合，综合运用。只要了解裙款的变化方法，就能举一反三掌握各式不同款式裙子的纸样设计。

本章习题

1. 比较直裙、斜裙和节裙三大类裙款的特点。

2. 裙子中的打褶与分割处理有哪两个特点？举例说明。

3. 百褶裙采用臀围尺寸打褶时，如何计算腰围处根据臀腰差在每个褶中收进的分量？

基础应用——

衣袖款式造型

本章内容: 1. 装袖类纸样设计
2. 连身袖类纸样设计
3. 袖口纸样设计

教学时间: 10课时

学习目的: 让学生掌握各式装袖类和连身袖类纸样设计,装袖类分割线的造型变化及缩褶处理的纸样设计,了解各式袖口的纸样设计。

教学要求: 掌握各式装袖的纸样设计方法,了解装袖中缩褶的制作原理;掌握各式连身袖的纸样设计方法,了解连身袖中如何保持手臂活动舒适的要求;掌握各式袖口的纸样设计方法;学会利用以上知识点分析或解剖衣袖款式的变化原理及其纸样设计方法。

第六章　衣袖款式造型

　　衣袖是服装的一部分，它覆盖全部或部分手臂。衣袖的功能性比装饰性更为重要，它要求设计者在确保穿着舒适、上肢活动自如的前提下，对其进行多样化的设计。衣袖款式虽然千变万化，但其基本结构形式有两类：装袖类和连身袖类。装袖的衣袖与衣身分开，可以设计成各式花色袖，利用分割、缩褶、打褶、波浪等处理方式使衣袖款式丰富多彩并富有装饰效果，如肩部蓬起来的灯笼袖以及袖口张开的喇叭袖等。连身袖类是衣袖和衣身相连的袖型，可与衣身连成一个整体，如民族款式的袖型，也可部分与衣身连成各式插肩袖或连肩袖，使衣袖具有造型大方、穿脱方便等特点（图6-1）。

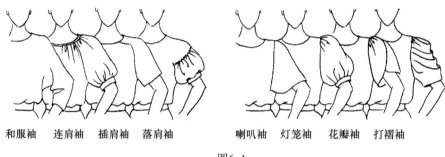

和服袖　连肩袖　插肩袖　落肩袖　　　喇叭袖　灯笼袖　花瓣袖　打褶袖

图6-1

　　根据衣袖的长度可分为盖肩袖（肩袖）、短袖、五分袖、七分袖、九分袖、长袖等。盖肩袖是指只有很短的袖，直接在袖窿上变化的各种袖型；短袖是长度在手肘之上的各式袖型；五分袖、七分袖、九分袖是指长度在手肘之下、手腕之上的各式袖型；长袖是长度在手腕附近的各式袖型（图6-2）。

盖肩袖　短袖　　五分袖 七分袖 九分袖 长袖

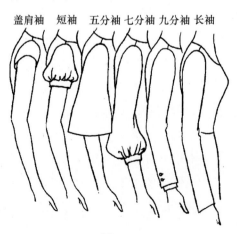

图6-2

在衣袖结构中，袖山、袖肥和袖势相互制约、相互适应，构成了衣袖结构的基本框架（图6-3）。相对而言，袖山越低、袖肥越大、袖势越高，袖子的活动功能越强，反之越弱。其中袖山是主要因素，通过它来找到袖肥，确定袖势。袖山是控制衣袖结构和风格的关键。

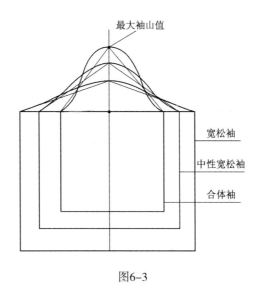

图6-3

第一节　装袖类纸样设计

衣袖受服装款式造型的影响而有着各式各样的变化，不论是何种造型，都可以从衣袖原型变化而成。衣袖原型是包覆整个手臂、外形呈圆筒状、袖山突起呈弧形的合体袖型。下面介绍的是采用衣袖原型制作的各种装袖款式。

一、紧袖口短袖

图6-4所示为一种袖口较贴合手臂的短袖，其制作步骤如下。

①如图6-4（a）所示，用衣袖原型画出一个短袖纸样，两边长度要相等。

②画出袖中线，衣袖两侧各向内收1.5cm，剪开袖中线，固定袖山顶点使两边纸样在袖口处重叠约3cm。或者采用图6-4（b）的制作方法。

③修顺袖口线，标示出与袖窿缝合的对位号。

二、紧袖口花瓣袖

图6-5所示为一种以花瓣形作装饰的贴体短袖，前、后袖片相互交叠，一般不用拼缝。其制作步骤如下。

①首先画一个紧袖口短袖片。

②按款式要求画出前、后两片花瓣形衣袖，袖口呈弧形，前、后袖片相互交叠。

③复制出前、后袖片，可将前、后袖片相连，使制成的袖底处没有断缝。

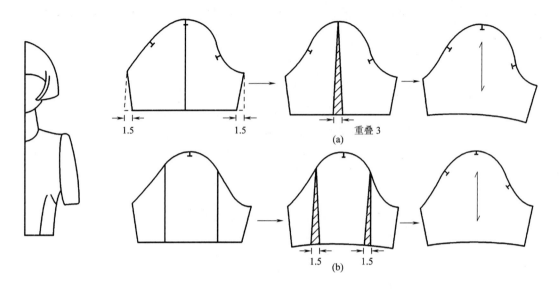

图6-4

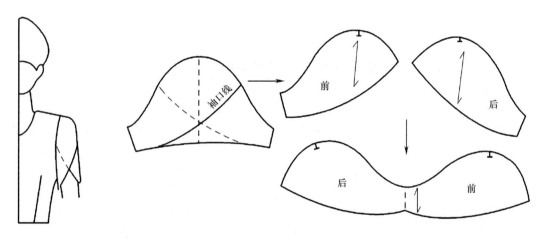

图6-5

三、加垫肩袖

图6-6所示为在肩部加垫肩的衣袖。由于有垫肩，则需要改变肩斜度，改变的大小取决于垫肩的厚度。其制作步骤如下。

①根据垫肩的厚度改变衣身前、后片的肩斜度，前、后片从肩端点向下约5cm处画线至领口与肩线交点处。

②剪开这两条线，固定颈侧点将剪开的纸样提高，张开的高度与垫肩的厚度相等，修顺张开后的袖窿线。这样处理比直接从肩端点上升垫肩的厚度要好，可以保持前、后肩线缝合后其形成的角度不变。

③衣袖从袖山顶点向下约6cm，按图示剪开纸样向两边张开，张开的距离要等于前后袖窿张开尺寸之和，即为两倍垫肩的厚度，从而保证了袖山弧线与袖窿缝合时曲线长度相等。

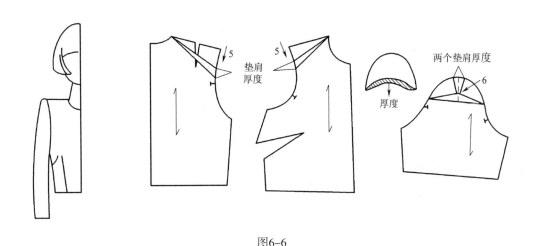

图6-6

四、喇叭袖

喇叭袖是一种上窄下宽呈喇叭状的衣袖款式，它的袖口宽度大于袖肥的宽度，常见的款式有短型、中长型和长型，其喇叭的大小取决于款式和面料特性。

1. 喇叭形短袖

图6-7所示为一种喇叭形短袖，其制作步骤如下。

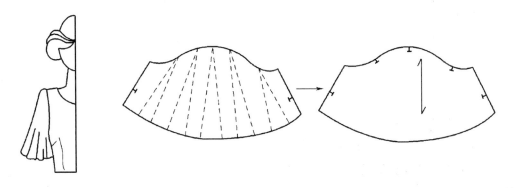

图6-7

①采用衣袖原型画出一个长度适合的短袖片。

②以袖片的袖中线为中心，在左右两侧分别作出数条与之平行的分割线，然后在袖口处沿着各分割线剪开。在保持袖山弧线长度不变的情况下按所需的袖口宽度张开各分割线，各部分的张开量须相等。

③用圆顺的曲线修顺袖口。

2. 装饰性喇叭袖

图6-8所示为一种装饰性喇叭袖。在手肘处用曲线将衣袖分成两部分，手肘以上的袖型为直形，手肘以下的袖型为喇叭形。

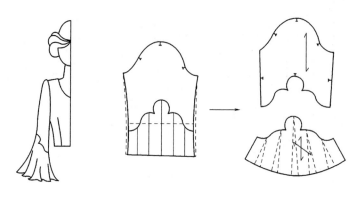

图6-8

五、缩褶袖

图6-9所示为袖山处缩褶、袖型是普通短袖的款式。其制作步骤如下。

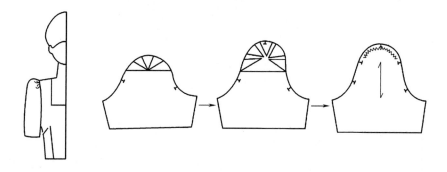

图6-9

①采用衣袖原型画出一个短袖片。

②按款式要求，只在袖山上部缩褶，其他部位不变。

③在袖山上部画分割线，剪开后向外张开，张开大小以袖山缩褶分量而定，再用曲线修顺袖山。

六、灯笼袖

灯笼袖又称泡泡袖，是一种袖山、袖口缩褶，中间宽松的衣袖造型，款式多样，以下介绍六款灯笼形衣袖的制作方法。

1. 常见灯笼袖

图6-10所示为一种常见的灯笼袖，上下两端缩褶收紧，中间膨大。其制作步骤如下。

①按款式要求的长度画出基型袖片。

②为配合穿着效果，这种灯笼袖的衣袖可稍入肩端点，将前、后片从肩端点处各收进1cm，同时在衣袖的袖山处补高1cm。

③在衣袖上画五条分割线，通常在腋下部位不画分割线，不做缩褶，因为会被垂下的手臂压皱。

④在袖样上画出一条垂直于袖中线的引导线，然后按分割线剪开，沿着引导线张开。张开量根据缩褶分量而定，一般使原袖山线长度增加0.5～1倍即可。

⑤由于灯笼袖外形膨大的需要，在袖山和袖口部位需加高，加高量一般与袖中间处张开的宽度相同。

⑥画顺新袖山线和袖口线。

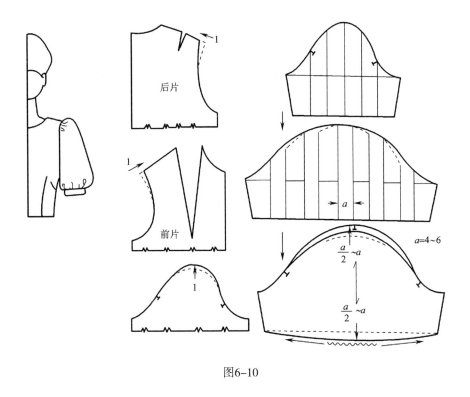

图6-10

2. 袖口宽松式灯笼袖

图6-11所示为一种袖口宽松的灯笼袖。其外形与喇叭形短袖相似，为使袖口缩褶后有膨大的效果，要在袖口位加出约为袖中间张开量二分之一的量。

3. 下端宽松并与袖口相连的灯笼袖

图6-12所示为一种下端宽松并与袖口相连的灯笼袖，由于袖口不分开，衣袖更显简洁、利索。制作时要注意分割的位置和放松量的大小。

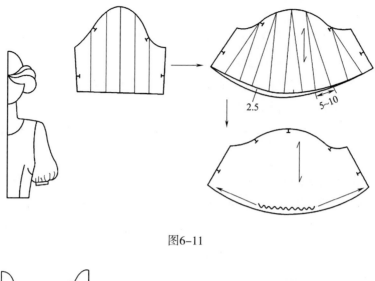

图6-11

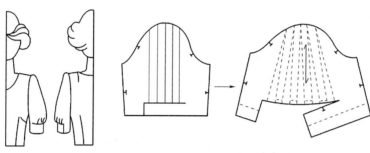

图6-12

4. 袖口上方弧形分割、袖口合体的灯笼袖

图6-13所示为袖口上方弧形分割、袖口合体的大灯笼袖。整个衣袖不断开，衣袖上方缩褶部位与袖口有约4cm相连，由于缩褶量大，袖子内侧必须加袖衬来撑起缩褶量。

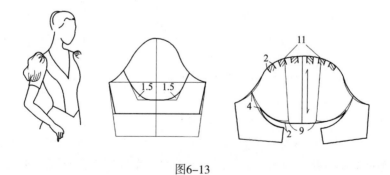

图6-13

5. 袖中两侧分别缩褶的变化灯笼袖

图6-14所示为袖中两侧分别缩褶的变化短袖袖型。衣袖上部耸起，袖口合体，造型夸张是其特色，袖中两侧展开的长度要比原来大一倍以上，袖中带条状宽度为3～4cm，采用薄而挺的面料。

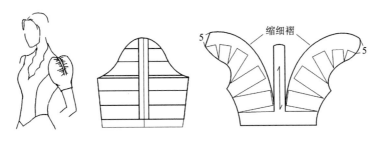

图6-14

6. 袖口加有大量缩褶的灯笼袖

图6-15所示为一种袖口加有大量缩褶的长灯笼袖，又称主教袖。为使衣袖美观，后袖片张开的宽度要比前袖片大一倍左右，同时袖口处向外加出2~4cm不等长放松量。在后袖片中间折痕线处画出长约6cm的开口，两侧分别收进0.5cm，用滚条处理开衩。袖口长是手腕围加放松量2cm和搭门1.5cm，宽度约4cm。

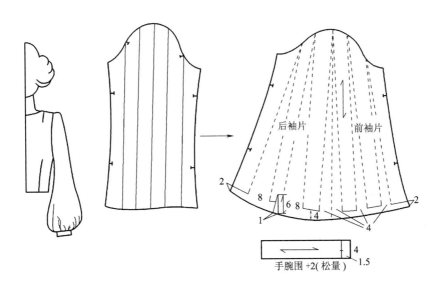

图6-15

七、各式花色袖

1. 加翼短袖

图6-16所示为一种在肩部加出一片飞翼的短袖。制作方法是：在袖山处量取一片翼形纸样，为了做出从肩部平出的效果，需复制且剪开翼形纸样，并将袖山弧线拉成一直线。按款式张开短袖袖山，使袖山处弧线AB等于飞翼状纸样弧线A′B′的长度，这样处理能加强肩部的造型。

2. 帽形袖

图6-17和图6-18属于帽形的肩袖。图6-17所示为直接在肩部加出盖肩作为衣袖。图6-18所示为采用袖片上部一小片纸样缝制在袖窿肩部。两个款式的袖中线均较短，制作完

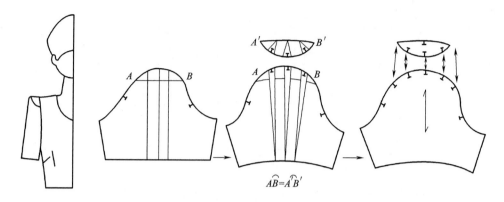

图6-16

成后的袖口呈弧形，整片衣袖呈月亮状，所以又称月亮袖。图6-17中的肩线盖住上臂，在袖窿处弧度加大，使得手臂活动灵活，袖口采用加贴边的方法。图6-18中的衣袖不需要正常的袖山缩褶量，故先除去袖山缩褶量1.5cm，并在袖样上取适合的长度。剪开衣袖分割线并将袖口拉成一条直线。由于这种衣袖在腋下的尺寸很短，在裁剪时，可以在袖口处对折同时裁剪，不用另加贴边。

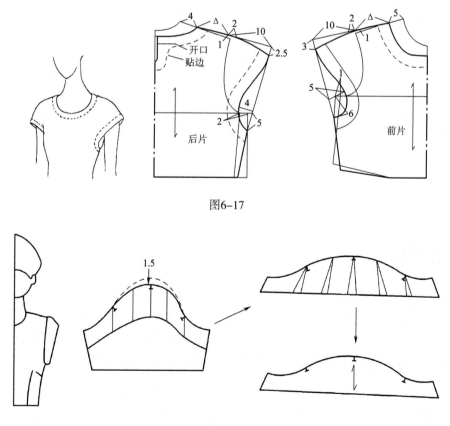

图6-17

图6-18

3. 袖山加省缝的装饰袖

图6-19（a）所示为一种袖山加省缝的装饰袖。制作时要按款式量出袖山与省缝的距离，这段距离决定袖山造型的宽度，一般不宜过宽，再量出省缝的长度，在原型中画出距离袖山顶部省缝的长度和宽度。在袖山处按省缝线剪开并张开，同时将衣袖中线也剪开张大，在袖山处补回原袖山减掉的尺寸。这样调整后，须使新袖山的长度等于剪开部分张开后的线条长度，即 $\overset{\frown}{AB}$ 长度等于 $\overset{\frown}{AC}$ 与 $\overset{\frown}{BD}$ 之和。注意，在袖山处剪开省缝线前要将袖山缩褶量去掉，这种袖款加强了肩部的造型。

图6-19（b）是在图6-19（a）的基础上顺着省缝线向袖口线剪开，将衣袖分为三片。也可将袖底线重合，制成类似两片袖的形状。

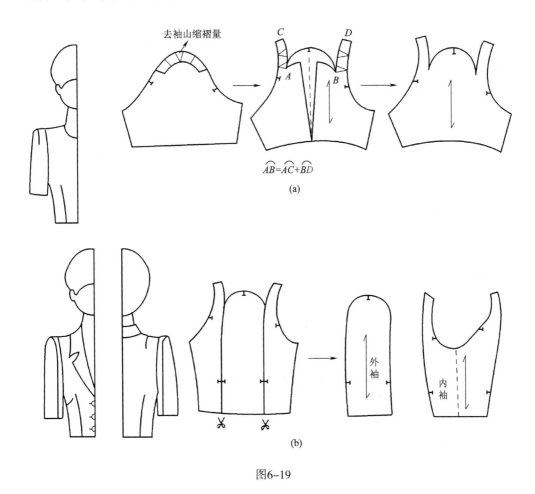

图6-19

4. 具有分割线和缩褶的装饰袖

图6-20所示为一种具有分割线和缩褶的装饰袖，是一款变化的婚纱袖型。在前袖山线至袖肘进行斜向弧线分割处理，后袖分割线展开加出缩褶量，加出的分量要比原尺寸多一倍，缩褶后与前袖缝合，袖口中线处按款式要求制作成尖角形。

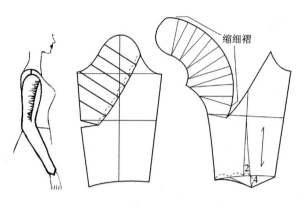

图6-20

5.蝴蝶结式装饰袖

图6-21所示为一种在肩部系蝴蝶结式的装饰袖，是一款春夏装的时尚袖型。在前、后片中按款式挖大领口，修入肩线，肩线只需约3cm，直接在袖窿加出两条适合系蝴蝶结的装饰带，需要注意的是，为了手臂活动自如，处于腋下的装饰带要加出活动量。装饰带里外可采用单层或双层面料制作，不宜选用厚硬的面料。

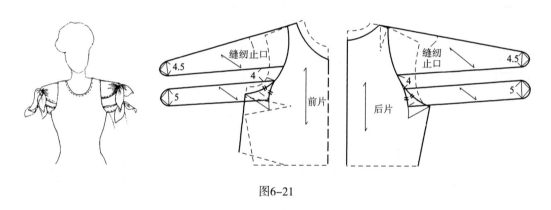

图6-21

第二节 连身袖类纸样设计

连身袖是指衣袖和衣身的某部位连在一起，构成了一种特殊形状的衣袖，如插肩袖、和服袖、蝙蝠袖等。连身袖虽然省略了袖窿处的裁制，但有着和正常袖相同的合体外观，而且肩部线条流畅、平滑，因此被广泛应用于夹克、大衣和运动服等服装的设计中。

一、连肩袖

1.窄肩育克与衣袖袖山顶相连的连肩袖

图6-22（a）所示为一种窄肩育克与衣袖袖山顶相连的连肩袖。其制作步骤如下：

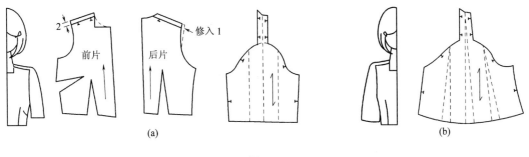

图6-22

①将原型前片的领口修成方形，后片肩省宽度在肩端点处修去1cm，重新画直肩线。

②按款式在前、后各肩线下2cm处分割出肩育克，并将前、后育克合并。

③将合并的肩育克放在相对应的袖山顶部，与衣袖连为一整片。合并的肩育克一般不超过6cm，否则要分割开袖中线或肩线。

图6-22（b）是在图6-22（a）的基础上将衣袖制成喇叭形。

2. 宽肩育克与衣袖相连的连肩袖

图6-23所示为一种宽肩育克与衣袖相连的连肩袖。为了不影响服装的合体性，需将衣袖增加的部分，在对应的衣片上减去。此款式由于与袖相连的肩育克较宽，需分开袖中线和肩线。当将衣袖按袖中线分开放在对应的袖山位时，由于原衣袖袖山有缩褶量，一种处理方法可直接去掉容缩量1.5cm；另一种是不去掉缩褶量，而是将肩端点提高2cm，与袖山对齐，再用线条修顺。如不分开袖中线时，可按纸样将袖中线处合并，肩线就会张开，当肩线缝合后，服装的肩部与衣袖就会形成角度使服装服帖。

图6-23

二、插肩袖

1. 牛角袖

图6-24所示为一种将肩直线分割线转化为从领口至袖窿的斜分割线，使衣身肩部与衣袖连在一起，形成臂膀矫健修长的视觉效果，一些运动服和大衣等款式均采用这种袖型。

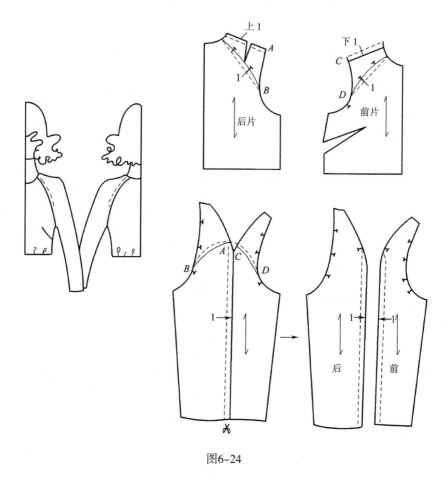

图6-24

由于外形像牛角，又称牛角袖，在国外则称为拉格伦袖。其制作步骤如下。

①将前片肩线分割出1cm，补至后片肩线上，这是将原型的肩线放回至人体正常肩线处。原型袖中线向前袖平移1cm。

②标示出前、后片肩部的分割线，保持前、后片从肩端点至袖窿处的垂直距离相等。

③将前、后片分割出来的肩部放至对应的前、后袖山上，使袖窿上的B、D两点与袖山弧线重合，前、后肩点C、点A两点与袖山弧线重合（A、C两点可距离袖山顶点约1cm），采用曲线修顺肩部。

④袖山顶部减去不必要的缩褶量（2～3cm），按袖中线分开前、后袖。

2. 普通适体牛角袖

图6-25所示为普通适体牛角袖，可采用前、后片直接制图。但袖中线的摆放将直接影响到服装的舒适性，如摆得越斜，袖山越高，贴体程度就增大，手臂活动范围减少；反之摆得越平，袖山越低，手臂活动范围增大。一般制图取袖中线与肩端点处水平线呈45°角。

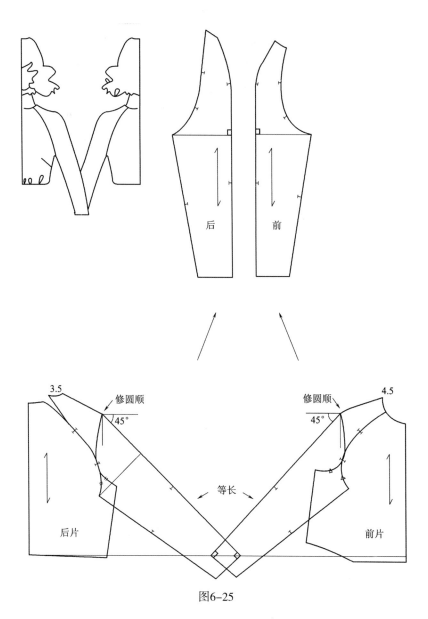

图6-25

三、连身袖

衣袖与衣身连在一起，不用另行装缝，称为连身袖，如蝙蝠袖和我国传统的中式服装衣袖等。

1.中式服装衣袖

图6-26所示为中式服装衣袖，不设肩缝，肩缝和袖中线形成一条水平线，结构简单，但穿着后腋下会因出现许多褶皱而影响美观。

2.宽袖窿蝙蝠袖

图6-27所示为一种宽袖窿的蝙蝠袖，为了方便手臂活动，肩部不要太斜，也可做成水平状。普通的画法是将肩端点提升约2cm，从肩线一直画出袖中线，腋下的肥度没有具体

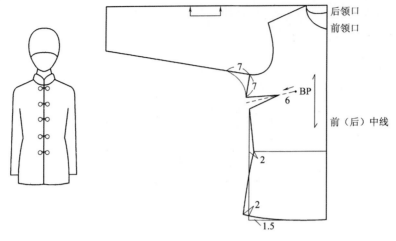

图6-26

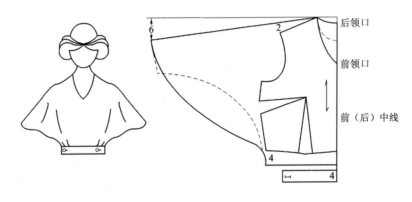

图6-27

规定，可根据设计构思而确定。

3.和服短袖

图6-28所示为一种在肩部缩褶的变化式和服短袖。由于衣袖与衣身相连，可直接在

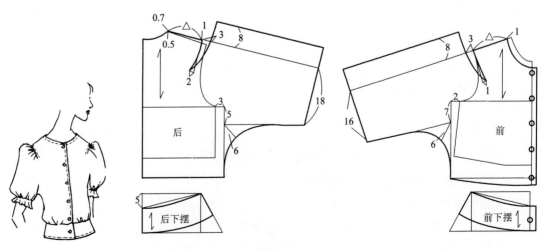

图6-28

前、后片上画出和服式短衣袖，在袖中线处加高8cm作为缩褶量，袖口加橡筋带形成荷叶边。同时，按要求在前中加出搭门，延长前、后片，画出弧形下摆。

4. 变化式连身袖

图6-29所示为一种在袖中位置采用圆形镂空的变化式连身袖。由于衣服宽松，肩斜可不按正常的尺寸，只要控制好肩宽加袖长的尺寸，可直接在前、后片上画出连身袖，在袖中线画四个直径约8cm的圆，使衣袖镂空作为装饰，在圆之间加装饰纽，袖口尺寸可在腕围尺寸上加约5cm。同时，在前领口加出4cm作缩褶量，后中线处制作门襟。

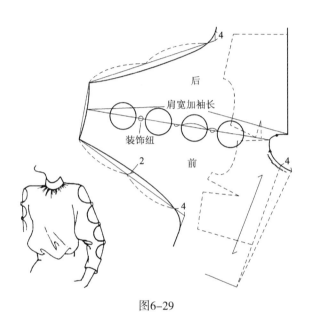

图6-29

第三节　袖口纸样设计

袖口的处理形式很多，可归纳为以下两大类：直形袖口和装饰袖口。直形袖口的宽度一般在6cm左右，袖口边多用对折，呈长方形，如男装衬衫袖口、夹克袖口等。装饰袖口款式较多，多在女装上衣中采用，如一些开裂式装饰性袖口、环状花边袖口等。

一、直形袖口（袖头或袖克夫）

1. 单片式衬衣袖口

图6-30所示为常见的单片式衬衫袖口，袖口边对折处理，袖口围等于手腕围加上放松量1.5cm。其制作步骤如下。

①画一个长度等于袖口围、宽度为5.5cm的矩形。

②在其两侧加1～1.5cm的搭门，以袖口边对折再画出一个相同的矩形。

2.双片式衬衫袖口

图6-31所示也是常见的衬衣袖口，由于袖口边线搭门处是圆弧形，袖口边不可对折裁剪，袖口边要分为两片，画法与单片袖口相同，在袖口边搭门处要修改为圆弧形。

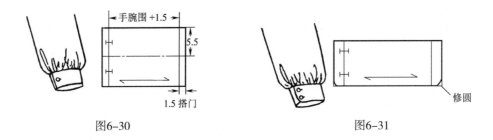

图6-30   图6-31

3.双层袖口

图6-32所示为一种多出现在礼服衬衫上的双层袖口，它是将宽袖口对折形成双层形式。制图是用两个单片袖口合成，其纽扣扣法采用袖口搭门相对的扣法，多采用装饰性强的纽扣。

二、装饰袖口

装饰袖口款式较多，这里主要介绍以下三种款式。

1.开裂式袖口

图6-33所示为一种多采用在女装上衣中的开裂式袖口，这种袖口可以用于任意长度的衣袖上，其外形自下而上逐渐增大。制作步骤如下。

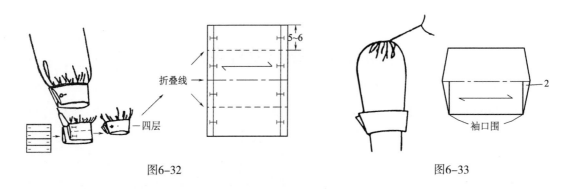

图6-32   图6-33

①画出一个长度等于袖口围、宽度依照款式而定的矩形。
②在边线两端各加出2cm，作为开裂位的尖角。
③将矩形上边对折复制出相同的形状，这便是整个开裂式袖口。

2.环形袖口

图6-34所示为一种倒梯形环形袖口，做法比较简单，将纸样剪开张大至所需的尺寸。

环形袖口可以做成各种外形，如荷叶形、花边形等。这种环形袖口可以不用开衩位，其围度要能通过手掌。

3. 骑士袖口

图6-35所示为一种宽度较大的袖口，其上口边沿较宽，以适应手臂伸缩。制作步骤如下。

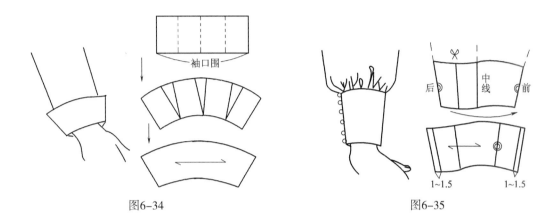

图6-34   图6-35

①从原型衣袖中取所需长度，首先将手肘处的省转移开，取袖口的宽度画一条平行于手腕的曲线。

②袖口的后袖片平分为两份，将后袖片的二分之一合并到前袖片相对应处，使底袖无须断缝。

③袖口两边加上搭门1～1.5cm。

本章要点

衣袖覆盖全部或部分手臂，其功能性比装饰性更为重要，它要求设计者在确保穿着舒适、上肢活动自如的前提下，对其进行多样化的设计。衣袖基本结构形式有两类：装袖类和连身袖类。按衣袖的长度可分为盖肩袖（肩袖）、短袖、五分袖、七分袖、九分袖、长袖等。盖肩袖指只有很短的袖，直接在袖窿上变化的各种袖型；短袖指长度在手肘之上的各式袖型；五分袖、七分袖、九分袖指长度在手肘之下、手腕之上的各式袖型；长袖指长度在手腕附近的各式袖型。

在衣袖结构中，袖山、袖肥和袖势相互制约、相互适应，构成了衣袖结构的基本框架，其中袖山是主要因素，通过它来找到袖肥，确定袖势。袖山是控制衣袖结构和风格的关键。袖山越低，袖肥越大、袖势越高，袖子的活动功能越强；反之越弱。

装袖类的衣袖与衣身分开，可以设计成各式花色袖，利用分割、缩褶、打褶、波浪等处理方式使衣袖款式丰富多彩并富有装饰效果。如肩部蓬起的灯笼袖、袖口张开的喇叭袖以及各式缩褶袖和花色袖等。

连身袖类是衣袖和衣身相连的袖型，可与衣身连成一个整体，如民族款式的袖型，连身袖类具有造型大方、穿脱方便等特点。衣袖可部分与衣身相连形成各式插肩袖或连肩袖，也可与衣身完全连接，形成不用另行装缝的连身袖等。了解衣袖的结构变化，就能掌握不同款式衣袖的纸样设计。

本章习题

1. 比较装袖类和连身袖类两大类袖款的特点。

2. 在衣袖结构中，试比较袖山高低、袖肥大小、袖子活动能力三者之间的关系。

3. 男装衬衫袖口一般有哪两种？它们之间有什么不同？

基础应用——

衣领款式造型

本章内容： 1. 平领纸样设计

2. 立领纸样设计

3. 翻驳领纸样设计

教学时间： 10课时

学习目的： 让学生掌握各式平领、立领和翻驳领的纸样设计，对于常见的校服领、衬衫领、旗袍领及西装领等，要掌握好其制图方法。

教学要求： 掌握各式平领的纸样设计方法，了解校服领、水兵领、披肩领及荷叶领的制图方法；掌握各式立领的纸样设计方法，了解单立领和翻立领的差异；掌握各式翻驳领的纸样设计方法，了解无翻领型和有翻领型翻驳领的差异；学会利用以上知识点分析或解剖衣领款式的变化原理及其纸样设计方法。

第七章 衣领款式造型

衣领是构成服装的最主要部件之一，它既能衬托人的脸颊与脖颈，又有较强的直观效果。其款式造型往往对整件服装设计产生重要影响，在很大程度上体现出服装的美感及外观质量，可以说衣领的造型是服装的主旋律。

虽然衣领款式繁多，但从结构上基本可划分为平领、立领和翻驳领三大类。各类别之间并不是独立存在的，在设计中可以相互补充和转化。只要将这三类领型在结构上的联系和演变规律找出来，就可以掌握所有衣领的纸样设计。

在介绍衣领结构之前，先介绍衣领各部位的专业术语名称（图7-1）。

认清衣领各部位的名称，有助于绘制衣领纸样图。

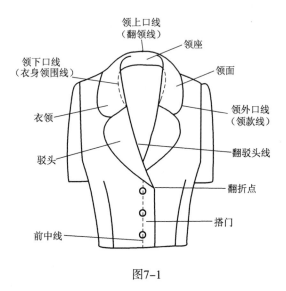

图7-1

第一节 平领纸样设计

平领又称为摊领（坦领），是一种完全帖服于领围处，几乎没有领座，领片直接翻摊在肩部上的领型。常见的平领有校服领、水兵领、披肩领和荷叶领等。

一、校服领

1. 小平领

图7-2所示为一种常用于校服上的平领，又称小飞侠领。由于平领直接翻摊在肩上，领片的外形与衣身肩部大小相等，因此平领制作可以衣身前后片作基准。其制作步骤如下。

①将衣身前、后片在肩缝的肩端点处重叠2cm，如果领口或肩部有省，要把省转移至不影响画衣领的位置。

②把衣身的领口线作为衣领的装领弧线，按衣领款式画出领外口线，宽度约取8cm，

领角的造型根据设计意图和需要而定。

③平领是从衣身的领口和领面之间翻出，其分为面领和里领两片式。里领直接描出领子图样，面领的领外口线比里领的领外口线稍向外大一圈，使翻出来的衣领平服，同时确保里领缝合的线迹可以被面领盖住而不致显露出来。面领增加的尺寸依据面料厚度而定，一般加0.25 ~ 0.5cm。

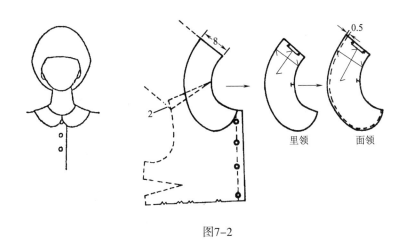

图7-2

2.修大领口的平领

图7-3所示为一种修大领口的平领，其制图方法与图7-2所示的方法相似，只是在画衣领前需把领口按要求修改增大。

平领制图时，由于衣身前、后片要在肩端点处重叠，使得平领下口线与领口线曲度不完全相同，由制图可见下口线比领口线稍直，这样处理主要有两个好处：一是可以使平领翻在肩部时平服；二是使平领保持很小尺寸的领座，当下口线与领口接缝时，接缝处被隐蔽起来，同时造成了平领在靠近颈部处有微微隆起，使衣领有一个立体造型效果。这个领座是可以控制的，但不可太高（不超过1.5cm），否则易形成立领的造型。

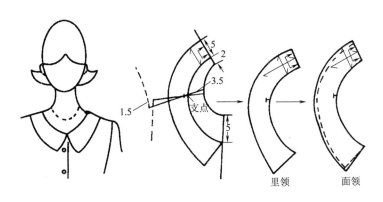

图7-3

3. 后领口有领座的平领

图7-4所示为一种在后领口有1cm领座的平领。首先将前、后衣片的肩线对齐，在后领口中线处加出双倍领座，尺寸为2cm，然后用一圆顺曲线画至前领口中线处，并按款式画出领外口线。这样就控制了领外口线的长度，使衣领翻出时能固定在肩部指定位置。把衣领复制出来按分割线剪开张大至相等于原衣身的领围尺寸，修顺装领线。

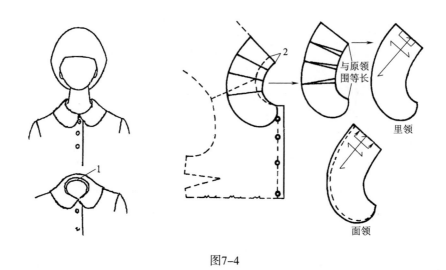

图7-4

4. 低胸平领

图7-5所示为一种低胸平领，制作方法同图7-4，使后领口有1cm的领座。

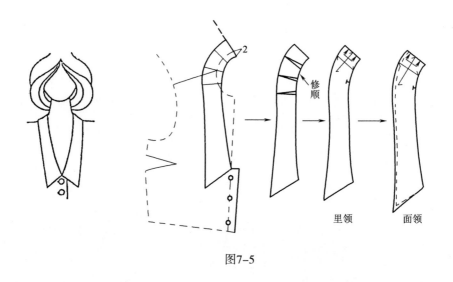

图7-5

二、水兵领

图7-6所示为一种常见的海军服衣领。其制作步骤如下。

①将前、后衣片的肩端点重叠1～2cm，这种水兵领呈平坦式，领座很小。

②按款式画出前开领下端点和后领片的宽度12cm，前开领的下端点一般设在衣身的胸围线上。如果前开领下端点设在胸围线之下，由于领口较低，为使衣领服帖，可在BP点至领口处加一个宽约1cm的省，把省闭合后画出领外口线。

③修顺领外口线，保持后中线与领下口线、后领外口线为直角，衣身前中部位可加嵌片。

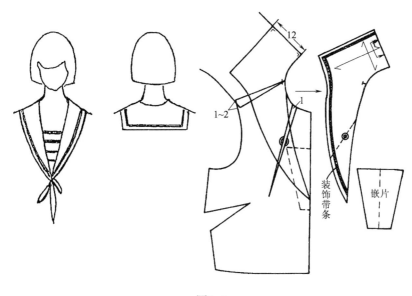

图7-6

三、披肩领

图7-7所示为一种前胸束结的披肩领。其制作步骤如下。

①首先把前领口修成V型。颈侧点沿肩线下移1cm，肩端点抬高1.5cm，前领口向下8cm，在肩线取20cm，按款式画出披肩及足够束结的长度。

②在后片画出后披肩式样，在肩线同样取20cm，衣领后中下面加出1.5cm，使后披肩覆盖时平服。

③修顺领外口线，保持后中线对折位置为直角。

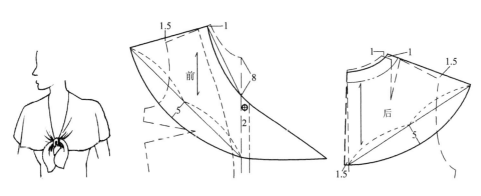

图7-7

四、荷叶领

1. 领外口呈波浪状衣领

图7-8所示为一种将平领的领外口线加长，使其呈波浪状的衣领。制作步骤如下。

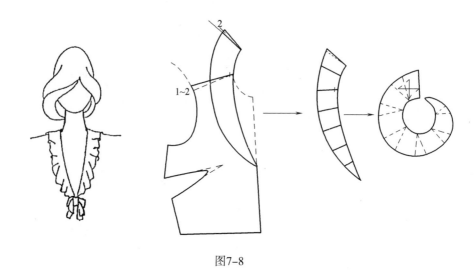

图7-8

①将前、后片的肩端点重叠1~2cm，按款式画出衣领外形，后中线可先适当放出约2cm。

②在衣领上画出若干条分割线。

③沿分割线剪开，在领下口线处不要完全剪断，将领外口线张开，作为波浪松份，张开分量越大，波浪效果越强。修顺领下口线和领外口线。从纸样外形看，虽然领下口线大幅度弯曲，但将衣领缝上衣身后，领外口线就会形成有规律的波浪褶，波浪褶的大小取决于平领领外口线的弯曲程度。

2. 荷叶状衣领

图7-9所示为一种荷叶状衣领，前领呈波浪状延伸至后腰，后领立起。在沿分割线展开

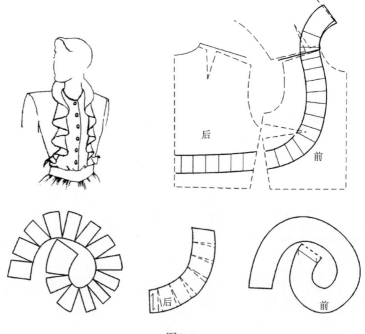

图7-9

时后腰的分量可相对少些，修顺领下口线和领外口线，后腰中线对折裁剪。

从以上各式平领款式中可以看出，肩线的肩端点重叠尺寸是可以变化的，并由此来控制领座的高度。肩端点重叠越小，衣领越平摊；反之，领座越高。设计时可以依据造型的要求来决定。

第二节　立领纸样设计

立领的结构特点是领子与领口可各自独立造型，它们之间相互制约的因素较少。立领从结构上分为两类：单立领和翻立领。单立领是由一条布料围裹住颈部形成环形状的领型，如直立领、旗袍领等。翻立领是把单立领作为领座，外面覆盖一层领面，两者相连为整体的领型，如衬衫领、中山装领等。由于立领围裹住颈部，给人以稳定、严谨、端庄的感觉，所以军装、制服等的设计大都采用这种领型。同时，由于立领防风、保暖，因此也被广泛应用于秋冬季的服装。下面讨论立领款的结构设计规律。

一、单立领

单立领的衣领转折点是立领的重要设计点，它可以使立领领型变得丰富多彩。从图7-10中可以看到，在衣领转折点前部，单立领领下口弧线与领口弧线为一条弧线，这就意味着去掉这条弧线并不影响立领与衣身准确衔接。利用这一特点，只要解决衣领转折点后部的重叠，即可以做出许多单立领的设计。

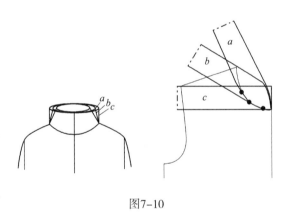

图7-10

单立领的结构较为简单，只要有领长和领宽两个数据就可以绘制，领长是前后领围长度相加，即衣身领围的长度。

1. 直条式立领

图7-11所示为围高能裹住颈部成环状的立领。半领长度=前领围/2+后领围/2，宽度依据款式立起的高度而定，并在前中线处加出搭门尺寸。

2. 贴颈立领

图7-12所示为一种把领前中修成圆弧状，而且较贴颈的中式唐装立领。其制作步骤如下。

①画出两条互相垂直的直线，在水平线上取一段等于前领围/2+后领围/2的长度，并在前中加出搭门，垂线上取一段等于领宽的尺寸。

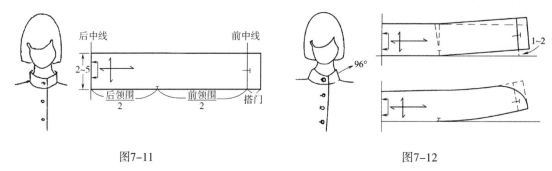

图7-11   图7-12

②前中线处上翘1~2cm，使领上口线的长度稍小于领下口线的长度，这样就配合了颈部形状。

③用曲线修顺上、下领口线，按款式把领角修成圆弧状。

3. 离颈立领

图7-13所示为一种有放松量的离颈立领。只需将装领线在前中下降一定尺寸，并修成一条下弯的弧线，使领口线相应拉长，就可达到要求的效果。下弯程度越大，衣领离颈越远。

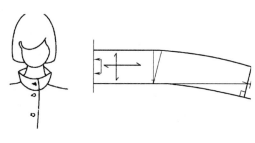

综合以上三种立领的制作会发现，当领下口线向上翘时，衣领越贴颈；反之向下弯时，衣领就越离颈。由于人的颈部上部位比下部

图7-13

位稍细，上下之间有一定的斜度，因而存在围差，所以要使衣领贴颈，领下口线必须有翘度，翘度的大小通过颈侧线与肩线在颈侧点形成的夹角来决定，正常体型此角度为96°。这样当领下口线上翘时，领上口弧线就比领下口线稍短，衣领会显得贴颈。需要注意的是领下口线上翘的前提是要保证立领上口围度不能小于对应的颈围，否则会因为领子太小而无法穿着。根据这种要求，选择立领领下口线上翘的程度应考虑：立领上口围度要比实际颈围稍大，通常大约1cm，以便穿着舒适；制作贴颈立领时可以通过测量领上口围来确定装领线上翘的大小；实际制作中，还应参考领宽的尺寸，如果领宽越小，立领的上下围差就越小，那么上翘尺寸可稍加大些；当作高立领时，装领线翘度不宜过大，要以能保证立领上口不影响颈部活动舒适自如为原则。

当领下口线向下弯曲，领上口大于领下口时，它与贴颈立领结构正好相反。领下口线下弯曲度越大，立领上口线越长，则越容易使立领上半部翻折，形成领座和领面的结构。如果领下口线下弯至和领口曲线弧度完全相同时，立领没有领座，领子全部翻贴在肩部，而变成平领结构。

如图7-14所示，立领领下口线的曲率是制约领型的焦点，不同的曲率可形成不

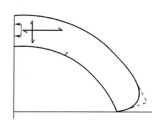

图7-14

同的立领造型，而立领宽度的选择也同样能形成各种不同的外观效果。由此可见，立领领下口线的曲率和领宽是进行衣领纸样设计的基本要素。

4.宽松立领

图7-15所示为一个加大领围的立领。制作时在衣身前片领围中线处修入2～3cm，肩线处修入1.5cm，衣身后片领围中线处修入1cm。通常修大领围的方法是前中修入尺寸大于肩线，肩线大于后中，这样可使衣领自然而不会向后倾斜。同时，在衣领前中线加出搭门。由于领上口线在领角位不修圆弧，为了防止扣上纽扣后衣领在领上口上端重叠较多，在领下口线与搭门边线的垂线上，将领上口修入$\dfrac{领高}{5}$尺寸。

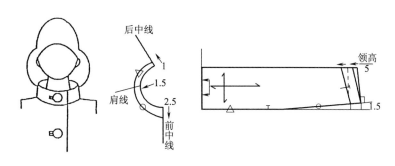

图7-15

5.旗袍领

图7-16所示为旗袍采用的紧身直立领。由面料围裹住颈部形成环状，由于立领围裹住颈部，给人以严谨、端庄的感觉。制图时只需领大尺寸，领高4.5～5.5cm，领前中上翘1.5～2.2cm，上翘越高立领越贴颈，领上口线从前中线入1.5～2.5cm开始画弧线，布纹可用直向或横向，后中对折裁剪。

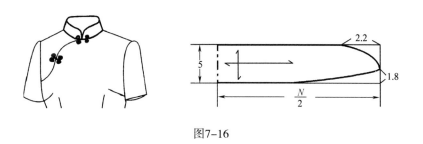

图7-16

6.连身立领

连身立领是领子部分与衣身连为一体的领型，具有简洁、活泼等特点。其基本结构和单立领大致相同，只是在衣身与领子相连部分稍有一些调整，领子款式可按设计要求做出多种造型。

图7-17所示为一种连身立领，制图时首先将原型衣身前、后片的省转移至前、后领口

处，然后将省剪开，在领围线上画出领型。

图7-18所示为一种前门襟与衣领相连的领型。纸样制图上与图7-17相似。在颈侧点处要留2cm的间隙以便加上缝份。连身领一般要收领省，衣领才会有立起的效果。

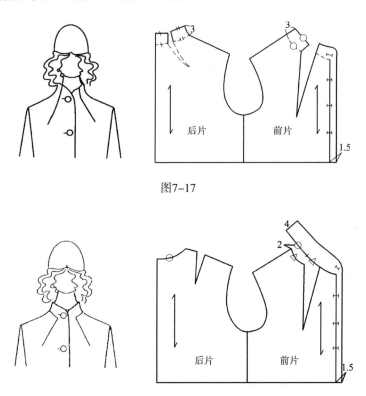

图7-17

图7-18

二、翻立领

翻立领是由立领作为领座、翻领作为领面组合形成的领子。翻立领分为两种形式：一种是由领座与领面连在一起的一片领；另一种是领座与领面分开的两片领。两种形式的领子是可以互相转化的。

1. 变领

变领又称夏威夷领。这种领子的主要特点是比单立领高，使衣领有一块领面能翻下来。当扣上纽扣时，衣领折叠成矩形；解开纽扣时，领子从肩至前中部位会摊开贴在肩部，其基本式样仍然是立领（图7-19），这种领型不紧贴颈部，领尖可按款式设计做成圆弧形、方形、尖形等各种形状。这种一片式翻立领也可做成两片式，在一片领的基础上分出领座和领面，在男装的夹克和便装中常用。

2. 中山装领

图7-20所示为中山装衣领。由于领子较贴颈，领座上翘尺寸可稍大些，领座宽度取3.5cm，领面宽度取4.3cm。虚线为领座，实线为领面。由于有内外双层领，在制作时要处

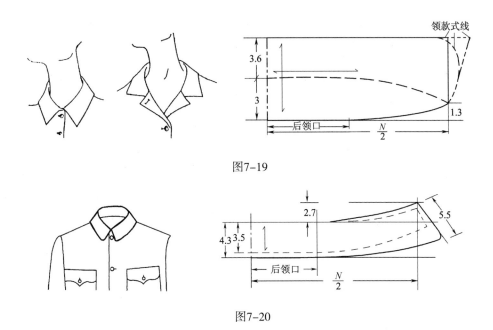

图7-19

图7-20

理好领面与领座两者的"里外容"关系。

3. 男式衬衫领

图7-21所示为标准型男式衬衫领。由于领座连带门襟的搭门，制图时要加出2.5cm，领座的前段与立领的起翘相反是向前下弯，而后段又是上弯，这造成了领座上下两个围度接近，因此在造型上表现为在颈肩段的侧面呈现直立效果。这种衣领结构可使领面翻出后前段有余量，可容纳系领带的结子。领面尖角的角度、长度、外口弯度等可变化，使衬衫领具有不同的外形。

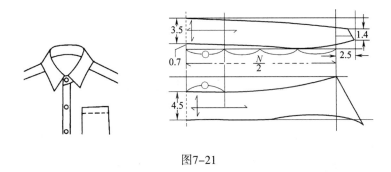

图7-21

4. 翼状立领

图7-22所示为多用于礼服上的翼状立领。在一般情况下，翼状立领后中部比普通立领稍高，前中部翻出的翼状可以是尖角、圆角或其他符合设计要求的款式。领角外口线一般从衣领颈侧处开始画至前中线，当服装穿上时，领尖角向下翻折成翼状。前中线可采用加搭门或不加搭门两种款式。

要使翻立领领面翻贴在领座上，只有采用领面和领座结构相反的设计，如上面所介绍的变领、衬衫领和中山装领。它们的领座上翘、领面下弯，造成领面的领外口线大于领座的领下口线，才能使领面翻贴在领座上。根据这种要求，领座上翘和领面下弯应该是成正比的。当上翘度等于下弯度时，领面翻折后便紧贴领座；当下弯度大于上翘度时，由于领外口线增大，领面翻折后空隙也增大。一般规律是下弯度稍大于上翘度，通常取下弯比上翘大1.5cm，既可增加翻领的松度，也使领面翻折后的空隙不会太大。但在一片式翻立领中，虽然领座向上翘，领面却并不能形成理想的外形，而采用领下口线向下弯曲时虽然产生了领面，但颈部和领座之间却因空隙过大而出现不服帖的离颈现象，因此，一片式翻立领常用在不十分合体的便装和简单成衣的设计中。要使翻立领造型达到理想的效果，就必须采用领面和领座分离设计的两片式翻立领，这才是翻立领造型中的最佳组合结构。

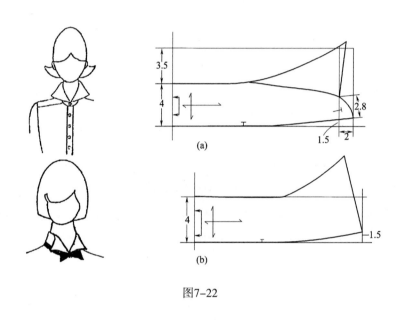

图7-22

第三节　翻驳领纸样设计

翻驳领又称翻领，它是由领座、翻领和驳头三部分组成。在服装行业中习惯把衣领翻出部分称为领子，下部称为驳头，如西装上衣的衣领就是翻驳领的典型式样。这种领型门襟的搭门可宽可窄，驳头可大可小，扣位和领口可高可低，纽扣可以是一粒扣或两粒扣、三粒扣、四粒扣等。翻驳领结构具有所有领型结构的综合特点，在三大领型中是最富有变化，用途最广，也是结构最复杂的一种。

翻驳领的结构在前胸部都是敞开式的，因此并不强调领围尺寸，而主要在于衣领与领口的配合。在领口结构中，由于领口横度的取值涉及衣着的合体和平衡，因此领口横度的取值是领型结构的关键。而对领型直度的取值，主要是随款式的造型需要而变化，其属于领子的造型因素，并不十分强调制图的数据。

翻驳领结构有两种：无翻领和有翻领。如燕子领是一种只有驳头的无翻领款式，而西装领、青果领等是属于有翻领的款式。无翻领的款式制图比较简单，只要把衣片制作出来即可；而有翻领的款式制图较复杂，其衣领不宜单独制图，必须以衣片的领围为基础加以绘制。因为衣领的翻驳度与驳头的大小、高低密切相关，衣领的领下口弧线和前开领的领围弧线有一段是两者共用的公共线，因此翻驳领的制图，总是将衣领和驳头连在一起绘制，并用同一根驳口线将其串联。如果两者分开制图，往往不易配合好。

一、无翻领型翻驳领

图7-23所示款式是一种无翻领式翻驳领，又称燕子领。其制作步骤如下。

①先在前中线上加出搭门2cm，定出驳头的长度点A与领侧点B，连接点A与点B作为翻驳头线。

②按款式定出驳头的宽度点C，将点C和点A相连，按衣领款式画出领外口线，形成驳头的外形轮廓线，这样便完成了单驳头翻折后的造型。

③根据驳头的造型以翻驳头线为对称轴复制出与之相对称的另一侧，便成了衣身驳头的制图线。

④由于驳头是由门襟贴边的上段衣料翻折而形成，因此门襟贴边的制图要完全按照衣身驳头的外形和尺寸绘制，同时把门襟贴边驳头处的尺寸稍加大0.5cm，使其翻出时平服、自然。

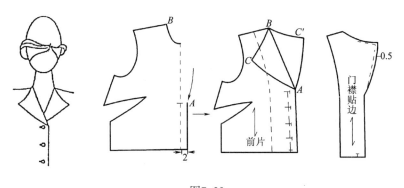

图7-23

二、有翻领型翻驳领

西装领是有翻领型翻驳领的典型，图7-24所示为单排扣十字型西装领款式。绘图时要有以下尺寸：衣领领座、领面宽和后领围弧线长，其绘制步骤如图7-25所示。

①先在前中线处加出搭门2cm，根据款式定出最上面一粒纽扣的位置，一般两粒扣西装的第一粒纽扣在腰线之上约1.5cm。此点水平线交搭门边线为点A，领侧点为点B。

②把前肩线延长，在延长线上定出点C，点B至点C等于领座宽，一般取2.5~3cm，用

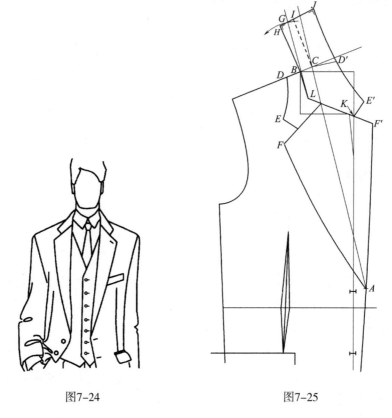

图7-24   图7-25

直线连接点A和点C，此线即为翻驳头线。在肩线上定出点D，点C至点D等于领面宽，通常为3～4cm。

③按款式画出领外口线和驳头形状，见图7-25中的D—E—F—A，这便是衣领和驳头翻折后的造型。然后以翻驳头线为对称轴，将点D、E、F复制至点D'、E'、F'。由于西装领的款式随流行而改变，因此点E—F—A就成为决定西装领款式关键的几个点。

④由点B作A—C直线的延长线的平行线，在此线上取点B至点G等于$\dfrac{后领口弧线}{2}$，然后以点B为圆心，以B—G为半径画弧。在弧线上量取点G至点H等于1.5cm，这段尺寸来自以下公式：（领面宽–领座宽）×1.5。此公式适用于所有翻驳领的制图。

⑤用直线连接点B至点H，这段线条就是与后领口缝制在一起的领下口线。然后画一条垂直于B—H的直线，在此线上取H—I等于领座宽和I—J等于领面宽的线段，再连接点J与点D'，并使点J处呈直角。

⑥点B—H—J—D'—E'—K—L—B所围成的图形即为完成后的衣领形状。

在制图过程中可以发现，当领面宽度越大时，衣领的后倾斜度也越大，这时领外口线相应加长，领面翻折后才能遮盖领下口线，如图7-26所示。下面根据领座和领面的宽度来计算领外口线的长度，其方法如图7-27所示。

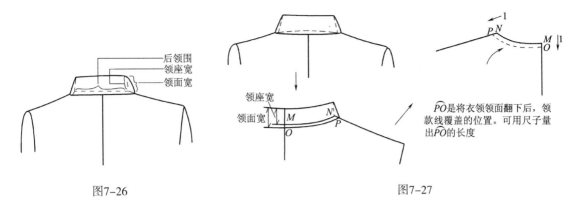

图7-26

图7-27

后领围
领座宽
领面宽

领座宽
领面宽

PO是将衣领领面翻下后，领
款线覆盖的位置。可用尺子量
出PO的长度

1. 翻驳领分体方法

人体颈部形状是上窄下宽的锥形体，衣领应该做成这种外形来配合颈部的形状，即领下口线要稍大于翻领线。但在绘制西装领时却达不到这个要求，反而领下口线小于翻领线，如图7-28（a）所示。这样做出的西装领易出现图7-28（b）所示的衣领离颈现象，而且这种情况随着领面宽度的增大会更加明显。为了防止这种离颈毛病的发生，解决的办法有两种：一是将向下弯曲的领下口线用拔烫工艺拔直，甚至拔成向上弯曲来使领座部分服帖，但这要求面料有良好的可塑性才行；二是采用领座向上弯、领面向下弯的分体结构分割衣领纸样，重叠翻领线使之变短以改善衣领的外观。由于这种方法效果较明显，因此被广泛应用于高档服装中。

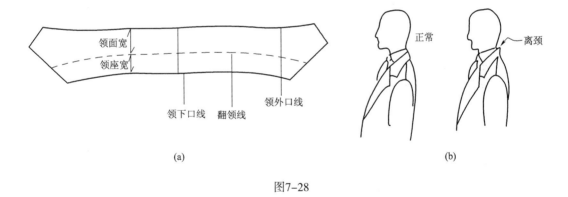

领面宽
领座宽

领下口线　翻领线　领外口线

正常

离颈

(a)

(b)

图7-28

图7-29所示为用领座和领面分体结构处理西装领的方法。经过合并省位的处理把翻领线变短，合并的省多集中在后领和肩线处，经过这样处理才能使西装领服帖。

2. 装领线后倾尺寸的依据

翻驳领的装领线后倾尺寸是领型结构中的一个最重要因素，在制图时要十分注意。如果尺寸小于正常值，会造成领外围容量不足，使肩胸部出现褶皱，领嘴被牵拉而不平服，同时驳头的开深程度也会被拉低。若尺寸大于正常值，会令领面过大而不平服，并使驳头的开深程度被推高。影响装领线后倾尺寸的因素主要有以下几个方面。

（1）领面和领座宽度：由公式后倾尺寸=（领面宽–领座宽）×1.5可知，当领面需要加宽时，领座却因人体颈高的制约而无须加太宽，由于领面增加的部分是向肩部外围延伸，这就要求通过加大领下口线后倾尺寸来满足领面的容量。

（2）翻驳领前门襟开口高度：当开口高度上升时，如三粒扣、四粒扣的西装，装领线后倾尺寸应增加。这是由于门襟提高，造成翻驳头线倾斜角度加大，从而使领下口线的弧度变曲，领面容量也就增多。这种情况可从制图过程中直接反映出来。

（3）面料伸缩性：翻驳领结构虽然适合各种面料，但由于面料自身的伸缩性、可塑性不同，其装领线后倾尺寸不能强求一律。一般天然织物、粗纺织物的伸缩性较好，后倾尺寸可稍小；而人造织物、精纺织物的弹性相对小些，后倾尺寸可稍大。

在有些翻驳领款式中，以上三个因素可能会同时出现，因此，制图者要注意根据综合因素来确定领下口线后倾尺寸的取值，不可只套用固定的、单一的数字公式。

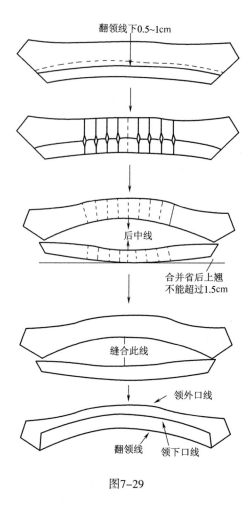

图7-29

3. 翻驳领造型尺寸的配置

翻驳领造型受传统的审美观念影响较大，其造型尺寸通常应遵循一些传统的设计规则，下面介绍两种典型翻驳领造型尺寸的配置规则。

（1）十字型西装领造型尺寸：图7-30所示为传统男西装款式，十字型西装领又称平驳领。其衣领造型的尺寸配置如下：

①领面后中宽与领角宽近似相等。

②驳头领角宽小于衣领与驳头领角之间的距离约0.5cm。

③驳头领角宽小于串口线（衣领与驳头的接线）约0.5cm，此线一般与衣领领角线垂直。

④领面后中宽和衣领领角宽为3～4cm；驳头领角宽为3.5～4.5cm；串口线尺寸为4～5cm。

如领型尺寸不符合以上规则，虽然对翻驳领的内在结构不产生影响，但在审美习惯上则不宜被接受。

（2）关刀型西装领造型尺寸和制图：关刀型西装领又称戗驳领，其造型是在十字型西装驳头上加出领尖位，与领角合并构成一条缝线，在接缝处做成箭头形。这种领型通常

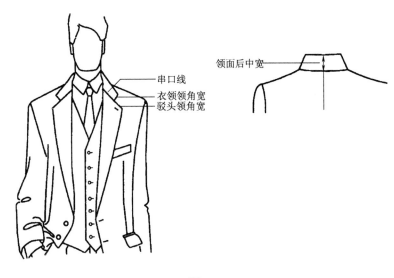

图7-30

与双排扣搭门、前衣摆平直的款式相配合。领尖造型尺寸一般与衣领领嘴夹角相等或大于该角度，这种处理使尖领角不宜过小，较容易翻出领尖角，同时在造型上显得美观。领尖伸出的部分一般不超过衣领领角宽的一倍，其他尺寸与十字型西装领相似。

4. 关刀领和青果领纸样制图

图7-31所示为关刀型西装领纸样制图，其方法与十字型西装领相似，但需增加双襟位6cm。灵活运用关刀领的尺寸配置，通过改变翻驳领的宽度和领型等方式，可以设计出各种款式的翻驳领造型（图7-32）。

图7-33所示为青果领纸样制图。青果领造型的衣领和驳头可以分割，也可以不分割。采用分割形式可以简化工艺制作，其制图方法与西装领相同，只是不设领角。而标准的青果领是不分割的，同时为了美观，领后中也不分割。这就要求左、右门襟贴边连成一个整体，而衣身制图仍

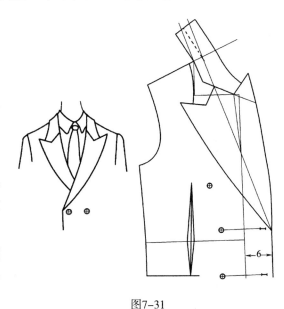

图7-31

可以采用衣领和驳头组合的结构。同时要把整个门襟贴边的止口线稍加大0.5cm，这样可保证青果领翻折后服帖。

翻驳领实际是平领和立领的综合结构，其正面看似平领造型，而侧面又有立领外观。这主要是受领座的影响，当领面和领座的宽度差加大，领面容量增多，翻驳领就会逐渐转化为平领结构。相反，如果领面与领座差为零，或者为负数，使领座上弯，翻驳领就转化

为不能翻折的立领结构。

综上所述，平领、立领、翻驳领三大领型不是完全独立成型的，它们在结构上存在着必然联系和演变规律，虽然领型的款式可以各式各样，变化万千，但只要找出它们的联系和变化规律，就可以熟练掌握所有领型的纸样制图。

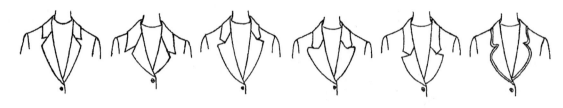

图7-32

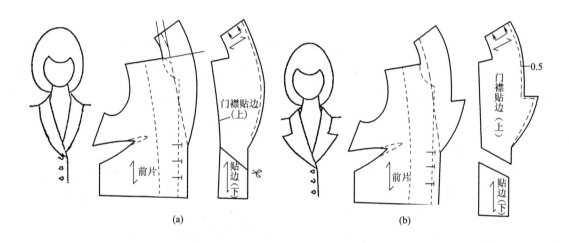

图7-33

本章要点

衣领从结构上基本可划分为平领、立领和翻驳领三大类。平领又称为摊领（坦领），是一种完全贴伏于领口处，几乎没有领座，领片直接翻摊在肩部上面的领型。常见的平领有校服领、水兵领、披肩领和荷叶领等。平领制图时，由于衣身前、后片要在肩端点处重叠，使得平领下口线与领口线曲度不完全相同，下口线比领口线稍直，这样处理主要有两个好处：一是可以使平领翻在肩部时平服；二是使平领保持很小尺寸的领座，当下口线与领口接缝时，接缝处被隐蔽起来，同时造成了平领在靠近颈部处有微微隆起，使衣领有一个立体造型效果。这个隆起（领座）是可以用剪张纸样的方法控制。同时，平领的肩点重叠尺寸是可以变化的，并由此来控制领座的高度，肩端点重叠越小，衣领越平摊；反之，领座越高。

立领的结构特点是领子与领口可各自独立造型，它们之间相互制约的因素较少。

立领从结构上分为两类：单立领和翻立领。单立领是由一条布料围裹住颈部形成环形状的领型，如直立领、旗袍领等。翻立领是把单立领作为领座，外面覆盖着一层领面，两者相连为整体的领型，如衬衫领、中山装领等。由于立领围裹住颈部，给人以稳定、严谨、端庄的感觉，所以军装、制服等的设计大都采用这种领型。由于人的颈部上比下稍细，上下之间有一定的斜度，因而存在围差，所以要使衣领贴颈，领下口线必须有翘度，翘度的大小通过颈侧线与肩线在颈侧点形成的夹角来决定，正常体型此角度为96°。这样当领下口线上翘时，领上口弧线比领下口线稍短，衣领就会显得贴颈。需要注意的是领下口线上翘的前提是要保证立领上口围度不能小于对应的颈围，否则就会因为领子太小而无法穿着。在翻立领制图时为了领面翻贴在领座上，要采用领面和领座结构相反的设计，如衬衫领和中山装领。它们的领座上翘、领面下弯，造成领面的领外口线大于领座的领下口线，才能使领面翻贴在领座上。根据这种要求，领座上翘和领面下弯应该是成正比的。当上翘度等于下弯度时，领面翻折后便紧贴领座；当下弯度大于上翘度时，由于领外口线增大，领面翻折后空隙也增大。一般的规律是下弯度稍大于上翘度，通常取下弯比上翘大1.5cm，既可增加翻领的松度，也使领面翻折后的空隙不会太大。

　　翻驳领由领座、翻领和驳头三部分组成。翻驳领的结构有两种：无翻领和有翻领。燕子领是一种只有驳头的无翻领款式，而西装领、青果领等是属于有翻领的款式。无翻领的款式制图比较简单，只要把衣片制作出来即可；而有翻领的款式制图较复杂，其衣领不宜单独制图，必须以衣片的领口为基础加以绘制。因为衣领的翻驳度与驳头的大小、高低密切相关，衣领的领下口弧线和前开领的领口弧线有一段是两者共用的公共线，因此翻驳领的制图，总是将衣领和驳头连在一起绘制，并用同一根驳口线将其串联。如果两者分开制图，往往不易配合好。西装领就是翻驳领的典型式样。翻驳领结构具有所有领型结构的综合特点，在三大领型中是最富有变化，用途最广，也是结构最复杂的一种。翻驳领的结构在前胸部都是敞开式的，因此并不强调领围尺寸，而主要在于衣领与领口的配合。在领口结构中，由于领口横度的取值涉及衣着的合体和平衡，因此领口横度的取值是领型结构的关键。而对领型直度的取值，主要是随款式的造型需要而变化。

　　三大类领型不是完全独立成型的，翻驳领实际是平领和立领的综合结构，其正面看似平领造型，而侧面又有立领外观。这主要是受领座的影响，当领面和领座的宽度差加大，领面容量增多，翻驳领就会逐渐转化为平领结构。相反，如果领面与领座的宽度差为零，或者为负数，使领座上弯，翻驳领就转化为不能翻折的立领结构。它们在结构上存在着必然的联系和演变规律，虽然领型的款式各式各样，但只要找出它们的联系和变化规律，就可以熟练掌握所有领型的纸样制图。

本章习题

1. 简述平领、立领和翻驳领三大领型的特点。

2. 在平领制图时衣身前、后片要在肩端点处重叠，其重叠尺寸对衣领造型有什么影响？

3. 为了翻立领的领面和领座配合得更好，在制图中要注意什么？

4. 为什么在西装领的制图中要采用分体方法分出领面和领座？

应用与实践——

女装纸样设计

本章内容： 1. 上装纸样设计

2. 裤装纸样设计

3. 连衣裙及旗袍纸样设计

4. T恤纸样设计

5. 文胸及内裤纸样设计

教学时间： 16课时

学习目的： 让学生掌握女装衬衫、马甲、西服、大衣、西裤、牛仔裤、连衣裙、旗袍、T恤、文胸及内裤的纸样设计。

教学目的： 掌握女装衬衫、马甲、西服、大衣、西裤、牛仔裤、连衣裙、旗袍、T恤、文胸及内裤的纸样设计方法，了解它们各种款式变化的制图方法；学会利用以上知识点分析和解剖各式女装的款式变化原理及其纸样设计方法。

第八章　女装纸样设计

　　女装纸样设计要了解人体尺寸和服装成品规格之间的关系，人体尺寸是指净尺寸，服装成品规格是服装成品的实际尺寸，它与款式流行趋势有密切关系。服装成品规格由人体尺寸加上放松量组成，放松量是判定服装合体程度的依据，通常围度放松量的多少决定服装的合体程度，长度放松量与服装流行趋势有关。本章采用人体尺寸和女装成品规格进行净样制图，图中没有加缝份，生产时按需要进行放缝。

第一节　上装纸样设计

　　女上装整体纸样设计就是衣片省道、分割线、衣领、衣袖等结构变化，按照款式要求进行综合的结构设计，达到最终造型设计的目的。

一、女衬衫

　　衬衫最初是男性衬托西服的一种代表性服装，起装饰和礼仪的作用，随着时代的变迁，现在既可作礼服，又可作便服，广泛应用于男、女性服装中。女衬衫不同于男衬衫有一比较固定的款式，其款式千变万化，主要有前开口、袖克夫、衣袋、领子、育克等的局部结构变化。由于结构变化多且复杂，在纸样绘制图上，可以直接采用点数法制图，也可以采用原型变化。

　　1. 变化原型绘制女衬衫

　　（1）短袖平领女衬衫的款式特征：图8-1所示为短袖平领女衬衫，其款式结构特点为翻折边袖克夫，小翻领（平领），普通纽扣前开口，前片设腋下横胸省，后片设肩省。

　　（2）绘制短袖平领女衬衫纸样所需尺寸：在净体胸围尺寸上加10cm放松量，作为合体女衬衫成品胸围尺寸，以号型160/84A、成品胸围94cm女衬衫规格为例，表8-1为合体女衬衫制图所需尺寸。

　　（3）短袖平领女衬衫纸样绘制步骤：图8-2所示为女装上衣和袖子原型变化的合体衬衫纸样，此纸样没加缝份，在裁剪生产前需进行放缝。

图8-1

表8-1 单位：cm

领围（N）	胸围（B）	肩宽（S）	衣长（L）	袖长（SL）	后领高	袖克夫（长×高）
36	94	38	60	20	6	30×3

①后片：描绘出女装上衣后片原型，在后肩端点减0.5cm，并提升0.5cm，画出衬衫后肩线。在后肩线上距离颈侧点4cm处设后肩省，取后肩省宽1cm，省长6.5cm。从腰线向下延长22cm为后衣底边线，经过腋下点向下画垂线为后侧缝线，完成衬衫后片纸样。

②前片：描绘出女装上衣前片原型，在前肩端点提升0.5cm，画出衬衫前肩线。在前腰线画水平线，并向下延长22cm为前衣底边线。经过腋下点向下画垂线并在衣摆线处向外加1cm为前侧缝线。在腋下点降低1cm，画出衬衫前袖窿弧线。在前侧缝线上设腋下横胸省，取省宽2.5cm，省长过前宽线1.5cm。在前颈中点下降0.5cm，画出衬衫前领口线。平行前中线加出1.5cm宽的搭门量，并在前中线上作扣眼标记。平行前门襟边线6cm画出门/里襟贴边边线，完成衬衫前片纸样。

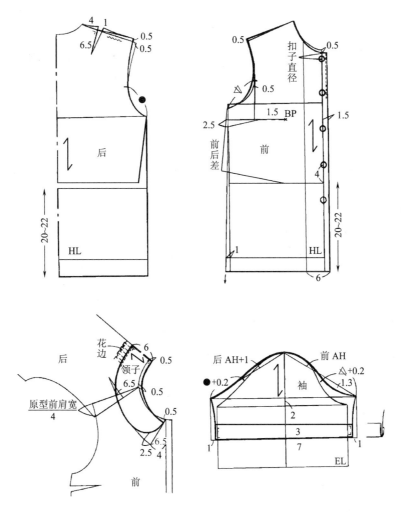

图8-2

③袖子：描绘出女装上衣袖子原型，提升袖山深线2cm画出衬衫袖肥线。分别取前、后袖窿弧线长，从袖山顶点向袖肥线画斜线，再画出衬衫袖山线。取袖长20cm，画出衬衫袖内缝线和袖口线。平行袖口线3cm画出翻折边袖克夫，完成衬衫袖子纸样。

④领子：将已完成的衬衫前片和后片纸样的肩线相对，在肩端点重叠约2.5cm，在后颈中点提升0.5cm，画出衬衫领子下口线。取领宽6cm画出衬衫领子外口线，完成衬衫领子纸样。

上述纸样在裁剪前需加上缝份，除底边线加2.5cm缝份外，其余各边线加1cm缝份；取经向布纹线。后片和领子纸样分别以后中线为对折线，后片裁一片；前片、袖子和领子纸样各裁两片。

2.采用点数法绘制女衬衫

（1）长袖合体女衬衫的款式特征：图8-3所示为长袖合体女衬衫，其款式结构特点为普通纽扣前开襟，前片设腋下横胸省，两用领，袖口缩褶。

（2）长袖合体女衬衫纸样所需尺寸：以号型160/84A、成品胸围96cm女衬衫规格为例，表8-2为长袖合体女衬衫制图所需尺寸。

图8-3

表8-2   单位：cm

领围（N）	胸围（B）	肩宽（S）	腰节长	衣长（L）	袖长	后领高	袖克夫（长×高）
36	96	39	38	64	53	6	23×3

（3）长袖合体女衬衫纸样绘制步骤：采用点数法直接绘制女衬衫纸样有下列两种方法，此纸样都没加缝份，在裁剪生产前需进行放缝。

①采用号型比例点数法制图：图8-4所示为合体女衬衫纸样，此纸样衣长取$\frac{2}{5}$号，即64cm；胸围取型+12cm放松量，即96cm；肩宽取$\frac{3}{10}$胸围+10.4cm，即39.2cm；袖长取$\frac{3}{10}$号+5cm，即53cm；领围取$\frac{3}{10}$胸围+7cm，即35.8cm。

②采用成品规格点数法制图：图8-5所示为女衬衫纸样，此纸样以表8-2所示规格为例，绘制步骤如下。

A.衣片：以0点为起点，画出垂线和水平线，其中垂线为前中线。

0—1　衣长，过点1画水平线为下平线。

0—2　腰节长，过点2画水平线为腰围线。

0—3　$\frac{领围}{5}$-0.2cm。

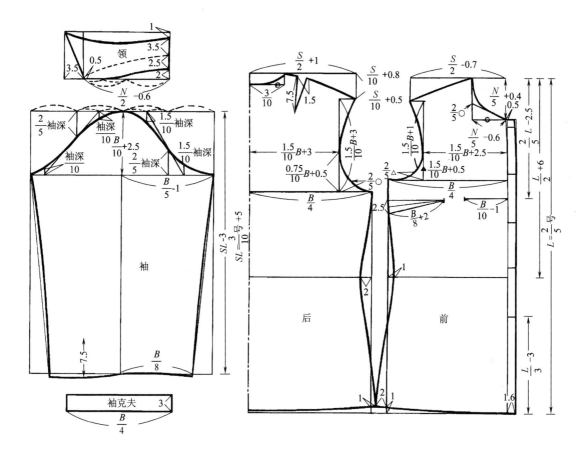

图8-4

0—4　$\dfrac{领围}{5}$+1cm，过点3和点4画出前领窝弧线。

0—5　$\dfrac{肩宽}{2}$，过点5向下画垂线。

5—6　$\dfrac{肩宽}{10}$+0.5cm，用直线连接3—6，过点6画水平经线与前片中线相交于点7。

7—8　$\dfrac{胸围}{8}$+4cm，过点8画前中线的垂线为前袖窿深线。

8—9　$\dfrac{胸围}{6}$+1.5cm，过点9向上画垂线与线段6—7相交于点10。

9—11　$\dfrac{9—10}{3}$。

8—12　$\dfrac{胸围}{4}$+0.5cm，过点12向下画垂线与腰围线相交于点13，与下平线相交于点14。

用曲线连接点6—11—12为前袖窿弧线。

9—15　$\dfrac{8—9}{4}$，过点15向下画垂线。

12—16　7.5cm，用直线连接8—16，与点15的垂线相交于点17，点17为横胸省的尖

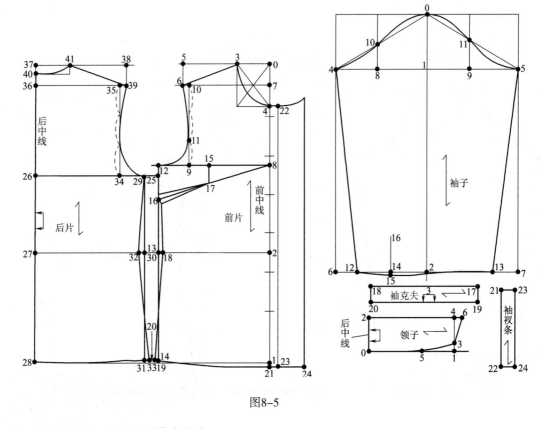

图8-5

点，取省宽为2cm，画出横胸省线。

13—18　1cm。

14—19　1cm。

19—20　0.5cm，用曲线连接点12—16—18—20为前侧缝线（说明：画曲线时需将横胸省闭合）。

1—21　1.5cm，用曲线连接20—21为前衣片底边线。

4—22　1.5cm，为搭门，过点22向下画垂线与底边线相交于点23。

23—24　6cm，为门襟贴边。在前中线上画扣眼位。完成前片纸样。

12—25　2cm，过点25画水平线为后袖窿深线。

点26在袖窿深线上，过点26画垂线为后中线，后中线与腰围线相交于点27，与下平线相交于点28。

26—29　$\dfrac{胸围}{4}$−0.5cm，过点29画垂线，向下与腰围线相交于点30，与下平线相交于点31。

30—32　1cm。

31—33　1cm，过点29—32—33用曲线连接为后片侧缝线，曲线在底边线处起翘0.5cm。

26—34　$\dfrac{胸围}{6}$+2cm，过点34向上画垂线。

34—35　$\dfrac{胸围}{8}$+6.8cm，过点35画水平线与后中线相交于点36。

36—37　$\dfrac{肩宽}{10}$，过点37画水平线。

37—38　$\dfrac{肩宽}{2}$+0.5cm，过点38向下画垂线与点36的水平线相交于点39。

37—40　1.8cm。

37—41　$\dfrac{领围}{5}$，用直线连接39—41为后肩线；用曲线连接40—41为后领窝弧线，完成后片纸样。

B.袖子：测量衣片的前、后袖窿弧线长度，总和为袖窿弧线长度。以点0为起点，画出垂线和水平线，其中垂线为袖中线。

0—1　$\dfrac{袖窿弧线长}{4}$，过点1画水平线为袖山深线。

0—2　袖长-袖克夫高（53-3=50cm）。

2—3　袖克夫高，过点2画水平线为袖口线。

0—4　后袖窿弧线长，点4相交于袖山深线。

0—5　前袖窿弧线长，点5相交于袖山深线。过点4和点5分别向下画垂线与袖口线相交于点6和点7。

4—8　$\dfrac{1—4}{2}$-1cm，过点8向上画垂线与斜线0—4相交于点10。

5—9　$\dfrac{1—5}{2}$+1cm，过点9向上画垂线与斜线0—5相交于点11。

过点4—10—0—11—5画出袖山弧线，袖山弧线在4—10线段凹入0.75cm，在0—10线段凸出1.5cm，在0—11线段凸出1.5cm，在5—11线段凹入1cm。

6—12　$\dfrac{2—6}{4}$，用直线连接4—12为袖内缝线。

7—13　$\dfrac{2—7}{4}$，用直线连接5—13为袖内缝线。

12—14　$\dfrac{2—12}{2}$，过点14向上画垂线。

14—15　1cm。

15—16　8cm，用曲线连接点12—15—2—13为袖口缝线。

C.袖克夫：过点3画水平线。

3—17　$\dfrac{袖克夫长}{2}$，即11.5cm，过点17向下画垂线。

3—18　$\dfrac{袖克夫长}{2}$，过点18向下画垂线。

17—19　袖克夫高。

18—20 袖克夫高，用直线连接点19—20，画上扣眼位。

D.袖衩条：以点21为起点画出垂线和水平线。

21—22 袖子的（15—16）×2，过点22向右画21—22的垂线。

21—23 2cm。

22—24 2cm，用直线连接点23—24。

E.两用领：以点0为起点，画出垂线和水平线，其中垂线为后中线。

0—1 $\dfrac{领围}{2}$。

0—2 后领高，过点2画水平线为领外口线。

1—3 1.5cm，过点1向上画垂线与领外口线相交于点4。

1—5 $\dfrac{0-1}{3}$，用曲线连接点0—5—3为领下口线。

4—6 2cm，用直线连接点3—6为领前宽斜线。

前片、后片、袖子和袖衩条取经向布纹线，袖克夫和领子取纬向布纹线。在裁剪之前，各纸样必须加上缝份，在底边线处加2.5cm缝份，其余各边线均加1cm缝份。后片、领子纸样以后中线为对折线，袖克夫以边线为对折线；后片裁一片，前片、领子、袖子、袖克夫和袖衩条纸样各裁两片。

二、女式马甲

马甲为无袖上衣，可穿在套装里面或与衬衫、毛衣等搭配组合，衣长随流行趋势而选择，纸样制图即可以采用原型变化，也可以采用点数法直接制图。

图8-6

1.变化原型绘制女式马甲

（1）普通女式马甲的款式特征：如图8-6所示为普通女式马甲，其款式特点为V型领口，前门襟设四粒单排扣，前、后片有刀背缝，后腰加腰带。

（2）绘制马甲纸样所需的尺寸：在净体胸围尺寸加约10cm放松量作为合体女式马甲成品胸围尺寸，以号型160/84A、成品胸围94cm的规格为例，表8-3为绘制女式短马甲纸样所需的尺寸。

表 8-3

单位：cm

胸围（B）	袖窿深	腰节长	衣长（L）
94	23	38	50

（3）马甲衣身草图绘制步骤：图8-7所示为女式马甲的衣身草图纸样，此纸样是利用女上衣原型变化而成的，此纸样无任何缝份，在裁剪生产前，需将此纸样按要求加上缝份。

①后片：绘出女上衣原型的后片纸样，标明后颈中点为点1，颈侧点为点2。

1—3　1cm。

2—4　1cm，连接点3—4为新的后领窝弧线，弧线平行于点1—2。

3—5　衣长为50cm，画出腰围线，过点5画水平线为下平线。

5—6　2cm，连接点3—6为新的背缝线，收腰量为2cm。

4—7　6cm。

标明点8为原型的腋下点。

8—9　2cm，连接点7—9为马甲后袖窿弧线。

过点8向下画垂线与腰围线相交于点10，与底边线相交于点11，标明点12为原型后身宽的中点。

13—14　在后身腰围线的中点确定后腰省，省宽为3cm，分别标明点13、点14。

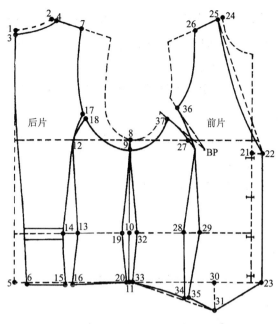

图8-7

15—16　1.5cm，连接点12—13—16和点12—14—15分别为后腰省线，过点12向上画刀背缝线至后袖窿弧线交点17。

17—18　0.5cm，连接点12—18。

10—19　1.5cm。

11—20　0.5cm，连接点9—19—20为新的后侧缝线。

在背缝线至后腰省之间的腰部，画出宽为2cm的后腰带线。

②前片：绘出女上衣原型的前片纸样，将胸省移至袖窿线处。在袖窿深线下2cm的前中线处标明点21，过点21画水平线。

21—22　搭门宽为2cm，过点22向下画垂线与下平线相交于点23，标明点24为原前颈侧点。

24—25　1cm，用曲线连接点22—25为V型领口线。

25—26　6cm，用曲线连接点9—26为马甲前袖窿弧线（说明：在画袖窿弧线时将袖窿处的胸省关闭）。

向侧身方向距离原胸高点2cm处标明点27。

28—29　在前身腰围线的中点确定前腰省，省宽为3cm，分别标明点28、点29。

23—30　10cm，过点30向下画垂线。

30—31　5cm，连接点23—31。

10—32　1.5cm。

11—33　0.5cm，连接点9—32—33为新的前侧缝线。

34—35　1cm，用曲线连接点33—34和点31—35为底边线。连接点27—28—34和点27—29—35为前腰省线，点36和点37为袖窿省和马甲袖窿弧线的交点，连接点27—36和点27—37为马甲的袖窿省线，点37—27—28—34和点36—27—29—35为刀背缝线。在前中线上，标明扣眼位。

（4）马甲面层纸样完成图：图8-8所示为普通女式马甲面层纸样的完成图，绘图步骤如下。

①后片：绘出后片的后背缝线及刀背缝线纸样（3—6—15—14—12—17—7—4—3），在腰部画出腰带对位线。

②后侧片：绘出后侧片（18—12—13—16—20—19—9—18），在腰围线上标记对位点。

③前片：绘出前片（25—22—23—31—35—29—27—36—26—25），在前中线处画出扣眼符号。

④前侧片：绘出前侧片（37—27—28—34—33—32—9—37），在腰围线上标记对位点。

⑤后腰带：绘出后腰带形状线条并延长10cm为扣上金属扣的长度，以横向为对折线。

上述纸样的后片、后侧片、前片和前侧片取经向布纹线，后腰带取纬向布纹线，各裁两片。在裁剪之前要加上缝份，除在后片底边线处加4cm贴边缝份外，其余各边线均加出1cm缝份。

（5）马甲里层纸样完成图：如图8-9所示，在普通女式马甲的里层结构示意图中，

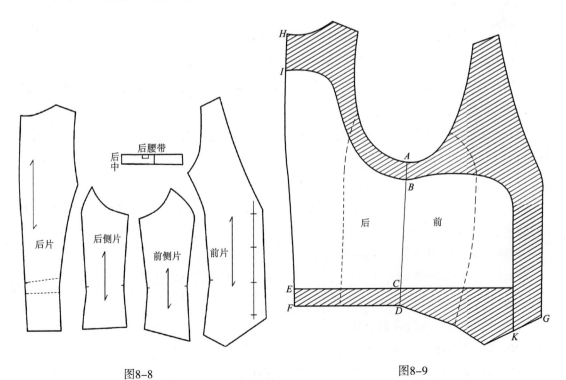

图8-8　　　　　　　　　　　　　图8-9

阴影部分的结构为后领口贴边、挂面、前后片下摆贴边，都用面料裁剪并粘衬稳固。无阴影部分的结构为前里和后里。贴边尺寸：$A—B=4cm$，$C—D=4cm$，$E—F=4cm$，$H—I=10cm$，$G—K=6cm$。

如图8-10所示，在普通女式马甲面层纸样上，后中线处点3向下取10cm，腋下点9向下4cm，平行且距离前门襟止口22—23线段6cm，后片底边线向上4cm，画出里料纸样。图8-11所示为绘出的马甲里料各部件纸样，其完成绘图步骤如下。

①后里：绘出后片除去后领贴边部分的结构，长度取底边6—15—16—20线段，标明后腰省线对位点。

②前里：绘出前片除去挂面和前下摆贴边部分的结构，在贴边线下加长2cm作为褶裥，标记前腰省对位点。

③挂面：绘出前片纸样的袖窿弧线、领口线、前肩斜线和前门襟止口线，同时将袖窿省关闭。

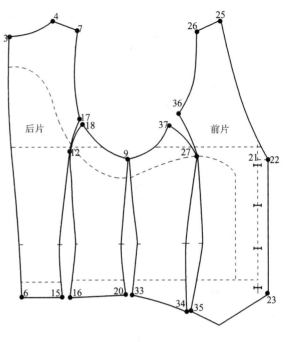

图8-10

④前下摆贴边：绘出前片下摆底边线，除去底边挂面部分并将腰省关闭。

⑤后领口贴边：绘出后领口线、后肩斜线和袖窿弧线并将袖窿省关闭。

说明：图8-12所示为马甲面料净样，后下摆贴边加在面料后片纸样的衣摆上，不需

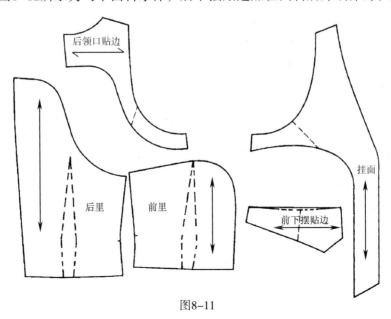

图8-11

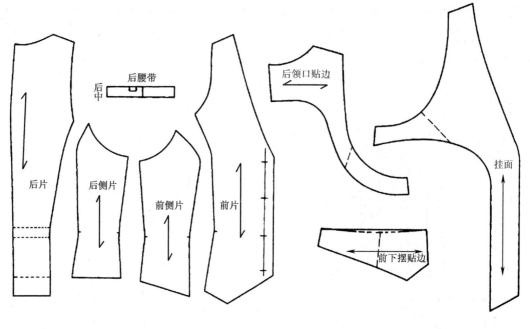

图8-12

要另外绘出后下摆贴边。在前里和后里纸样中，前、后刀背缝线无须将前、后片及侧身分割，只在车缝中作为省来处理。

上述纸样的前里、后里和挂面取经向布纹线，前下摆贴边和后领口贴边取纬向布纹线，各裁两片。在裁剪之前，各片纸样要加上1cm缝份，面料后片的底边线加出4cm贴边。挂面、前下摆贴边和后领口贴边的净样为粘衬样。

2. 采用点数法绘制女式马甲

采用点数法直接绘制女式马甲纸样有下列两种方法，此纸样都没有加缝份，在裁剪生产前需进行放缝。

（1）采用号型比例点数法制图：如图8-13所示为前圆摆女式马甲，款式特点为前腰省直通下摆、前圆下摆、后中有背缝、后身无省。如图8-14所示为前圆摆女式马甲纸样，此纸样以号型160/84A为例，衣长取$\frac{3}{10}$号+6cm，即54cm；胸围取型+10cm放松量，即94cm；下摆取胸围−4cm，即90cm；

图8-13

肩宽取$\frac{3}{10}$胸围+8cm，即36.2cm。由于前腰省直通下摆，可以将胸省合并于前腰省。

（2）采用成品规格点数法制图：以表8-4女式马甲规格为例，图8-15所示为女式马甲纸样，其绘制步骤如下。

①后片：以点1为起点，画出垂线和水平线，其中垂线为后中线。

1—2 袖窿深，过点2画水平线为袖窿深线。

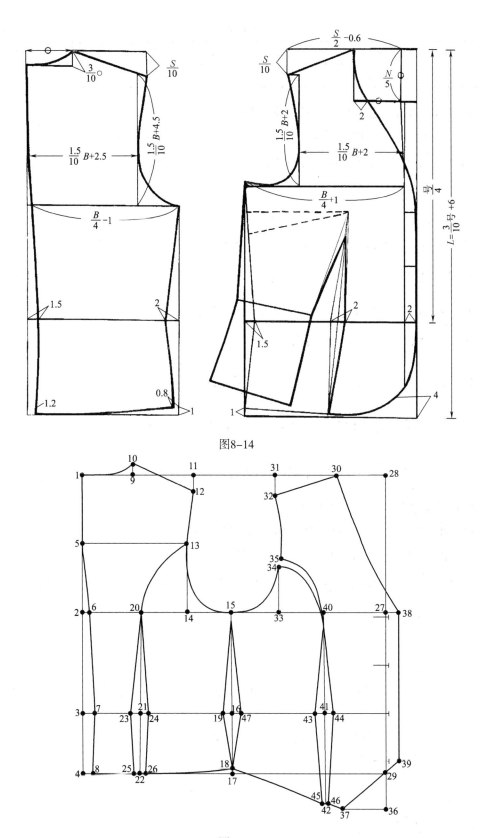

图8-14

图8-15

表8-4 单位：cm

胸围（B）	袖窿深	腰节长	衣长（L）	肩宽（S）	背宽
94	23	38	50	36	33

1—3　腰节长，过点3画水平线为腰围线。

1—4　衣长，过点4画水平线为下平线。

1—5　$\dfrac{1-2}{2}$，过点5画水平线为背宽线。

2—6　1cm。

3—7　2cm。

4—8　1.5cm，连接点1—5—6—7—8为后中背缝线。

1—9　$\dfrac{胸围}{20}$+3.5cm，过点9向上画垂线。

9—10　2cm，用曲线连接点1—10为后领口弧线。

1—11　$\dfrac{肩宽}{2}$+0.5cm，过点11向下画垂线。

11—12　$\dfrac{肩宽}{10}$-0.5cm，连接点10—12为后肩线。

5—13　$\dfrac{背宽}{2}$，过点13向下画垂线与袖窿深线相交于点14。

2—15　$\dfrac{胸围}{4}$-0.5cm，过点15向下画垂线与腰围线相交于点16，与下平线相交于点17，用曲线连接点12—13—15为后袖窿弧线。

17—18　0.5cm，连接点8—25—26—18为后底边线。

16—19　1.5cm，连接点15—19—18为后侧缝线。

2—20　$\dfrac{2-14}{2}$+1.5cm，过点20向下画垂线与腰围线相交于点21，与下平线相交于点22。

21—23　1.5cm。

21—24　1.5cm。

22—25　1cm。

22—26　1cm，连接点13—20—23—25和点13—20—24—26为后刀背缝线，完成后片纸样。

②前片：延长后片上平线、袖窿深线、腰围线和下平线。

15—27　$\dfrac{胸围}{4}$+0.5cm，过点27画垂线向上与上平线相交于点28，向下与下平线相交于点29。

28—30　$\dfrac{胸围}{20}$+3.2cm。

28—31 $\dfrac{\text{肩宽}}{2}$，过点31向下画垂线。

31—32 $\dfrac{\text{肩宽}}{10}$+0.5cm，连接点30—32为前肩线。

27—33 $\dfrac{\text{背宽}}{2}$，过点33向上画垂线，取$\dfrac{27—28}{3}$长度为点34。

34—35 2cm。

29—36 6cm，过点36向左画水平线。

36—37 7cm，连接点18—37和点37—29。

27—38 2cm，过点38向下画垂线相交于点37—29的延长线为点39。

27—40 $\dfrac{27—33}{2}$+1.5cm，过点40向下画垂线与腰围线相交于点41，与点18—37线段相交于点42；由点40向下2.5cm为省尖点，用曲线连接点34—40和点35—40。

41—43 1.5cm。

41—44 1.5cm。

42—45 0.5cm。

42—46 0.5cm，连接省尖点至点43—45和省尖点至点44—46线段，完成前刀背缝线。

16—47 1.5cm，连接点15—47—18为前侧缝线。

折叠点43—45和点44—46线段，修顺底边线点18—37线段，完成前片纸样。

三、女西服

西服也称西装，指西式上衣，多与西装裙搭配成女士职业套装。其款式变化多在纽扣位置与数量，以及领型、衣摆、衣袋、袖衩等部位。由于款式千变万化，在纸样绘制图上既可以直接采用点数法制图，也可以采用原型变化。

1. 女西服原型

女西服原型包含前片、后片、大袖、小袖和领子纸样。采用点数法直接绘制女西服原型有下列两种方法。

（1）采用号型比例点数法制图：图8-16所示为女西服，其款式特点为四开身，两粒单排扣，平驳领，前侧袋盖插袋，两片袖。图8-17所示为女西服纸样，此纸样以号型160/84A为例，衣长取$\dfrac{2}{5}$号+2cm，即66cm；胸围取型+16cm放松量，即100cm；肩宽取$\dfrac{3}{10}$胸围+11.6cm，即41.6cm；袖长取$\dfrac{3}{10}$号+6cm，即54cm；领围取$\dfrac{3}{10}$胸围+9.2cm，即39.2cm。

（2）采用成品规格点数法制图：在净体胸围尺寸上加

图8-16

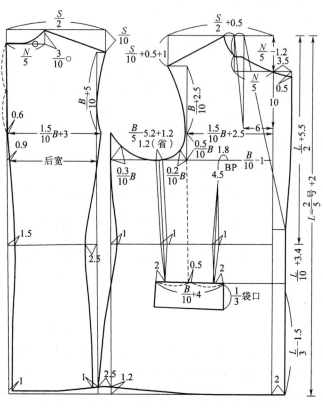

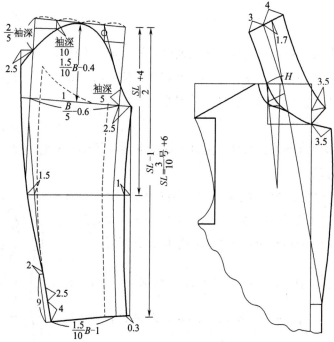

图8-17

14～16cm放松量作为合体女西服成品胸围尺寸，以号型160/84A、成品胸围100cm女西服规格为例，表8-5为绘制女西服纸样所需尺寸。女西服原型绘制步骤如下。

表8-5

单位：cm

胸围（B）	领围（N）	袖窿深	胸宽	背宽	小肩宽	腰节长	衣长（L）	袖长（SL）	袖口围	省宽
100	39	24	35	38	13.5	39	66	54	27	5

①女西服衣身原型：图8-18所示为女西服衣身原型，仅作女西服款式的纸样变化之用，绘图步骤如下。

以点0为起点，画出垂线和水平线，垂线为后中线，水平线为上平线。

0—1　1.75cm。

1—2　腰节长，过点2画水平线为腰围线。

1—3　衣长，过点3画水平线为下平线。

2—4　约20.5cm，指腰至臀长尺寸，过点4画水平线为臀围线。

1—5　袖窿深，过点5画水平线为袖窿深线。

1—6　$\dfrac{1-5}{2}$，过点6画水平线为后背宽线。

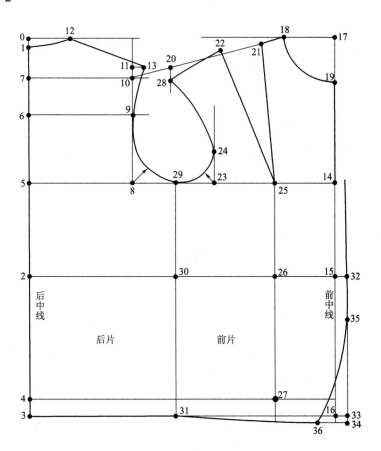

图8-18

1—7　$\dfrac{袖窿深}{4}$—1cm，过点7画水平线。

5—8　半背宽，过点8向上画垂线与背宽线相交于点9，与点7的水平线相交于点10。

10—11　2cm，过点11画水平线。

0—12　$\dfrac{领围}{5}$，连接点与1—12画出后领口弧线。

12—13　小肩长+0.5cm，包含0.5cm的后肩线容缩量，连接点12—13为后肩线。

5—14　$\dfrac{胸围}{2}$，过点14向下画垂线与腰围线相交于点15，与下平线相交于点16。

14—17　点（0—5）的长度，过点17画水平线。

17—18　$\dfrac{领围}{5}$+1cm，连接点10—18。

18—20　小肩宽+省宽。

18—21　$\dfrac{小肩宽}{3}$。

21—22　省宽。

14—23　$\dfrac{胸宽}{2}$+$\dfrac{21—22}{3}$，过点23向上画垂线。

23—24　$\dfrac{14—19}{3}$。

23—25　$\dfrac{14—23}{2}$—0.5cm，过点25向下画垂线与腰围线相交于点26，与臀围线相交于点27。连接点21—25和点22—25，确保此两省线的长度相等。

20—28　1.5cm，用曲线连接点22—28。

5—29　$\dfrac{5—14}{2}$—0.5cm，过点29向下画垂线与腰围线相交于点30，与下平线相交于点31，点29—31为侧缝线。过点13—9—29—24—28画出袖窿弧线，并测量出袖窿弧线的长度。

15—32　2.5cm，为搭门宽，过点32向下画垂线与下平线相交于点33。

33—34　1.5cm，用曲线连接点31—34为前片底边线。

32—35　$\dfrac{32—34}{3}$。

34—36　$\dfrac{31—34}{5}$，用曲线连接点35—36，画出门襟圆角线。

②女西服衣身原型变化：女西服款式在衣片上变化较大，依据女西服款式设计的要求，通常需将无款式变化的女西服衣身原型变化为四开身衣身原型。

图8-19所示为四开身女西服衣身原型，绘图步骤如下。

绘出女西服衣身原型，标出原有的点2、点3、点6、点8、点23、点25、点26、点27和点29。

2—37 1.5cm，过点37画水平线。

37—38 1.5cm。

3—39 0.5cm。过点6—38—39画出后背缝线。

8—40 $\dfrac{袖窿深}{4}-2cm$，过点40画水平线与后袖窿弧线相交于点41，过点41向下画垂线与腰围线相交于点42。

8—43 2cm，过点43向下画垂线与腰围线相交于点44，与底边线相交于点45。

45—46 2.5cm，连接点41—44—46和点41—42—45为侧缝线。

29—47 $\dfrac{23—29}{3}$，过点47向下画垂线与腰围线相交于点48，在腰围线下12cm处为省的下尖点49，以点47—48为省中线，在腰围线上取省宽2.5cm，画出胁省线。

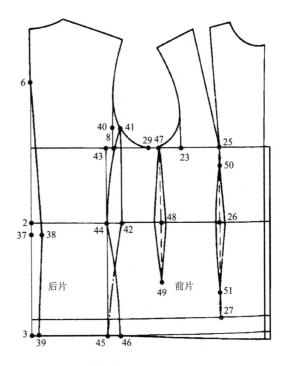

图8-19

25—50 3cm，点50为腰省的上尖点，过点25向下画垂线为腰省中线。

27—51 5cm，点51为腰省的下尖点，在腰围线上取省宽1.5cm，画出前腰省线。

③女西服两片袖原型：如图8-20所示，在女西服衣身原型的袖窿部分，标出腋下点为A，后肩端点为B，前肩端点为C，将袖窿深线上的点8和点23改为点D和点E，并且分别过点D和点E作袖窿深线的垂线。用皮尺竖立沿着衣片的袖窿弧线测量出袖窿弧线长度，此测量数据要精确。女西服两片袖原型绘图步骤如下。

以点0为起点，画出垂线和水平线，水平线为袖山深线，垂线为前偏袖直线。

0—1 $\dfrac{袖窿弧线长}{3}$，过点1画水平线为上平线。

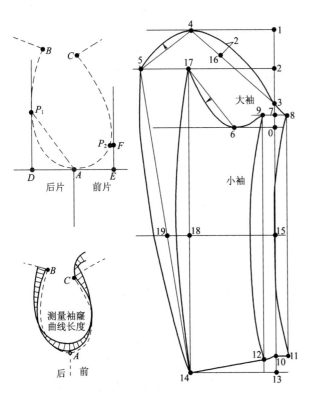

图8-20

1—2　$\dfrac{0-1}{3}+1cm$，过点2画水平线。

0—3　$\dfrac{0-1}{4}$。

说明：在衣身原型的袖窿部分$E—F$=袖子的0—3，过点F画水平线与袖窿弧线相交于前袖窿对位点P_2，衣片的$D—P_1$=袖子的0—2，P_1为后袖窿对位点。

3—4　衣片（$C—P_2$）+1cm（说明：以测量$C—P_2$曲线长度为准），点4在上平线上，连接点3—4。

4—5　衣片（$B—P_1$）+0.8cm（说明：以测量$B—P_1$曲线长度为准），点5在点2的水平线上，连接点4—5。

0—6　衣片的$A—E$。

0—7　2cm，过点7画水平线。

7—8　2cm，过点8向下画垂线。

7—9　2cm，过点9向下画垂线。

1—10　袖长，过点10画水平线分别与点8和点9的垂线相交于点11和点12。

10—13　3cm，过点13画水平线为下平线。

10—14　$\dfrac{袖口围}{2}$，点14在下平线上，连接点10—14，连接点10—11为袖口线。

7—15　$\dfrac{7-10}{2}$，过点15画水平线为袖肘线，在袖肘线处向内凹入2cm，用曲线连接点8—11和点9—12为前袖缝线。

4—16　$\dfrac{3-4}{3}$。用曲线连接点5—4—3—8为袖山弧线，袖山弧线在点4—5线段向外凸出1cm，在点16处向外凸出2cm。

6—17　衣片的（$A—P_1$）+0.5cm（说明：以测量$A—P_1$直线为准），点17在点2的水平线上，用曲线连接点9—6—17为小袖深弧线，曲线在点6—17线段处向内凹入1.5cm，用曲线连接点17—14和点5—14，分别与袖肘线处相交于点18和点19。在点18和点19处向外凸出2.3cm，用曲线连接点14—17和点5—14为后袖缝线。

2.女西服款式纸样变化

根据女西服款式的要求，采用女西服原型进行变化，通常是衣身移省、衣领、袋位和开口等部位的结构变化，如图8-21和图8-22所示，在女西服原型上变化时，绘出各片纸样，加上缝份，除在底边线和袖口线处加出4cm缝份外，其余均加出1cm缝份。

四、女大衣

女大衣款式的结构变化主要于外形、长短、衣领、衣袖、开口和口袋等部位。各种款式女大衣的纸样设计可在女装原型基础上变化获得，纸样完成后需加缝份，除在衣片底边线和袖片袖口线处加出4cm缝份外，其余边线均加出1cm缝份；除后片和后领贴裁一片

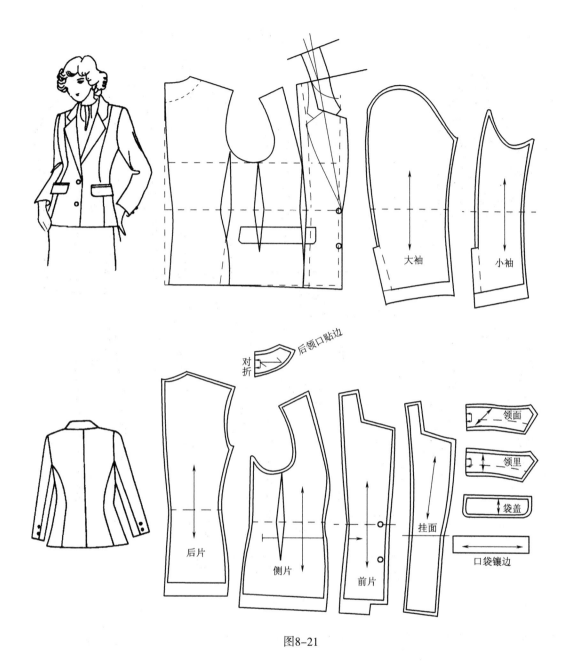

图8-21

外，其余纸样各裁两片；除后领贴取纬向布纹线外，其余纸样取经向布纹线。一般大衣里料制作成全里，衣片里料和面料的下摆分离，在面料纸样上除去挂面和后领贴结构便为里料纸样；领片、挂面、口袋镶边和后领贴的净样为粘衬样。

1. 采用点数法绘制女大衣

采用号型比例点数法制图。图8-23所示为女大衣，其款式特点为宽衣摆，单排扣，前片有腋下横胸省和斜插袋，后中有背缝。图8-24所示为女大衣纸样，此纸样以号型160/84A为例，衣长取$\frac{3}{5}$号+16cm，即112cm；胸围取型+26cm放松量（若春秋大衣取型+20cm

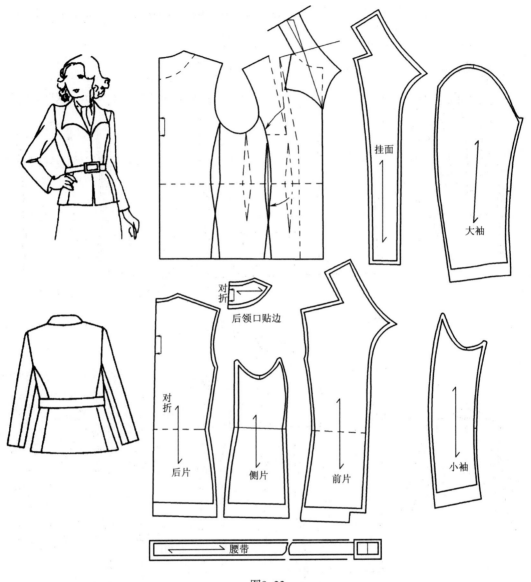

图8-22

放松量），即110cm；肩宽取$\dfrac{3}{10}$胸围+10.4cm，即43.4cm；袖长取$\dfrac{3}{10}$号+9cm，即57cm；领围取$\dfrac{3}{10}$胸围+8.6cm，即41.6cm。

2. 变化原型绘制女装大衣

（1）H型大衣：图8-25所示为H型大衣，其款式特点为大翻领，衣片呈H型，衣长在膝关节之下，前中四粒纽扣，前片有腋下省和斜插袋，采用一片袖设计，设袖肘省，领子、门襟和插袋缉明线。

采用女装原型变化时，由于衣身原型的胸围放松量为10cm，故

图8-23

还需加宽衣片，达到大衣胸围放松量20～26cm。另外，需降低袖窿深线，加长袖窿弧线和加大领口线，适当加宽下衣摆，大翻领尺寸要适中，避免有过重之感。

（2）喇叭型大衣：图8-26所示为喇叭型大衣，其款式特点为宽衣摆，衣片呈喇叭型，衣长在膝关节之下，大翻领，前中翻边明门襟，三粒纽扣，前片两侧有大尖角贴袋，前连肩袖和后连育克袖；贴袋、领子和门襟翻边缉明线。

采用女装原型变化时，先加大胸围，降低衣片袖窿深线和袖片袖山深线；为画连肩袖做准备，将前肩斜线提取1cm移到后肩斜线处，袖山顶点也向前袖方向移1cm，分割成前、后袖。将衣片切割，加宽衣摆，衣摆放松量依穿着者的身长而调节，宽摆不要全放在人体中央或侧身。前贴袋的位置要设在易插手处，前中门襟翻边宽度不能太小，可取6cm左右，衣领领角呈尖角状。

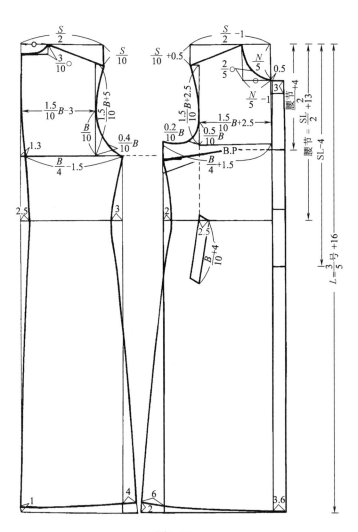

图8-24

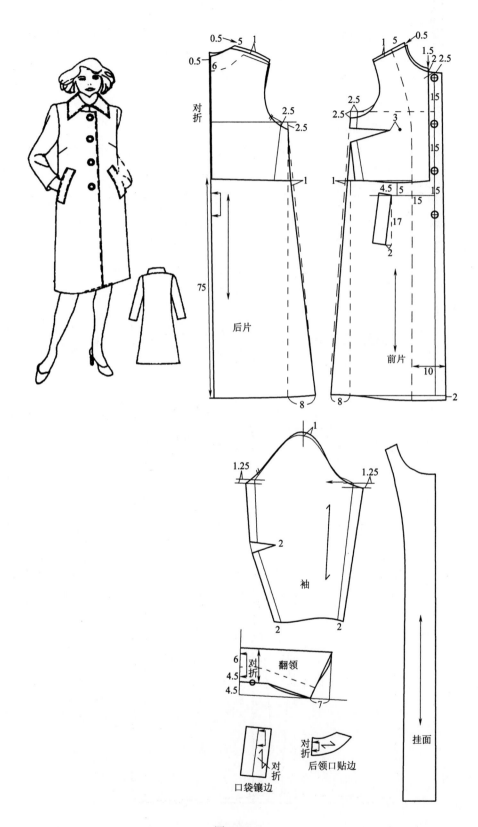

图8-25

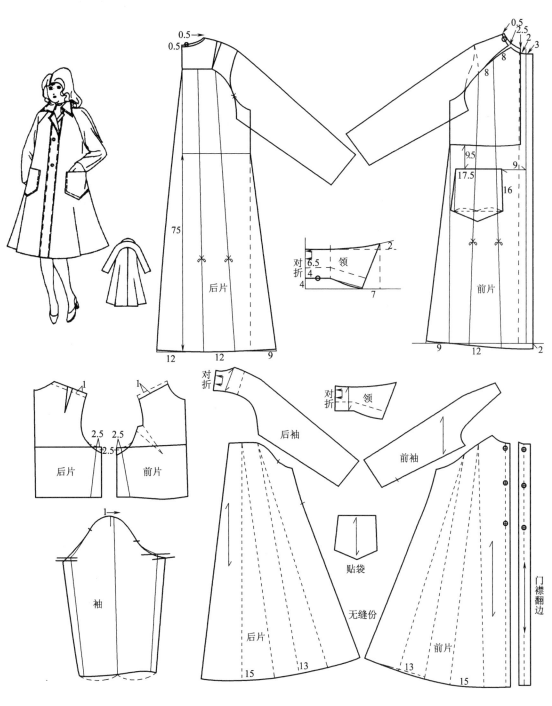

图8-26

第二节　裤装纸样设计

裤装是包裹人体腰部以下部位且下肢有管形结构，比裙子更显身材。裤装款式多种多样，按长度可分为短裤、中裤（五分裤）、七分裤、九分裤及长裤；按外形可分为直筒裤、窄脚裤及喇叭裤；按款式可分为西裤、牛仔裤、灯笼裤、马裤等，如图8-27所示。裤装的基本结构由裤腰头、前后裤裆、前开拉链门襟、裤管等组成。

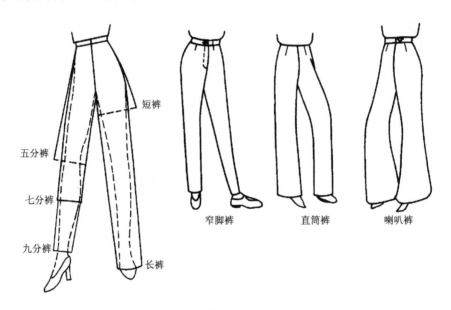

短裤

五分裤

七分裤

九分裤

长裤

窄脚裤　　直筒裤　　喇叭裤

图8-27

一、女西裤

女西裤的款式变化包括长短、宽度松紧、腰头、裤管及细节上的变化，合体西裤在腰围加2cm左右放松量、臀围加4～6cm放松量，在纸样制作时常采用裤片原型进行款式纸样变化。

1. 女西裤原型

（1）女西裤款式特征：图8-28所示为窄脚女西裤，其款式特点为左、右前腰缝下设单省，左、右后腰各设双省，普通中腰，后中隐形拉链开口，窄脚裤型。

（2）绘制女西裤纸样所需尺寸：以号型160/68A、臀围98cm的女西裤规格为例，表8-6为绘制女西裤纸样所需尺寸。

表8-6　　　　　　　　　　　　　　　　　　　　　　　单位：cm

臀围（H）	腰围（W）	上裆	裤长（L）	裤脚口宽
98	70	28	103	19

（3）女西裤原型绘制步骤：图8-29所示为采用成品规格点数法直接绘制的女西裤原型，其绘制步骤如下。

①前片：以点0为起点，画出垂线和水平线，其中垂线为裤中烫迹线，水平线为腰围线。

0—1　上档，过点1画水平线为横档围线。

1—2　$\dfrac{0-1}{3}$，过点2画水平线为臀围线。

0—3　裤长，过点3画水平线为脚口线。

1—4　$\dfrac{1-3}{2}$-5cm，过点4画水平线为中档线。

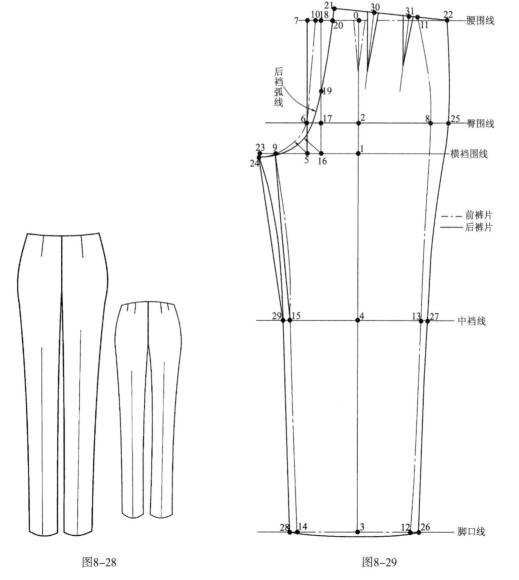

图8-28　　　　　　　图8-29

1—5　$\dfrac{臀围}{12}$+1.5cm，过点5向上画垂线与臀围线相交于点6，与腰围线相交于点7。

6—8　$\dfrac{臀围}{4}$−0.5cm，为臀围线。

5—9　$\dfrac{臀围}{16}$，为前裆宽线。

7—10　1cm，用直线连接点6—10，用曲线连接点6—9，曲线距离点5为3cm。曲线点10—6—9为前裆弧线。

10—11　$\dfrac{腰围}{4}$−0.5cm+省宽2cm，确定省线位置：在点0的烫迹线上，取省长为10cm，省宽为2cm。

3—12　$\dfrac{裤脚口宽}{2}$−0.5cm，为二分之一前裤脚口宽。

4—13　（3—12）+1.5cm，为二分之一前中裆宽。

过点11—8—13—12画出前片侧缝线，曲线在点11—8线段处凸出0.5cm，在点8—13线段处凹入0.5cm。

3—14　$\dfrac{裤脚口宽}{2}$−0.5cm。

4—15　（4—13），过点9—15—14画出前片下裆缝线，曲线在点9—15线段处凹入0.75cm。

②后片：在前片原型的基础上继续绘图。

5—16　$\dfrac{1-5}{4}$，过点16向上画垂线与臀围线相交于点17，与腰围线相交于点18。

16—19　$\dfrac{16-18}{2}$。

18—20　2cm。

20—21　2cm。

21—22　$\dfrac{腰围}{4}$+0.5cm+省宽4cm，点22在腰围线上。

9—23　$\dfrac{5-9}{2}$。

23—24　下降0.5cm。

过点21—20—19—24画出裤子后裆弧线，用直线连接点19—20—21，用曲线连接点19—24，曲线距离点16为4.25cm。

17—25　$\dfrac{臀围}{4}$+0.5cm。

12—26　1cm。

13—27　1cm。

过点22—25—27—26画出后片侧缝线，曲线在点22—25线段处凸出0.5cm，在点

25—27线段处凹入0.5cm。

14—28　1cm。

15—29　1cm。

过点24—29—28画出后片下裆线，曲线在点24—29线段处凹入1.25cm。

确定后省线：将点21—22分成三等份，标出点30和点31，分别过点30和点31作后腰围线的垂线为省的中心线，在点30处取省长为12cm，在点31处取省长为10cm，省宽各取2cm。

在点3处下降1cm，用曲线连接点26—28为后裤脚口线。

2.女西裤的裤型变化

图8-30所示为在女西裤原型上变化短裤和基本的三种裤型轮廓线：窄脚裤管、直筒裤管和喇叭裤管。

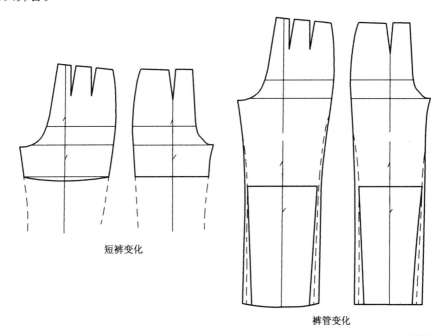

短裤变化

裤管变化

图8-30

3.女西裤款式纸样设计

图8-31所示为传统型女西裤，其款式特点为直筒型，另加直腰头，左、右前腰缝下各设1个褶裥、1个省，左、右后腰省各2个，前中门襟拉链开口。

采用号型比例点数法制图。图8-32所示为喇叭型女西裤纸样，此纸样以号型160/68A为例，裤长取$\frac{3}{5}$号+7cm，即103cm；腰围取型+2cm放松量，即70cm；臀围取净体臀围+（6~8）cm放松量，即98cm；上裆取$\frac{1}{4}$臀围+4cm腰头高，即28.5cm。

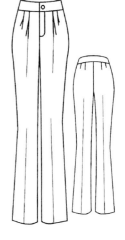

图8-31

门襟取长17cm和宽5cm；里襟取长18cm和宽8cm；裤腰头取长74cm、宽4cm；腰头粘黏合衬。前、后片各裁两片，取经向布纹线；门襟、里襟和裤腰头各裁一片，取经向布纹线。

此纸样在裁剪之前要加缝份，除在裤脚口线处加4cm缝份外，其余各边加1cm缝份。

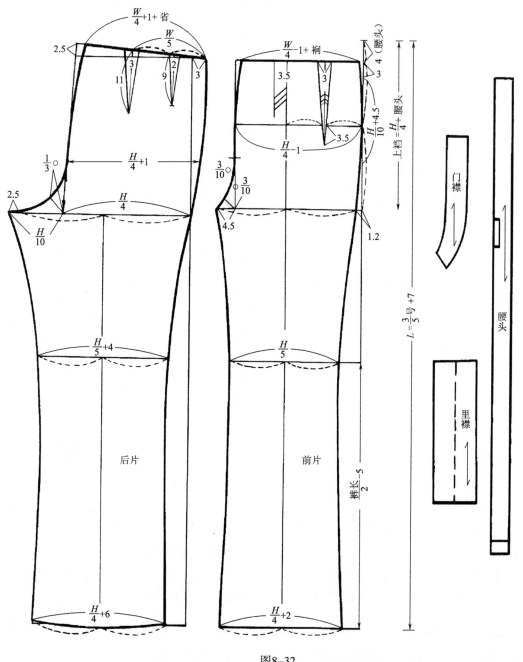

图8-32

二、牛仔裤

图8-33所示为五袋牛仔裤款式与纸样，其款式特征为前片有两个弯插袋和一个明表袋，后片有两个明贴袋，后片有育克，直腰头，前中门襟拉链开口。由于牛仔裤较贴体，在纸样制作上围度放松量比西裤小，一般臀围加4～6cm放松量；裤片原型操作步骤与西裤原型相似，仅在图8-29的基础上，修改点7—10、点18—20和点20—21之间的制图公式：点7—10=1.5cm，点18—20=2.5cm，点20—21=3cm，修改前、后省宽为1.5cm和3cm。采用裤片原型变化，将前省移到袋口、后省移到育克缝线。

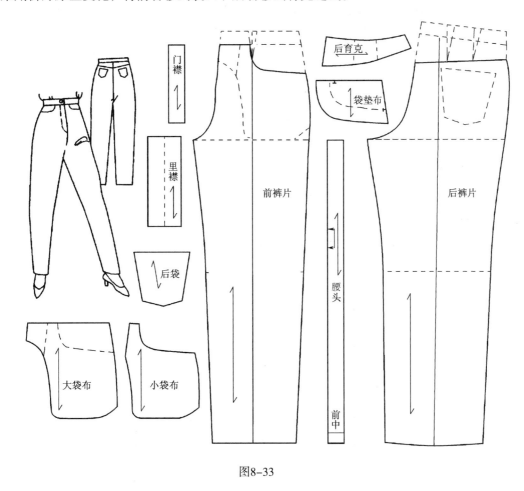

图8-33

第三节　连衣裙及旗袍纸样设计

一、连衣裙

连衣裙是上衣与裙子在腰间通过缝制或不缝制方式连成一体的裙装。连衣裙按合体程度可分为松身连衣裙、合体连衣裙和紧身连衣裙；也可以按腰切割线分为有腰横切割线和无腰横切割线连衣裙（图8-34）。连衣裙的款式纸样由上衣和裙子结构综合变化而成。

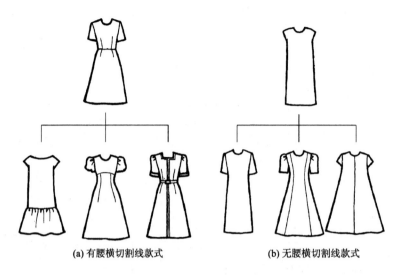

(a) 有腰横切割线款式   (b) 无腰横切割线款式

图8-34

1. 连衣裙原型

为便于不同外形的连衣裙款式变化，利用女上衣和裙子原型变化松身连衣裙、合体连衣裙和紧身连衣裙三种原型。

（1）松身连衣裙原型：如图8-35所示，将上衣原型的前、后中线延长，标出腰围基

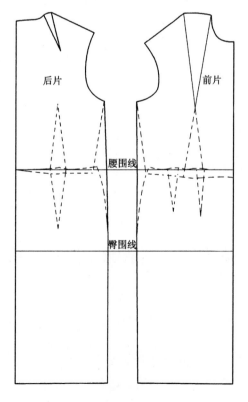

图8-35

础线，裙子原型与上衣原型连接时，重叠相连于前、后中线和腰围基础线，即重叠两条线；腋下点与臀侧点连成一直线。松身连衣裙原型的前、后中线为直线，侧缝线取直线。

（2）合体连衣裙原型：如图8-36所示，将上衣原型的前、后中线延长，裙子原型与上衣原型连接时，重叠相连于前、后中线和腰侧点，即重叠一条线和一个点。合体连衣裙原型的前、后中线为直线，侧缝线为收腰曲线。

（3）紧身连衣裙原型：如图8-37所示，将上衣原型与裙子原型连接时，重叠相连于前、后腰中点和腰侧点，即重叠两个点。紧身连衣裙原型的前、后中线和侧缝线均为收腰曲线。

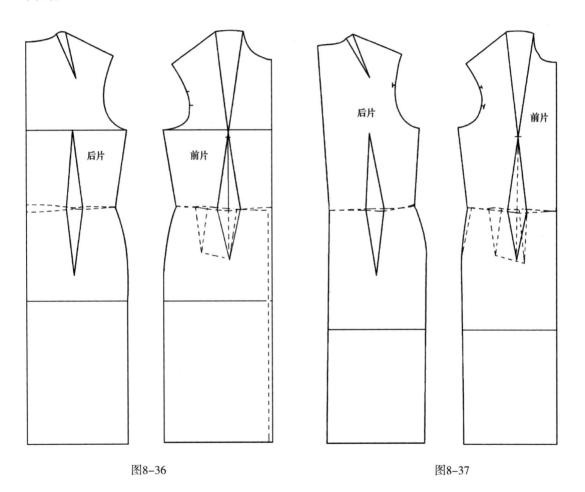

图8-36   图8-37

2.连衣裙款式纸样变化

有腰横切割线款式可以利用女上衣和裙子原型变化，无腰横切割线连衣裙则要根据连衣裙款式的合体程度而选择不同的连衣裙原型进行款式结构变化（图8-38、图8-39）。

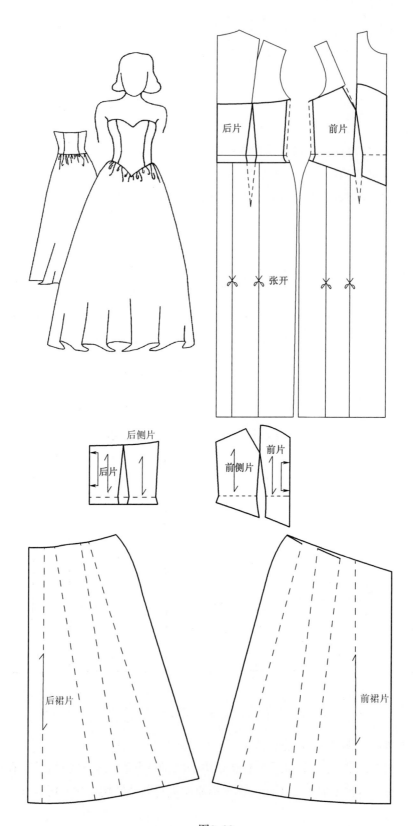

图8-38

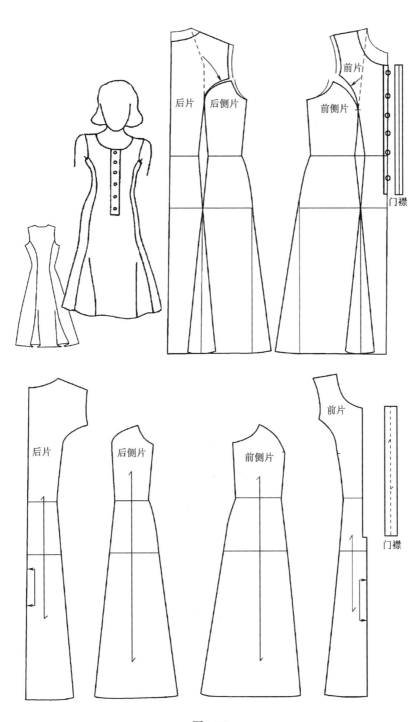

后片　后侧片　　前片　前侧片　　门襟

后片　后侧片　　前侧片　前片　　门襟

图8-39

二、旗袍

旗袍是我国的传统服装，原为清朝满族妇女所穿，辛亥革命后被汉族妇女所接受，现已成为东方女装的代表。旗袍的款式由最初的宽松型发展为贴体型，目前普通合体旗袍的结构特点是立领、前偏大襟、前片设腋下横胸省，前、后衣片收腰省，侧缝两侧开衩，盘扣、镶边、滚边和刺绣是现代旗袍的代表装饰。旗袍纸样设计可采用合体连衣裙原型进行变化，也可采用点数法操作。

1. 采用号型比例点数法制图

图8-40所示为长袖旗袍款式。图8-41所示为长袖旗袍纸样，此纸样以号型160/84A为例，衣长取 $\frac{4}{5}$ 号-8cm，即120cm；胸围取型+10cm放松量，即94cm；肩宽取 $\frac{3}{10}$ 胸围+10.4cm，即38.6cm；袖长取 $\frac{3}{10}$ 号+5cm，即53cm；领围取 $\frac{3}{10}$ 胸围+8.6cm，即36.8cm。

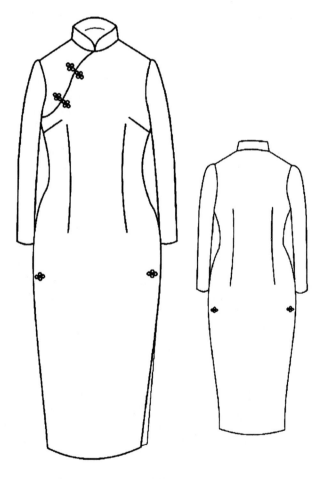

图8-40

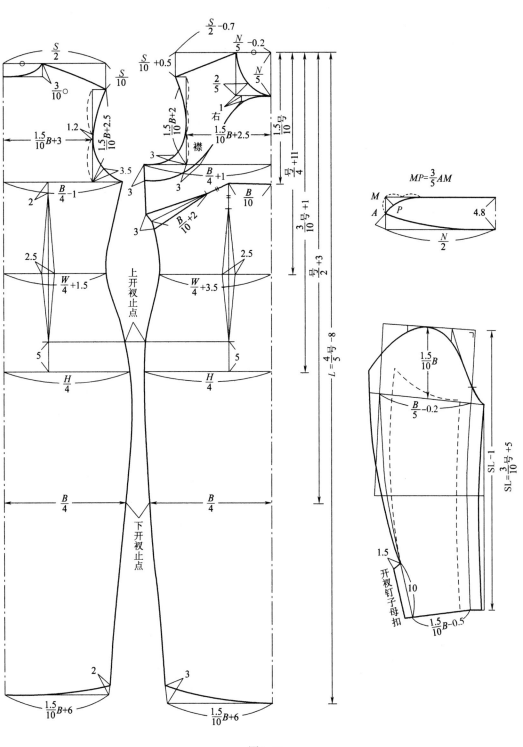

图8-41

2. 采用成品规格点数法制图

（1）绘制旗袍纸样所需尺寸：在净体胸围尺寸加8cm左右放松量，净体腰围和臀围加4cm左右放松量，作为合体旗袍成品围度尺寸，以号型160/84A、成品胸围92cm的旗袍规格为例，表8-7为绘制旗袍纸样所需尺寸。

表 8-7
单位：cm

领围（N）	胸围（B）	肩宽（S）	背宽	腰围（W）	臀围（H）	腰节长	衣长（L）	领高	袖长（SL）	袖口围
37	92	38	34	72	94	38	100	5	18	30

（2）旗袍原型绘制步骤：图8-42所示为采用成品规格点数法直接绘制旗袍，其制图步骤如下。

①后片：以点0为起点，画出垂线和水平线，其中垂线为后中线。

0—1 后竖开领，1.5cm为后领深线。

1—2 $\dfrac{胸围}{6}$+8cm，过点2画水平线为袖窿深线。

1—3 腰节长，过点3画水平线为腰围线。

3—4 腰至臀长，20cm，过点4画水平线为臀围线。

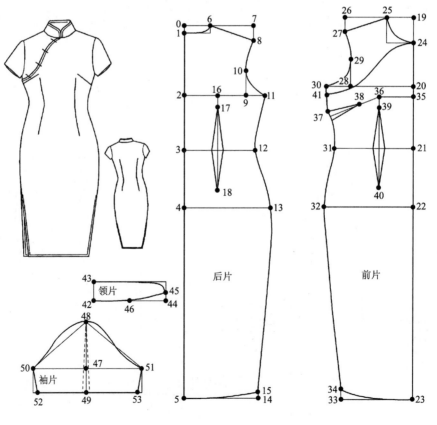

图8-42

1—5　衣长，过点5画水平线为下平线。

0—6　后横开领，$\dfrac{领围}{5}$，过点1和点6画出后领口曲线。

0—7　$\dfrac{肩宽}{2}$+0.5cm，过点7向下画垂线。

7—8　$\dfrac{肩宽}{10}$，连接点6—8为后肩线。

2—9　$\dfrac{背宽}{2}$，过点9向上画垂线。

9—10　$\dfrac{1-2}{2}$。

2—11　$\dfrac{胸围}{4}$-0.5cm，用曲线连接点8—10—11为后袖窿弧线。

3—12　$\dfrac{腰围}{4}$-0.5cm+省宽，省宽2.5cm。

4—13　$\dfrac{臀围}{4}$-0.5cm。

5—14　$\dfrac{臀围}{4}$-3cm。

14—15　1cm，曲线连接点11—12—13—15为后侧缝线，曲线连接点5—15为底边线。

2—16　$\dfrac{2-9}{2}$+1cm，过点16向下画垂线。

16—17　1cm，点18距臀围线6cm，在腰围线上取省宽2.5cm，并画出后橄榄省。

②前片：以点19为起点，画出垂线和水平线，其中垂线为前中线。

19—20　$\dfrac{胸围}{6}$+7.5cm，过点20画水平线为袖窿深线。

19—21　腰节长+3cm，过点21画水平线为腰围线。

21—22　腰至臀长，20cm，过点22画水平线为臀围线。

21—23　（3—5）+1cm，过点23画水平线为下平线。

19—24　前竖开领，$\dfrac{领围}{5}$+1cm。

19—25　前横开领，$\dfrac{领围}{5}$-0.2cm，过点24和点25画出前领口曲线。

19—26　$\dfrac{肩宽}{2}$，过点26向下画垂线。

26—27　$\dfrac{肩宽}{10}$+0.5cm，连接点25—27为前肩线。

20—28　$\dfrac{背宽}{2}$-0.5cm，过点28向上画垂线。

28—29　$\dfrac{20-24}{2}$。

20 —30　$\dfrac{腰围}{4}$+0.5cm，用曲线连接点27—29—30为前袖窿弧线。

21—31　$\dfrac{腰围}{4}$+0.5cm+省宽2.5cm。

22—32　$\dfrac{臀围}{4}$+0.5cm。

23—33　$\dfrac{臀围}{4}$-2cm。

33—34　2cm。用曲线连接点30—31—32—34为前侧缝线，用曲线连接点23—34为底边线。

20—35　2cm，过点35向画水平线。

35—36　$\dfrac{20—28}{2}$+1cm，过点36向下画垂线。

30—37　$\dfrac{30—31}{2}$，连接点36—37。

36—38　4cm，取横胸省宽3cm，画横省线，修顺点30—31线段。

36—39　2cm，点40距离臀围线7cm，在腰围线上取省宽2.5cm，画出前橄榄省。

30—41　3cm，用曲线连接点24—41为前偏大襟线。

③领片：以点42为起点，画出垂线和水平线，其中垂线为后中线。

42—43　后领高，5cm，过点43画水平线为上平线。

42—44　$\dfrac{领围}{2}$，过点44向上画垂线。

44—45　2cm。

42—46　后领口曲线段（1—6），用曲线连接点45—46—42为领下口线，用曲线连接点45—43为领上口线。

④袖片：以点47为起点，画出垂线和水平线，其中水平线为袖山深线，垂线为袖中线。

47—48　$\dfrac{袖窿弧线长}{3}$。

48—49　袖长，过点49画水平线为袖口线。

48—50　后袖窿弧线长+0.5cm，连接点48—50为后袖山弧线。

48—51　前袖窿弧线长+0.5cm，连接点48—51为前袖山弧线。

49—52　$\dfrac{袖口围}{2}$+0.5cm。

49—53　$\dfrac{袖口围}{2}$+0.5cm，在点49处重合1cm，收小袖口。

（3）旗袍纸样完成图：如图8-43所示，以前中线对折，画出全前片，描出偏大襟，在偏大襟线下加4cm贴边；除去偏大襟结构为全前片；以后中线对折，画出全后片和领片；在点49处重合袖口1cm，画出袖片，修顺袖口线。除领片取纬向布纹线外，其余都取经向布纹线；前片、后片和偏大襟各裁一片，领片和袖片各裁两片。在裁剪之前，除前片开襟线、前后片底边线和侧开衩线、领上口线、袖口线等滚边部位不加缝份外，各片纸样需加1cm缝份。领片的净样为粘衬样。

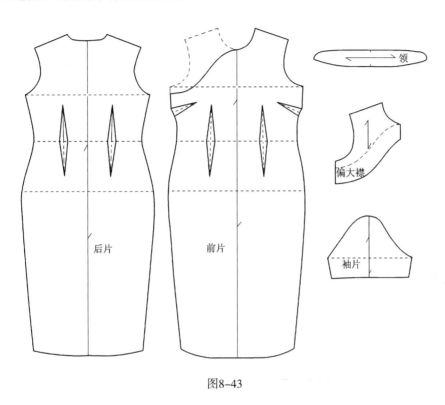

图8-43

第四节　T恤纸样设计

T恤是一种舒适轻便的针织上衣，通常以棉针织面料缝制，具有延伸性大、弹性恢复好、穿着既合体又能随着人体各部位的运动而自行扩张或收缩的特点，给人以舒适的体感。T恤缝份一般取0.5~0.7cm。

一、圆领女T恤原型

1.圆领女T恤原型所需尺寸

以女装160/84A规格为例，表8-8为绘制圆领女T恤原型纸样所需尺寸。

表8-8　　　　　　　　　　　　　　　　　　　　　　　　　　单位：cm

胸围（B）	肩宽（S）	衣长（L）	短袖长（SL_1）	长袖长（SL_2）
92	38	60	20	56

2.圆领女T恤原型制图

如图8-44所示为圆领女T恤的原型衣身和袖子纸样，绘制步骤如下。

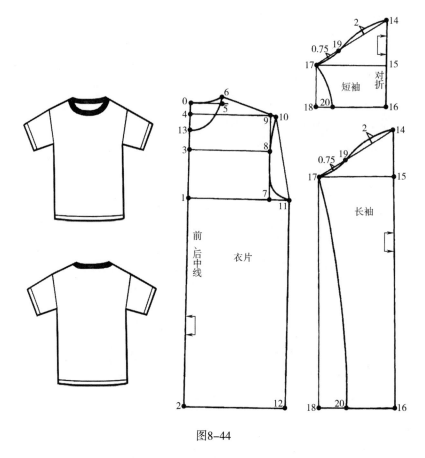

图8-44

①衣片：

0—1 $\dfrac{胸围}{6}$+7cm。

0—2 衣长。

0—3 $\dfrac{0-1}{2}$。

0—4 $\dfrac{0-3}{4}$。

0—5 $\dfrac{胸围}{20}$+2.9cm。

5—6 1.5cm。

1—7 $\dfrac{肩宽}{2}$-1cm，过点7向上画垂线与后背宽线相交于点8，与上平线相交于点9。

9—10 1cm。

1—11 $\dfrac{胸围}{4}$，过点10—8—11画出袖窿弧线，过点11向下画垂线与底边线相交于点12。

0—13　（0−5）+0.5cm，过点6和点13画出前领口弧线。

前片和后片纸样除了领口线不同外，其余部位的线条形状相同，分别取前中线和后中线为对折线。

②袖子：

14—15　$\dfrac{0-1}{2}$，过点15画水平线为袖山深线。

14—16　袖长，过点16画水平线为袖口线。

14—17　（10−11）−0.5cm（说明：测量衣身袖窿弧线），过点17向下画垂线与底边线相交于点18。

17—19　$\dfrac{14-17}{3}$，过点14—19—17，画出袖山弧线，曲线在点17—19线段处向里凹入0.75cm，在点14—19线段处向外凸出2cm。

18—20　短袖为2cm，长袖为4cm，用曲线连接点17—20为袖底缝线。袖子取袖中线14—16为对折线。

二、翻领半开襟女T恤款式

1. 翻领半开襟女T恤的款式特点

前片上部门襟翻边、明纽扣，是半开襟款式，罗纹针织翻领。

2. 纸样制图操作

利用图8-44所示的圆领女T恤原型纸样变化操作，如图8-45所示，除衣片底边、袖子袖口加2cm缝份，领口线加1cm缝份外，衣片和衣袖的其余缝纫处加0.5cm缝份。

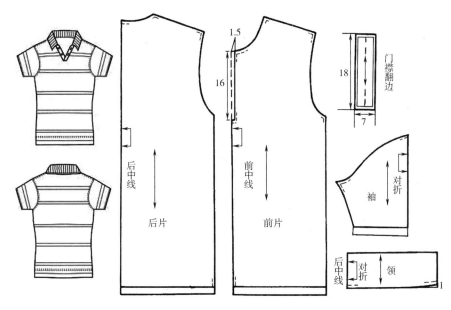

图8-45

（1）前片：在前片中线处向内减1.5cm，再向下16cm，减去门襟翻边。

（2）门襟翻边：取宽7cm、长18cm绘制门襟翻边纸样。

（3）衣领：罗纹针织领，领宽为7cm，领长为前、后领口弧线长减去0.5cm，并在前中部位向上翘1cm。

第五节　文胸及内裤纸样设计

一、文胸

文胸又称胸罩、胸衣，是女性最贴身的内衣之一，多采用超弹性纤维"莱卡"面料，紧贴身体，又塑造体型，与女性的舒适、健康和外观造型有着密切的关系。文胸从模杯可分为有垫高模杯与无垫高模杯；从罩杯形状可分为全罩杯、3/4罩杯和1/2罩杯；从肩带可分为有肩带、无肩带和两用型。文胸款式变化主要在罩着乳房的罩杯部分，立体罩杯除压塑定型外，一般都要采用分割线分成上、下两个部分，分割线一般过胸高点，或非常接近胸高点，分割线以上称为上杯片，分割线以下称为下杯片，根据款式造型的需要，分割线可以是水平的，也可以是斜向的；下杯片可以是整片的，也可以是两片缝接的。

1.文胸结构

一般文胸由胸位、肩带和背位组成，如图8-46所示。

①钩扣：可以根据下胸围尺寸进行调节。

②后肩带：支撑后背的肩带。

③肩带：可以进行长度调节，利用肩膀吊住罩杯，起到承托作用。

④圈扣：连接肩带和文胸的金属环，也称为O形扣、D字扣。

⑤调节扣：一般是0、8字扣或8、9字扣配套使用，以调节肩带的长度。

⑥比弯：罩杯靠手臂的位置，起固定支撑收拢乳房的作用。

⑦上罩杯（上托）：罩杯重要的上部分，有保护乳房，改善体型外观的作用。

⑧下罩杯（下托）：罩杯重要的下部分，有保护乳房，改善体型外观的作用。

⑨耳仔：连接罩杯与肩带的部分。

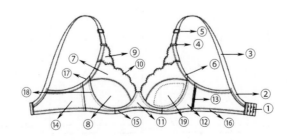

图8-46

⑩前幅：将上乳覆盖于罩杯中，防止因运动而使胸部起伏太大。

⑪鸡心：文胸的正中间部分，起定型作用。

⑫前侧片（侧比）：文胸的侧部，起定型作用。

⑬胶骨：连接后拉片与下扒的中间部分，里面一般为胶质材料，起定型作用。

⑭后拉片（后比）：帮助罩杯承托胸部并固定文胸位置，一般采用弹性大的材料。

⑮下扒：支撑罩杯，以防乳房下垂，并可将多余的赘肉拢入罩杯。

⑯下捆条：支撑乳房，可以固定文胸位置，根据下胸围尺寸确定。

⑰上捆条：将胸侧部位脂肪收束于文胸中，采用弹性材料，起到固定作用。

⑱钢圈：一般是金属的，环绕乳房半周，有支撑和改善乳房外观形状和定位的作用。

⑲杯垫：支撑和加高胸部，根据材质不同可分为棉垫、水垫和气垫。

2.文胸尺寸

文胸所需尺寸为胸围、下胸围、胸高等，而确定罩杯尺码需要胸围与下胸围两个尺寸，如图8-47所示，这两个尺寸的差值决定了罩杯的A、B、C、D等杯型：

10~12cm=A 杯	12~14cm=B杯
14~16cm=C 杯	16~18cm=D杯

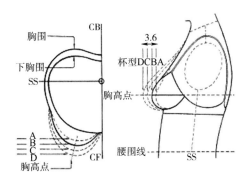

图8-47

3.文胸基本纸样制图

文胸基本纸样可以采用立体裁剪和平面裁剪的方法制图，本节只介绍由女装基本纸样变化文胸基本纸样的平面裁剪操作方法。文胸基本纸样如图8-48所示，包括前鸡心片、前

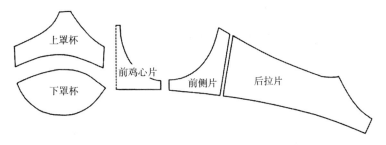

图8-48

侧片、后拉片、肩带部分和后扣部分等。

如图8-49所示，采用英式女装基本纸样变化文胸基本纸样，将前片与后片连接，取1/2人体净胸围尺寸，需在侧边减去5cm的松余量，再画出文胸基本框架部分。

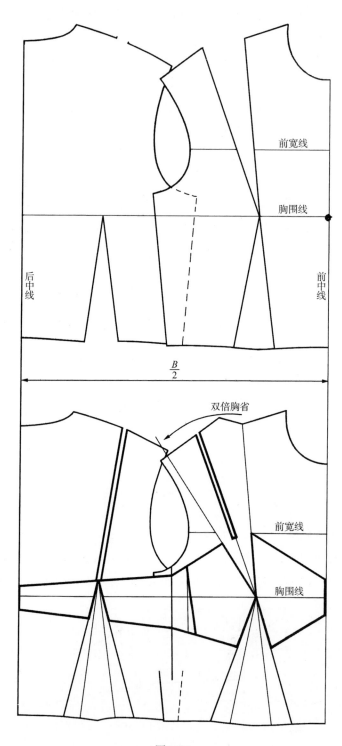

图8-49

4.文胸罩杯款式变化纸样制图

采用图8-49所示的文胸基本纸样变化各种罩杯款式纸样，如图8-50与图8-51所示。

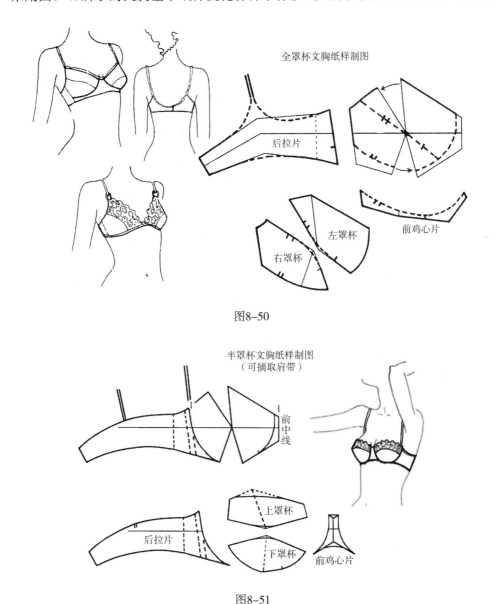

图8-50

图8-51

二、女内裤

女内裤是最紧身合体的服装，要求穿着舒适、重视健康、呵护、健美造型。内裤的款式变化较多，以穿着腰线可分为齐腰内裤、低腰内裤和比基尼内裤。

1.齐腰内裤

取齐腰内裤的裆宽8cm和底裆长16cm。如图8-52所示,纸样制图步骤如下。

以点0为起点，画出垂直线和水平线，其中垂直线为后中线。

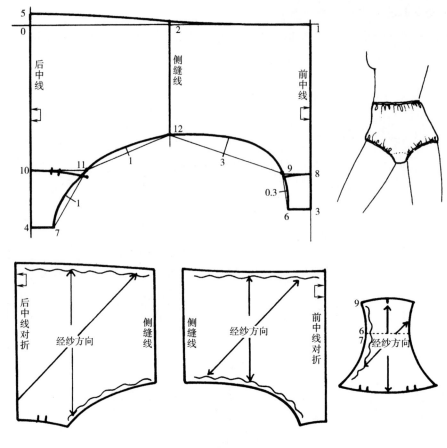

图8-52

$0{-}1$ $\dfrac{臀围}{2}$+2.5cm。

$0{-}2$ $\dfrac{0{-}1}{2}$。

$1{-}3$ 立裆深+4cm。

$0{-}4$ 立裆深+7cm。

$0{-}5$ 2cm。

$3{-}6$ $\dfrac{裆宽}{2}$即4cm。

$4{-}7$ $\dfrac{裆宽}{2}$即4cm。

$3{-}8$ 6cm。

$4{-}10$ 10cm。点3—8与点4—10共得底裆长16cm。

$8{-}9$ 5cm。

$10{-}11$ 10cm。

$2{-}12$ 侧缝长即16cm。

2. 低腰内裤

如图8-53所示,低腰内裤是将图8-52所示的齐腰内裤纸样从腰线降低一定的尺寸，取侧缝长度9cm，档宽7cm，底档长15cm，即3—8=6cm与4—10=9cm共15cm。

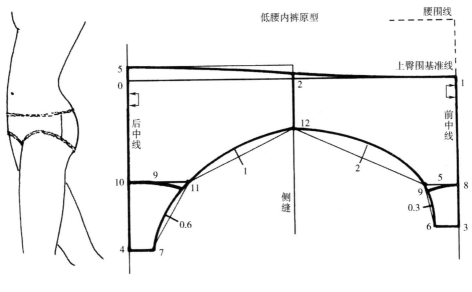

图8-53

3. 比基尼内裤

比基尼内裤无前档缝线，取档宽8cm和底档长15cm，如图8-54所示,纸样制图步骤如下。

0—1 $\dfrac{臀围}{2}$+2.5cm。

0—2 $\dfrac{0-1}{2}$。

1—3   立档深+4cm。

0—4   立档深+7cm。

0—5   2cm。

3—6 $\dfrac{档宽}{2}$即4cm。

4—7 $\dfrac{档宽}{2}$即4cm。

3—8   6cm。

4—10   9cm。点3—8与点4—10共得底档长15cm。

8—9   5cm。

10—11   10cm。

1—12   1.5cm。

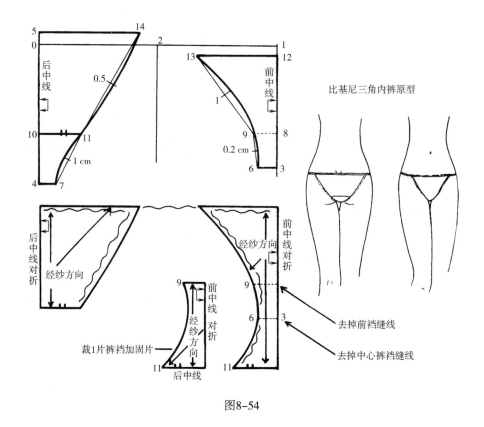

比基尼三角内裤原型

图8-54

本章要点

女装纸样设计要了解人体尺寸和服装成品规格之间的关系，人体尺寸指净尺寸，服装成品规格指服装成品的实际尺寸，它与款式流行趋势有密切关系。服装成品规格由人体尺寸加上放松量组成，放松量是判定服装合体程度的依据，通常围度放松量的多少决定服装的合体程度，长度放松量与服装流行趋势有关。

女上装的整体纸样设计就是衣片省道、分割线、衣领、衣袖等结构的变化，按照款式要求进行综合结构设计。女衬衫不同于男衬衫有一比较固定的款式，其款式千变万化，主要有前开襟、袖克夫、衣袋、领子、育克等的局部结构变化。由于结构变化多且繁杂，在纸样制图上除直接采用点数法制图外，通常还采用原型变化。马甲为无袖上衣，可穿在套装里面或与衬衫、毛衣等搭配组合，款式特点为V型领口，前开襟设单排四粒扣，前、后片有刀背缝，后腰加扣带。女西服多与西服裙搭配成职业套装。其款式变化多在纽扣位置及数量、领型、衣摆、衣袋及袖衩等部位。女大衣款式的结构变化主要在外形、长短、衣领、衣袖、开襟和口袋等部分。

裤子是包裹于人体腰部以下部位有下肢管形的结构，比裙子更显身材。裤子款式多种多样，按长度可分为短裤、中裤（五分裤）、七分裤、九分裤及长裤等；按外形可分为直筒裤、窄脚裤及喇叭裤等；按款式可分为西裤、牛仔裤、灯笼裤、马裤等。裤子的基本结构由腰头、前后裤裆、前开拉链门襟、裤管等组成。款式变化包括长短、宽度松紧、腰头、裤管及细节上的变化。

连衣裙是上衣与裙子在腰间通过缝制或不缝制方式连成的一体。连衣裙按合体程度可分为松身连衣裙、合体连衣裙和紧身连衣裙；按腰切割线可分为有腰横切割线和无腰横切割线连衣裙。连衣裙款式纸样由上衣和裙子结构综合变化而成。

旗袍是中国的传统服装，原为清朝满族妇女所穿，辛亥革命之后被汉族妇女所接受，现已成为东方女装代表之一。旗袍的款式由最初的宽松型发展为贴体型，目前普通合体旗袍的结构特点是立领、前偏大襟开襟、前片设腋下横胸省，前后衣片收腰省、侧缝两边开衩，盘扣、镶边、滚边和刺绣是现代旗袍的代表装饰。

女T恤、文胸及内裤通常以针织面料缝制，具有延伸性大，弹性回复好，穿着既合体又能随着人体各部位的运动而自行扩张或收缩的特点，给人体舒适的感觉。一般缝份取0.5~0.7cm。文胸及内裤是女性最贴身的服装，重视健康、呵护、健美造型。文胸从模杯可分为有垫高模杯与无垫高模杯；从罩杯形状可分为全罩杯、3/4罩杯和1/2罩杯；从肩带可分为有肩带、无肩带和两用型。文胸款式变化主要在罩着乳房的罩杯部分，立体罩杯除压塑定型外，一般都要采用分割线分成上、下两个部分，分割线一般过胸高点，或非常接近胸高点，分割线以上称为上杯片，分割线以下称为下杯片，根据款式造型的需要，分割线可以是水平的，也可以是斜向的；下杯片可以是整片的，也可以是两片缝接的。内裤款式变化多，以穿着腰线可以分为齐腰内裤 、低腰内裤和比基尼内裤。

本章习题

1. 简述女西装和旗袍的款式特点。

2. 绘制女衬衫、马甲、裤子、文胸及内裤纸样各需要什么尺寸？

3. 分别说明普通合体女衬衫、旗袍、西裤生产纸样包含哪些纸样？

4. 绘制女西装生产纸样包含哪些纸样？

5. 文胸与内裤裁片各包含哪些纸样？

应用与实践——

男装纸样设计

本章内容： 1. 上装纸样设计

2. 裤装纸样设计

3. T恤纸样设计

4. 内裤纸样设计

教学时间： 14课时

学习目的： 让学生掌握男式衬衫、马甲、夹克、西服、大衣、西裤、牛仔裤、T恤及内裤的纸样设计。

教学要求： 掌握男式衬衫、马甲、夹克、西服、大衣、西裤、牛仔裤、T恤、内裤的整体及部件纸样设计方法，了解它们各种款式变化的制图方法；学会利用以上知识点分析和解剖各式男装的款式变化原理及其纸样设计方法。

第九章　男装纸样设计

第一节　上装纸样设计

一、男式衬衫

传统男式衬衫即礼服衬衫，包括普通衬衫，指能和普通西装、运动西装、黑色套装、礼服等任何套装组合穿用的内衣化衬衫。而休闲衬衫是不与外衣裤有搭配关系的外衣化衬衫。

图9-1

1. 传统男式衬衫款式特征

图9-1所示为传统男式衬衫，其款式结构特点为日常穿用，胸围放松量20cm，圆形下摆，前开襟单排扣，左前胸有明贴袋，前、后有育克（担干），后育克处有褶裥，衬衫领既有领座，也有翻领，衬衫袖有袖克夫及剑形袖衩。

2. 绘制传统男式衬衫纸样所需尺寸

以胸围100cm的成人规格为例，表9-1所示为传统男式衬衫制图所需尺寸。

3. 传统男式衬衫纸样绘制步骤

图9-2所示为传统男式衬衫纸样图，此纸样包含1cm的缝份。如果是用于大批量生产的衬衫纸样，通常会将1cm的缝份减至0.5cm。

表9-1　　　　　　　　　　　　　　　　单位：cm

领围（N）	胸围（B）	袖窿深	腰节长	衣长（L）	半背宽	袖长（SL）	袖口围
40	100	24.4	44	80	20	61	23

（1）衣片：以点0为起点，画出水平线和垂线，其中垂线为后中线。

0—1　袖窿深+4cm，过点1画水平线为袖窿深线。

0—2　腰节长+3cm，过点2画水平线为腰围线。

0—3　衣长+4cm，过点3画水平线为下平线。

1—4　$\dfrac{胸围}{2}$+12cm，过点4画垂线，向上与点0的水平线相交于点5，向下与下平线相交于点6。

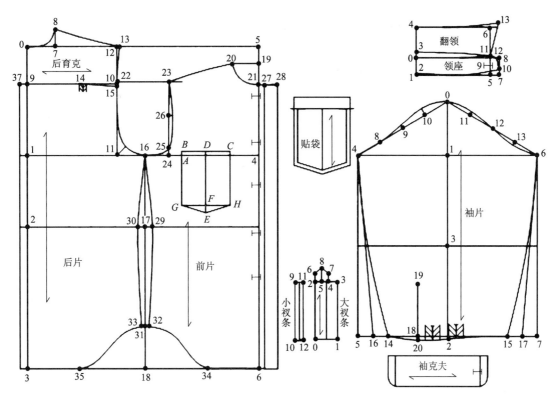

图9-2

0—7　$\dfrac{领围}{5}$-0.5cm，过点7画垂线。

7—8　4.5cm，过点0和点8画出后领口弧线，曲度距离点7为2cm。

0—9　$\dfrac{0—1}{4}$+2cm，过点9画水平线为后育克线。

9—10　半背宽+4cm，过点10画垂线，向下与袖窿深线相交于点11，向上与点0的水平线相交于点12。

12—13　0.75cm，用曲线连接点8—13为后肩线，曲线凹入0.5cm。

10—14　10cm。

10—15　0.75cm，用（稍微）曲线连接点14—15。

1—16　$\dfrac{1—4}{2}$+0.5cm，过点16画垂线，向下与腰围线相交于点17，与下平线相交于点18。

5—19　4.5cm，过点19画水平线。

19—20　$\dfrac{领围}{5}$-1cm。

19—21　$\dfrac{领围}{5}$-2.5cm，过点20和点21画出前领口弧线。

10—22　0.25cm。

20—23　（8—13）+0.5cm，用曲线连接点20—23为前育克线，曲线凸出0.5cm。

1—24　$\dfrac{\text{胸围}}{3}+4.5\text{cm}$，过点24向上画垂线。

24—25　3cm，用直线连接点23—25。

23—26　$\dfrac{23\text{—}25}{2}$，过点13—10—15—16—25—23画出袖窿弧线，其中后袖窿弧线的曲度距离点11为3cm，前袖窿弧线的曲度距离点24为1.75cm，在线段23—25处凹入1cm为点26。

21—27　1.5cm为搭门，过点27向下画垂线至下平线。

27—28　3.5cm为门襟贴边，过点28画垂线至下平线。在点28处上升约0.5cm，与点27连接。

17—29　2cm。

17—30　2cm。

18—31　10cm，过点31画水平线。

31—32　1cm。

31—33　1cm，过点16—30—33画出后侧缝线，过点16—29—32画出前侧缝线。

点34为$\dfrac{6\text{—}18}{2}$；点35为$\dfrac{3\text{—}18}{2}$。

用曲线连接点33—35和点32—34。过点3—35—33为后下摆底边曲线，过点32—34—6为前下摆底边曲线。

9—37　2cm，为褶裥宽，过点37向下画垂线至下平线。

（2）袖克夫：画长方形，取袖克夫长=袖口围+4cm，袖克夫高=款式要求的袖克夫高（如6cm）+2cm，按款式要求画出圆形袖克夫纸样，标明扣眼位。

（3）袖子：以点0开始向下画垂线。

0—1　袖山高=$\dfrac{\text{袖窿弧长}}{4}$（说明：袖窿弧线长度在衣片纸样上用竖直软尺测量袖窿曲线），过点1画水平线为袖山深线。

0—2　袖长–袖克夫高+2cm，过点2画水平线为袖口围线。

1—3　$\dfrac{1\text{—}2}{2}$，过点3画水平线为袖肘线。

0—4　$\dfrac{\text{袖窿弧长}}{2}$，过点4向下画垂线与袖口线相交于点5。

0—6　$\dfrac{\text{袖窿弧长}}{2}$，过点6向下画垂线与袖口线相交于点7。

将线段0—4四等分，标记点8、点9、点10。将线段0—6四等分，标记点11、点12、点13。过点4—8—0—12—6画出袖山弧线，其中曲线在点9处凸出1cm，在点10处凸出2cm，在点11处凸出1cm，在点13处凹入1cm。

5—14　$\dfrac{2\text{—}5}{3}$。

7—15　$\dfrac{2\text{—}7}{3}$。

点16为 $\dfrac{5-14}{2}$，用直线连接点4—16。

点17为 $\dfrac{7-15}{2}$，用直线连接点6—17，分别用曲线连接点4—14和点6—15为袖子内缝线。

点18为 $\dfrac{2-14}{2}$，过点18向上画垂线。

18—19　15cm。

18—20　1cm，用曲线连接点14—20—2—15为袖口缝线，并在袖口缝线上标记褶裥符号。褶裥分量=（14—15）-袖克夫长+袖衩条宽。

（4）袖衩条：以点0为起点，画出呈直角的垂线和水平线。

0—1　（大袖衩条宽+0.5cm）×2，过点1向上画垂线。

0—2　袖子纸样的（19—20）+1cm，过点2画水平线与点1的垂线相交于点3。

3—4　大袖衩条宽。

2—5　$\dfrac{2-4}{2}$，过点5向上画垂线。

2—6　2cm。

4—7　2cm。

5—8　3cm，用直线连接点6—8和点7—8，完成大袖衩条纸样。

小袖衩条纸样以点9为起点。

9—10　袖子纸样的（19—20）+1cm，过点10画水平线。

9—11　（小袖衩条宽+0.5cm）×2，过点11向下画垂线与点10的水平线相交于点12，用直线连接点11—12，完成小袖衩条纸样。

（5）领子（两片领）：以点0为起点，画出呈直角的垂线和水平线，其中垂线为领后中线；水平线为领下口线。

0—1　领座高+2cm+0.5cm，其中2cm为缝份。过点1画水平线。

1—2　0.5cm。

0—3　1.5cm。

3—4　翻领高+2cm，其中2cm为缝份。过点4画水平线为领外口线。

1—5　$\dfrac{领围}{2}$，过点5向上画垂线与领外口线相交于点6。

5—7　搭门+1cm，1cm为缝份。过点7向上画垂线与领座上口线相交于点8。

5—9　1cm。

7—10　1.5cm，过点2—9　10画出领下口弧线。

9—11　领嘴高+2cm，2cm为缝份。

过点10作9—10的垂线与线段0—8相交于点12，曲线连接点0—11—10为领座的上口线。点6向右2cm并与点11连接。

11—13　翻领前领尖长+2cm，2cm为缝份。

曲线连接点4—13为翻领外口线。

（6）左前胸贴袋：在前片纸样上确定左前胸贴袋位置。

24—A　3.5cm，过点A画垂线。

A—B　1cm，过点B画水平线。

B—C　前胸贴袋口宽，过点C向下画垂线。

B—D　$\dfrac{B—C}{2}$，过点D向下画垂线。

D—E　前胸贴袋长。

E—F　1.5cm，过点F画水平线与点B的垂线相交于点G，与点C的垂线相交于点H，连接点G—E和点E—H。

画出贴袋形状后，除袋口线边线加出3cm外，其余边线加出1cm缝份。

上述纸样除育克和袖克夫取布纹纬线外，其余纸样均取布纹经线。后育克和后片纸样以后中线为对折线，各裁1片；前片、袖子、领子、大袖衩条和小袖衩条纸样各裁2片，其中领子以领后中线为对折线；袖克夫纸样裁4片。

4. 衬衫前开襟的结构变化

衬衫前开襟的款式变化是主要的局部结构变化。图9-3所示为衬衫普通纽扣开襟、门襟翻边明纽开襟、门襟翻边暗纽开襟，前面介绍的衬衫开襟款式就是普通纽扣开襟。

(a)普通纽扣开襟　　　(b)门襟翻边明纽开襟　　　(c)门襟翻边暗纽开襟

图9-3

（1）门襟翻边明纽开襟：因缝纫方法和布料不同，门襟翻边明纽开襟的裁剪方法也不同，可有下面三种制图方法。

①单层门襟翻边明纽开襟：图9-4所示为单层门襟翻边明纽开襟的纸样，其结构的组成部分有前片和翻边，前片纸样是在前中线边缘加出搭门，再加出1cm缝份；取长度等于前片中线长度，宽度是搭门的2倍，画出门襟翻边纸样，再在两边分别加上1cm缝份。

②双层门襟翻边明纽开襟：图9-5所示为双层门襟翻边明纽开襟的纸样，其结构的组成部分有前片和翻边纸样，即前片纸样是在前中线处加出搭门；而门襟翻边纸样，取长度等于前片中线长度，宽度是搭门的4倍，分别在两边线加1cm的缝份。

③连身门襟翻边明纽开襟：图9-6所示为连身门襟翻边明纽开襟纸样，其门襟翻

边与前片连接在一起，前片纸样在前片中线处加出搭门后，加2倍的搭门宽度，再加1cm缝份。

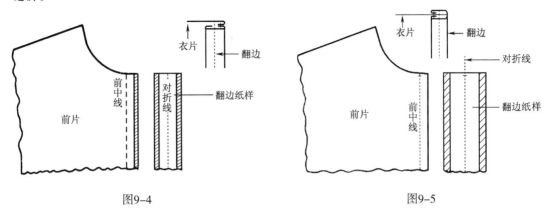

图9-4   图9-5

（2）门襟翻边暗纽开襟：图9-7所示为门襟翻边暗纽开襟纸样，其门襟翻边也是与前片连接在一起的，前片纸样在前片中线处加出搭门后，接着加出3个翻边宽度的分量（说明：每个翻边宽度等于搭门的2倍），再加1cm缝份。

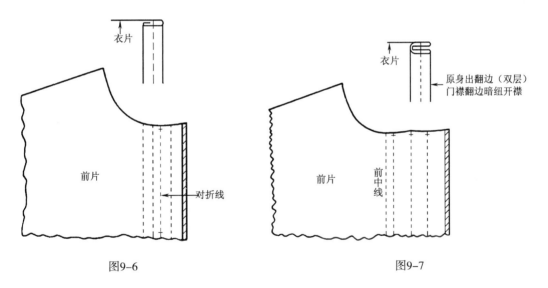

图9-6   图9-7

5. 衬衫的中式比例制图法

（1）绘制传统男式衬衫纸样所需尺寸：以男子号型规格为170/88A即胸围110cm成品规格为例，表9-2所示为衬衫比例制图所需尺寸。

规格计算：

$$衣长 = \frac{2}{5}号 + 4cm = 72cm$$

$$胸围 = 型 + 22cm（包括肩褶4cm）= 110cm$$

$$肩宽 = \frac{3}{10}胸围 + 12.4cm = 45.4cm$$

$$领围 = \frac{3}{10}胸围 + 6cm = 39cm$$

$$袖长=\frac{3}{10}号+8cm=59cm$$

$$袖口围=\frac{胸围}{5}=22cm$$

$$袋口宽=\frac{0.5}{10}胸围+5.5cm=11cm$$

表9-2 单位：cm

领围（N）	胸围（B）	衣长（L）	肩宽（S）	袖长（SL）	袖口围
39	110	72	45.4	59	22

（2）男式衬衫中式比例制图法：图9-8所示为男式衬衫衣身基本制图，款式造型为H

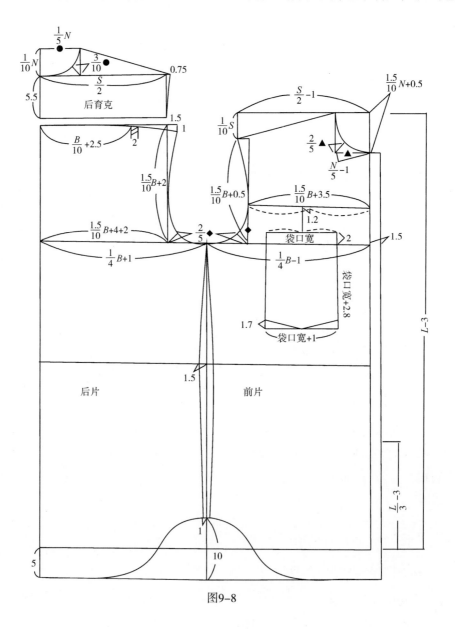

图9-8

型，后育克下有褶裥，由前片开始制图。

图9-9所示为男式衬衫袖片基本制图，衬衫袖有褶裥；图9-10所示为男式衬衫袖克夫和领子基本制图，袖克夫为圆角，领子为圆角领嘴。

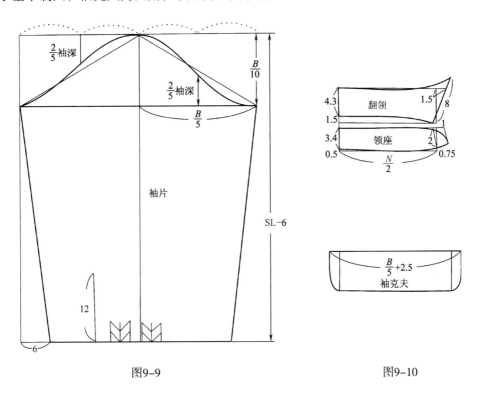

图9-9   图9-10

二、男式马甲（西式背心）

男式马甲在礼仪上可分为普通马甲和礼服马甲。普通马甲是与西装、运动西装和西裤配合穿用的，可分为三件套马甲和运动型马甲；礼服马甲主要与礼服西装、燕尾服等配合穿用，有塔士多礼服马甲、燕尾服马甲、晨礼服马甲等。礼服马甲已从普通马甲的护胸、护腰作用转变为以护腰为主的装饰和礼仪作用，如卡玛绉饰带、简式燕尾服马甲等。

1. 男式马甲的结构特点

（1）男式马甲与西装、西裤形成同一材质的配套组合服。衣长不宜过短或过长，衣长可设计在腰围线下约9cm处，也可采用背宽线至袖窿深线距离相等或采用此距离的二分之一，前衣摆三角形追加量可采用此数值。衣长较长的款式可适当在侧缝开衩，对腰部活动起调节作用。

（2）由于男式马甲穿在衬衫和西装之间，因而在结构上必须比西装的放松量要小，其后背缝的收腰量稍大些，收腰量可集中在前片；袖窿深线比西装的袖窿深线稍加大2~6cm，袖窿也就开得稍大。

（3）男式马甲的后片面料采用里料或薄绸料，前片面料采用与西装相同的面料，致使后领口的强度不够，因此可采取像燕尾服马甲的结构，将前片结构延伸至后领座，以加强后领口牢度，或可在后领口内层加入牵条。

2. 普通马甲的点数制图法

图9-11所示为普通马甲，款式特点为六粒纽扣，V型领口，单排扣开襟，前后片分别设有腰省，前片有左右对称的手巾袋和前插袋，下摆侧缝开衩，前片下摆呈V型。

图9-11

（1）绘制男式马甲原型纸样所需尺寸：以胸围100cm的男士规格为例，表9-3所示为绘制男式马甲原型纸样所需尺寸。

（2）男式马甲原型纸样绘制步骤：图9-12所示为男式马甲原型纸样，此纸样包含1cm的缝份，在大批量生产中，以此纸样作为面层纸样，在此基础上制作里层纸样。

表9-3

单位：cm

领围（N）	胸围（B）	袖窿深	腰节长	半背宽
40	100	24.4	44.6	20

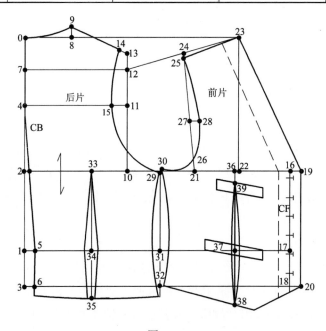

图9-12

以点0为起点，画出垂线和水平线，其中垂线为后中线，水平线为上平线。

0—1　腰节长+1cm，过点1画水平线为腰围线。

0—2　袖窿深+4cm，过点2画水平线为袖窿深线。

1—3　7.5cm（定数），过点3画水平线为下平线。

0—4　$\dfrac{0—2}{2}$，过点4画水平线为背宽线。

1—5　2cm，过点5向下画垂线与下平线相交于点6，曲线连接点4—6，点0—4—6为后背缝线。

0—7　$\dfrac{袖窿深}{4}$，过点7画水平线。

0—8　$\dfrac{领围}{4}$−1cm，过点8向上画垂线。

8—9　2cm，绘出后领口弧线0—9。

2—10　$\dfrac{后背宽}{2}$+2cm，过点10向上画垂线与背宽线相交于点11，与过点7的水平线相交于点12。

12—13　2.5cm，连接点9—13。

13—14　2cm。

15—11　3cm。

2—16　$\dfrac{胸围}{2}$+5cm，过点16向下画垂线，与腰围线相交于点17，与下平线相交于点18。

16—19　搭门宽为2.5cm，过点19向下画垂线与下平线相交于点20。

10—21　$\dfrac{胸围}{6}$−2.5cm。

16—22　$\dfrac{16—21}{2}$+0.5cm，过点22向上画垂线，与上平线相交于点23，连接点12—23。

23—24　（9—14）+0.5cm。

24—25　1cm，曲线连接点23—25为前肩斜线。

21—26　3cm，用直线连接点25—26。

26—27　$\dfrac{25—26}{3}$。

27—28　1.5cm。

10—29　$\dfrac{10—21}{2}$，过点29画垂线，向上0.5cm为点30，向下与腰围线相交于点31，与下平线相交于点32。

过点14—15—29画出后袖窿弧线；过点25—28—26—30画出前袖窿弧线；过点23—19画出前V型领口线，点19—20为前门襟止口线。

在后片下平线处向下平行加出2cm，画出轻微曲线为后片底边线。

2—33　$\dfrac{2—10}{2}$+2.5cm，过点33向下画垂线与腰围线相交于点34，与底边线相交于点35。

画后腰省：在点34处取省宽2.5cm，在点35处取省宽1cm，画出后腰省线。

22—36　1cm，过点36向下画垂线与腰围线相交于点37。

37—38　14cm，点38为省下尖点。

36—39　2.5cm，点39为省上尖点，在点37处取省宽为1.5cm，画出腰省线。

曲线连接点20—38和点32—38为前片的底边线。

分别画出前、后片侧缝线，曲线在点31处的收腰量各为2cm，在点32处的收腰量各为1cm。完成前、后片的原型纸样。

（3）普通马甲各部分的完成纸样：如图9-13所示。

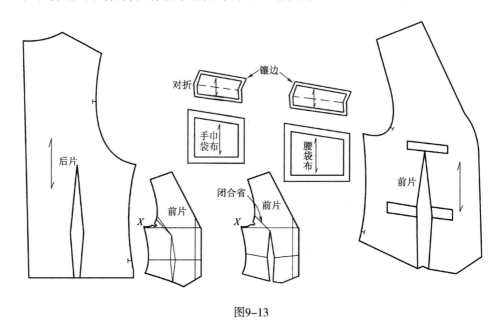

图9-13

①后片：绘出男式马甲的后片原型纸样，在侧缝距离底边线4cm处标出开衩对位点和省线对位点，裁2片，取布纹经线。

②前片：绘出男式马甲的前片原型纸样，在袖窿弧线处取一点 X，和腰省上尖点连接，再画出一个小的胸省（小胸省宽度在袖窿弧线上取0.75cm），然后将此小胸省关闭，腰省中心线则分开，使小胸省转移至腰省处，修顺下摆底边线。

确定手巾袋位置：在袖窿深线处，距离前中线约6cm处，取袋口线长为8cm，镶边宽为2cm。

确定腰袋位置：在腰围线上，距离前中线约6cm处，取袋口线长为11cm，镶边宽为2cm，画出腰袋位置线，标明袋口线。

在侧缝距离底边线2cm处标明开衩对位点及前袖窿弧线对位点，裁2片，取布纹经线。

③手巾袋镶边：绘出手巾袋镶边纸样，以上口线为对折线，再绘出同样大小的镶边纸样，并在各边缘线加1cm缝份。

④手巾袋袋布：绘出手巾袋的袋口线，在两侧分别向下画垂线，取袋布长10cm，画出水平线为袋底，在袋口线和袋底线处加1cm缝份，在两侧边线加2cm缝份。

⑤腰袋镶边和袋布：制图方法与上述手巾袋的镶边和袋布相同。

（4）男式马甲里料的完成纸样：图9-14所示为男式马甲里料的完成纸样。在里料纸样图上，画斜线部分为挂面和前片底边贴边，采用与西装相同的面料，其余则采用里料裁剪。

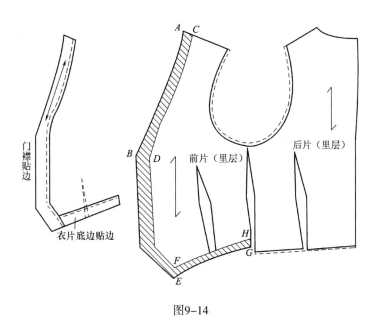

图9-14

①挂面：绘出马甲前片纸样，在V型领口线A—B处向内3cm画出平行线C—D，再在门襟止口线B—E处向内4cm画平行线D—F，绘出A—B—E—F—D—C结构部分，并在C—D—F线处加出1cm缝份。

②前片底边贴边：绘出前片底边线，关闭腰省，在底边线上平行E—G画出3cm边线为F—H，在F—H边线处加出1cm缝份。

③前里：绘出前片纸样，除去挂面和底边贴边部分的前里纸样，即绘出C—D—F—H线的前片纸样，再在袖窿弧线处平行减去0.2cm，在F—H的底边缝线上加出1cm放松量后再加出1cm缝份；在C—D—F边线处加出1cm缝份。

④后里：绘出后片纸样，在后背缝线处平行加出2cm褶裥。在袖窿弧线处平行减去0.2cm，在底边线处向上平行减去0.2cm，标明腰省线位、后袖窿弧线对位点和开衩对位点。完成后里纸样。

3. 男西装马甲的比例制图法

（1）绘制传统男西装马甲纸样所需尺寸：以胸围98cm成品规格为例，表9-4所示为男西装马甲比例制图所需尺寸。

衣长=$\frac{3}{10}$号+7.5cm=58.5cm

胸围=型+10cm=98cm

腰节长=$\frac{号}{4}$+1.5cm=44cm

表9-4   单位：cm

胸围（B）	衣长（L）	腰节长
98	58.5	44

（2）男西装马甲比例制图法：如图9-15所示。

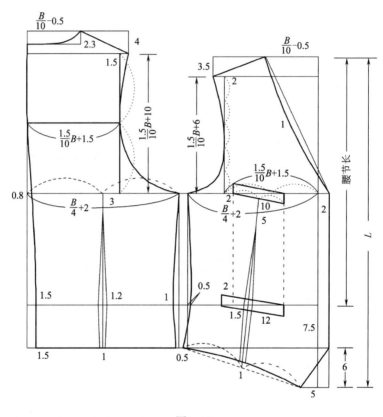

图9-15

（3）男西装马甲面层结构的生产纸样：图9-16所示为男西装马甲面层结构的生产纸样，由于后片采用薄绸面料，前身采用与西装相同的面料，在强度上明显不足，因此可增加后领条，其制图时将后领条与前衣片的肩缝连接。除袋布两侧增加2cm缝份以外，其余边缘均增加1cm缝份。

（4）男西装马甲里层结构的生产纸样：图9-17所示为男西装马甲里层结构的生产纸样，为了增强里布的耐穿性，需加大背部的放松量，所以在后中线处增加一个2cm的褶裥，同时为避免袖窿弧线反光，面层比里层大0.2cm，前片和后片的袖窿处平行减去0.2cm。前衣片减去挂面和下摆贴边为前片里布，注意下摆贴边应将腰省合并，修顺线条。除前衣片下摆贴边增加2cm缝份以外，其余边缘均增加1cm缝份。

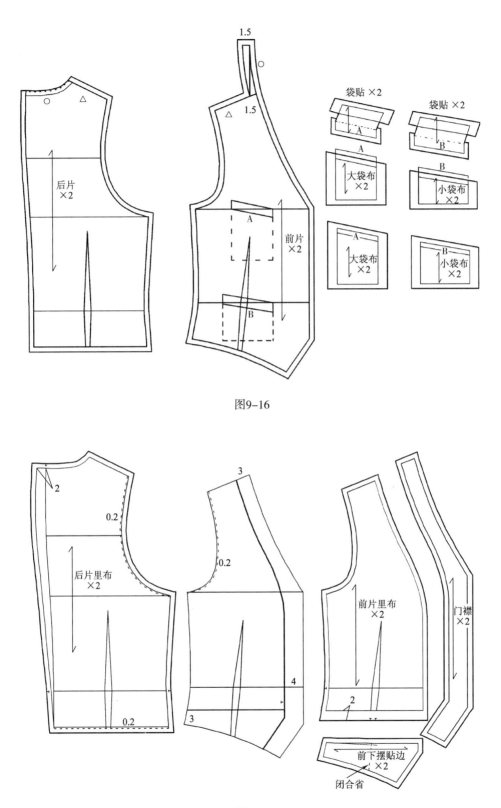

图9-16

图9-17

三、男式夹克

男式夹克款式多种多样，是男装变化最多的一种休闲服装。采用男式夹克原型纸样进行款式变化，是一种很方便的制图方法。

1.男式夹克

（1）绘制男式夹克原型纸样所需尺寸：以胸围100cm的男士规格为例，表9-5所示为绘制男式夹克原型纸样所需尺寸。

表9-5 单位：cm

领围（N）	胸围（B）	袖窿深	腰节长	衣长（L）	半背宽	袖长（SL）
40	100	24.4	44.6	70	20	65.4

（2）男式夹克原型纸样绘制步骤：图9-18所示为男式夹克原型纸样，此纸样除注明"无缝份"的边线以外，其余边缘均包含1cm的缝份，后片肩线有1cm容缩量。

①衣片：以点0为起点，画出垂线和水平线，其中垂线为后中线。

0—1 袖窿深+3cm，过点1画水平线为袖窿深线。

0—2 腰节长+1cm，过点2画水平线为腰围线。

0—3 衣长+1cm，过点3画水平线为下平线。

2—4 21cm，过点4画水平线为臀围线。

0—5 $\dfrac{袖窿深}{2}$+1cm，过点5画水平线为背宽线。

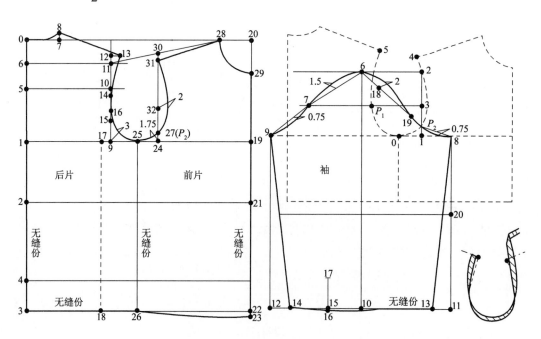

图9-18

0—6 $\dfrac{0-5}{2}$，过点6画水平线。

0—7 $\dfrac{领围}{4}$-1.5cm，过点7向上画垂线。

7—8 2cm，过点0和点7画出后领口弧线。

1—9 $\dfrac{后背宽}{2}$+2cm，过点9向上画垂线与后背宽线相交于点10，与点6的水平线相交于点11。

11—12 2cm，过点12向右画水平线。

12—13 2cm，用直线连接点8—13。

10—14 1.5cm。

9—15 $\dfrac{9-10}{2}$-1.5cm。

15—16 0.5cm。

9—17 2.5cm，过点17向下画垂线与下平线相交于点18。

1—19 $\dfrac{胸围}{2}$+7.5cm，过点19画垂线，向上与上平线相交于点20；向下与腰围线相交于点21，与下平线相交于点22。

22—23 2cm。

1—24 $\dfrac{胸围}{3}$+0.5cm，过点24向上画垂线。

24—25 $\dfrac{9-24}{2}$-1cm，过点25向下画垂线与下平线相交于点26，曲线连接点23—26为前片底边弧线。

24—27 2.5cm，标明为前袖窿对位点 P_2。

20—28 $\dfrac{领围}{4}$-2cm，用直线连接点11—28。

20—29 $\dfrac{领围}{5}$+1cm，过点28—29画出前领口弧线。

28—30 （8—13）-0.5cm，用直线连接点27—30。

30—31 1.75cm，曲线连接点28—31为前肩斜线。

27—32 $\dfrac{27-31}{3}$。

过点13—14—16—25画出后袖窿弧线，曲线距离点9为3cm。

过点31—27—25画出前袖窿弧线，曲线在点32处凹入2cm，距离点24为1.75cm。

②袖子：绘出衣片袖窿部位纸样，向后中线方向延长袖窿深线，标明前袖窿弧线对位点P_2和腋下点0，过点P_2画垂线与袖窿深线相交于点1。

1—2 $\dfrac{袖窿弧长}{3}$（说明：测量衣身纸样的袖窿弧线长度，注意应以软尺竖直测量为准），过点2画水平线为上平线。

1—3 $\dfrac{1-2}{2}$，过点3画水平线与后袖窿弧线相交于点P_1，即为后袖窿弧线对位点。标明前肩点为点4和后肩点为点5。

P_2—6 为衣身的4—P_2（说明：测量直线长度）+2cm，点6在上平线上。

6—7 为衣身的5—P_1（说明：测量直线长度）+1.5cm，点7在点3的水平线上。

P_2—8 为衣身的P_2—0（说明：测量曲线长度）+0.75cm，点8在袖窿深线上。

7—9 为衣身的P_1—0（说明：测量曲线长度）+0.75cm，点9在袖窿深线上。分别过点6、点8和点9向下画垂线。

6—10 袖长+1cm，过点10画水平线与点8的垂线相交于点11，与点9的垂线相交于点12。

11—13 5cm，用直线连接点8—13为内袖缝线。

12—14 5cm，用直线连接点9—14为内袖缝线。

10—15 $\dfrac{10-14}{2}$。

15—16 1cm，用曲线连接点14—16—13为袖口线，过点16向上画垂线。

16—17 10cm，为袖衩线长度。

6—18 $\dfrac{6-P_2}{3}$。

P_2—19 4cm。

过点9—7—6—19—P_2—8画出袖山弧线，曲线在8—P_2线段处凹入0.75cm，在6—P_2线段处凸出2cm，在6—7线段处凸出1.5cm，在7—9线段处凹入0.75cm。

11—20 $\dfrac{8-11}{2}$+2.5cm，过点20画水平线为袖肘线。

2.衬衫式男夹克

（1）衬衫式男夹克款式特征：图9-19所示为衬衫式男夹克款式和衣身变化图，其款式特点为缉明线，中等合体程度，直企领，前身育克缝上有暗裥的明贴袋，并附加袋盖；后身育克缝上有左右对称的活褶裥，衬衫袖。

（2）衬衫式男夹克纸样绘制步骤：首先改变前、后领口线，即平行扩大领口线1cm，在前中线处加出2cm的搭门，画出门襟缝份线。用虚线画出挂面边线。然后依据款式要求，画出前、后育克线和后褶裥位置，在前育克线之下，画出袋盖和贴袋纸样，其中袋盖宽度为13cm，高度为6cm，袋盖位置距离前袖窿线3cm，贴袋宽度为13cm，高度为15cm，贴袋口距离育克线为2cm，并在衣袋中线处画出褶裥线。

（3）衬衫式男夹克的完成纸样：图9-20所示为衬衫式男夹克的完成纸样，在上述结构图的基础上分别绘制各部件的完成纸样。

①后片：在上述的衣身草图中，绘出后育克线之下的后片纸样，并沿后褶裥的位置线剪开，张开褶裥宽度为6cm，画出褶裥线对位记号。在育克缝线和侧缝线处加出1cm缝份，在底边线处加出2cm的缝份，取后中线为对折线。

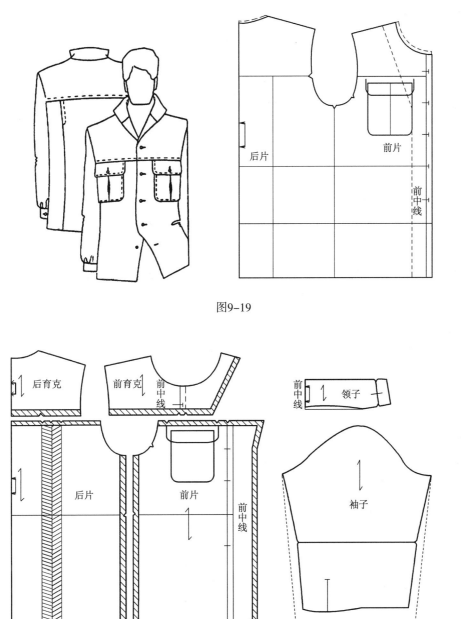

图9-19

图9-20

②后育克：绘出后育克线之上的纸样，然后在后育克缝线处加出1cm缝份。以后中线
为对折线。

③前片：绘出前育克线之下的纸样，标明前袋盖和贴袋位置，以门襟止口线为对折

线，绘出挂面的边线形状。在前育克线、侧缝线和挂面边线处分别加出1cm缝份，在底边线加出2cm缝份。

④前育克：绘出前育克线之上的纸样，以门襟止口线为对折线，绘出连身挂面边线和领口线，在前育克缝线和挂面边线处各加出1cm缝份。

⑤袋盖：绘出袋盖纸样，在各边缘处加出1cm缝份。

⑥贴袋布：绘出贴袋布的纸样，沿袋中心线剪开，并展开6cm的褶裥分量，标明褶裥的对位点，在袋口线处加出2cm缝份，其余各边缘加出1cm缝份。

⑦领子：领子制作参见立领的制图方法，在此不详述。完成的领子是以后中线为对折线，其余各边缘需加出1cm缝份，并画出扣眼位。

⑧袖子：绘出男夹克袖子原型纸样，在袖口线处向上减去袖克夫的宽度，如宽度为6cm，画出袖口线的平行线为新的袖口线；在新的袖口线两侧分别减去一些尺寸，使新的袖口缝线长度等于袖克夫长度加上搭门，再加上褶裥宽的尺寸，画出新的袖底缝线，标明袖衩开口线，在袖口线处加1cm缝份。

⑨袖克夫：取长度=22cm，宽度=6cm，画出一长方形，在两侧分别加1.5cm搭门，并在外口线上画出圆弧形状，在各边缘均加出1cm缝份。

⑩袖衩条：参照男式衬衫的袖衩条绘制方法。

3. 风衣

（1）风衣的款式特征：图9-21所示为风衣款式，其特点为松身的夹克设计。连衣帽采用拉链作为系结物，前胸设有明贴袋兼设有拉链插袋，前身两侧各有拉链插袋，衣身下摆车缝橡筋系带，后身有一附加的育克式肩垫，袖口用橡筋带。

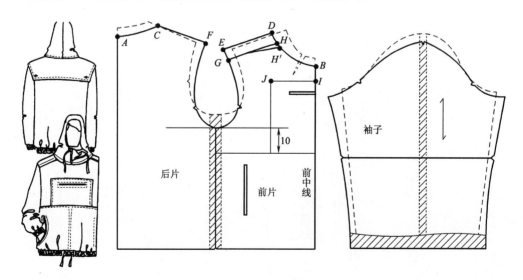

图9-21

（2）风衣纸样绘制步骤（图9-22）：风衣款式为外套类型，其纸样制图在采用男式

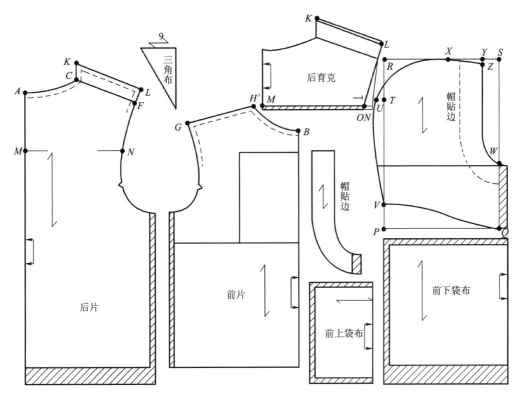

图9-22

夹克原型变化时，需将衣身的胸围、袖窿深等尺寸相应加大。首先将衣身的袖窿深线降低2.5cm，加大胸围尺寸4cm，同时袖山高降低1.25cm，上臂围尺寸加大使手臂活动范围增大。在衣身原型领口线处，将前、后中线降低2.5cm，分别标明点A和点B。肩线上距离颈侧点4cm处标明点C和点D，画出新的领口线A—C—D—B，延长肩线，标明新的肩点为E和F。取E—G=4cm，D—H=4cm，曲线连接G—H为前育克缝线；H—H′=1cm，曲线连接G—H′为前育克缝线。在新的袖窿深线向下10cm，画出水平线作为上、下明贴袋的驳缝线，取B—I=8cm，过点I画水平线为明贴袋的上平线，取I—J=14cm，过点J画垂线至上、下明贴袋的驳缝线。取拉链长度确定上、下明贴袋的袋口线位置。

①后片：绘出上述后片纸样，将前片的育克结构E—D—H—G部分连接于后片肩线上，即将C—F和D—E重叠，标明点K、点L，在背宽线（附加的后育克线）处标出点M和点N。在侧缝线处加出1cm缝份，在后片底边线处加出5cm缝份（用于车缝橡筋带）。

②前片：沿H′—G线之下，绘出前片纸样，标明上、下明贴袋位置的对位点，在侧缝线处加出1cm缝份。

③前上明贴袋：绘出前上明贴袋的纸样，标明拉链袋口位置，以前中线为对折线，其余各边加出1cm缝份。

④前下贴袋：沿上、下明贴袋的缝线之下绘出前片下部结构，以前中线为对折线，在

下明贴袋的上平线和侧缝线处加出1cm缝份，在底边线处加出5cm缝份。

⑤后育克式的肩垫：在后片纸样上，沿后育克的辅助线M—N之上部分，绘出A—C—K—L—F—N—M的结构，延长后育克M—N线，取N—O=1cm，连接L—O为新的袖窿边线，在K—L线处平行加出0.5cm，在后育克线处加出1cm缝份，取后中线为对折线。

⑥袖子：绘出已经过低肩低袖窿袖子变化的袖子纸样，在袖口线两边加出1.5cm，画出新的袖底缝线，在袖口线处加出5cm缝份（袖中线剪开所加大的尺寸等于袖山弧线和衣身袖窿弧线的长度之差）。

⑦帽子：其制图步骤以点P为起点，画出成直角的垂线和水平线。

P—Q　衣身的领口线长即（A—K）+（H′—B）+0.5cm，过点Q向上画垂线。

P—R　43cm，过点R画水平线至点Q的垂线相交于点S。

R—T　$\dfrac{P-R}{4}$，过点T画水平线。

T—U　1.5cm。

P—V　6cm。

Q—W　$\dfrac{P-R}{3}$+2cm。

S—X　$\dfrac{S-R}{2}$。

S—Y　$\dfrac{S-R}{4}$-1cm。

Y—Z　0.5cm，曲线连接点Z—W为帽子前沿边线；曲线连接点Z—X—U—V为帽子的后中弧线；曲线连接点V—Q为帽子的下口线（又称帽脚线）；在帽子的前中线W—Q处加出2cm的缝份。

⑧帽贴边及帽中插布：在上述帽子纸样上，用虚线画出帽贴边线，沿着Z—W线及贴边线绘出帽贴边纸样。画一个垂直三角形，其中斜边长=（Q—W）–2cm，宽度=9cm，取直角边线为对折线，在斜边线处加2cm缝份。完成帽中插布纸样。

四、男式西服

西服又称西装，指西式上衣，它是人们日常生活中不可缺少的服装，无论是社交服、外出服、公务员制服，还是日常装等，都可以广泛地穿用。西装在穿着上的基本形式有三件套和两件套，所谓三件套，指由上衣、马甲和西裤三件组成的上下装束，而两件套仅由上衣和西裤组成，套装面料的选择原则上应相同。现在，根据流行趋势及个人爱好，可以选择不同的面料。西式上衣的款式变化在于纽扣位置及数量、领型、衣摆开衩位置、衣袋等。按纽扣数量可分为单排扣西服、双排扣西服等；按驳头不同可分为平驳头西服（又称八字领西服）、戗驳头西服（又称关刀领西服）等。

（一）传统男式西服点数法制图

1.传统男式西服的款式特征

图9-23所示为欧洲传统男式西服，款式特点为单排两粒扣，平驳头八字领，前身圆角下摆，左前胸有手巾袋，前身两下侧各设有袋盖双嵌线袋（又称有袋盖双唇袋），有前腰省、后背缝，后身底边两侧开衩，后袖口开衩，袖衩设有三粒装饰扣，内层全里，前身里附有胸部双嵌线袋。

2.绘制男式西服原型纸样所需尺寸

以胸围100cm的规格为例，表9-6为绘制男西服原型纸样的尺寸。

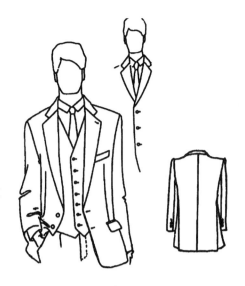

图9-23

表9-6　　　　　　　　　　　　　　　　　　　　单位：cm

胸围（B）	领围（N）	袖窿深	腰节长	半背宽	袖长（SL）	袖口围	衣长（L）
100	40	24.4	44.6	20	82	29	76

注　其中，衣长是可以根据时装潮流改变尺寸的，而袖长是指从肩端点至手腕的尺寸。

3.男西服原型纸样绘制步骤

（1）衣片：图9-24所示为男西服衣片三开身原型纸样，此纸样除了标明"无缝份"的边线外，其余边线已包含有1cm缝份。

以点0为起点，画出垂线和水平线，其中垂线为后中线，水平线为上平线。

0—1　袖窿深+1cm，过点1画水平线为袖窿深线。

0—2　$\dfrac{0—1}{2}$，过点2画水平线为后背宽线。

0—3　$\dfrac{袖窿深}{4}$，过点3画水平线。

0—4　腰节长，过点4画水平线为腰围线。

4—5　21cm，过点5画水平线为臀围线。

0—6　衣长，过点6画水平线为下平线。

4—7　1.5cm，过点7向下画垂线与臀围线相交于点8，与下平线相交于点9；连接点1—7，曲线点0—1—7—8—9为后背缝线。

0—10　$\dfrac{领围}{4}$-0.5cm，过点10向上画垂线。

10—11　2cm，曲线连接点0—11，画出后领口弧线。

1—12　半背宽+2.5cm，过点12向上画垂线与后背宽线相交于点13，与点3的水平线相交于点14。

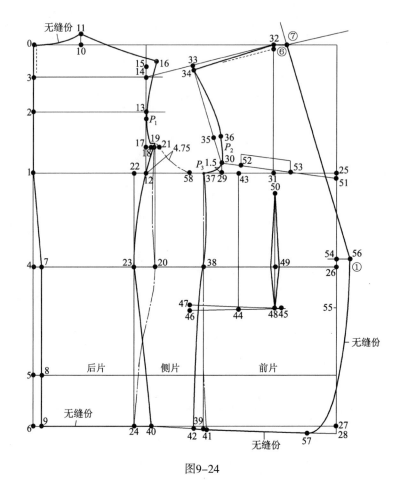

图9-24

14—15　2.25cm。

15—16　2cm，曲线连接点11—16为后肩斜线。

12—17　$\dfrac{袖窿深}{4}$-1cm，过点17向侧方向画水平线。

17—18　0.5cm。

18—19　1cm，过点19向下画垂线与腰围线相交于点20。

19—21　1cm。

12—22　2.5cm，过点22向下画垂线与腰围线相交于点23，至下平线交于点24。用虚线连接点19—20—24为侧身的后片侧缝线（注意：点19连线时需上升0.5cm）。

1—25　$\dfrac{胸围}{2}$+10cm，过点25画垂线与腰围线相交于点26，至下平线相交于点27。

27—28　2cm，连接点24—28为前底边线。

12—29　$\dfrac{胸围}{6}$-1.5cm，过点29向上画垂线，并在点29上2cm处标明点30。

29—31　$\dfrac{25—29}{2}$-1cm，过点31向上画垂线与上平线相交于点32，连接点14—32。

32—33　为点11—16的长度，过点33向下画垂线并取1cm为点34，直线连接点30—

34，曲线连接点32—34为前肩斜线。

30—35　$\dfrac{30-34}{3}$。

35—36　1.5cm。

29—37　4cm，过点37向下画垂线与腰围线相交于点38，与前底边线相交于点39。过点16—18—19—21—37—30—36—34画出袖窿弧线。

24—40　3.5cm，过点19—23—40用曲线画出后片的后侧缝线，曲线在点19处向上升0.5cm。

39—41　0.5cm。

39—42　2cm，过点37—38—41用虚线画出侧片的前侧缝线。过点37—38—42画出前片的前侧缝线，并在37—38线段处向内凹入1cm，画成曲线。

29—43　2.5cm，过点43向下画垂线，并在腰围线下8cm处标明点44，过点44画水平线。

44—45　8.25cm。

44—46　9.5cm。

46—47　1cm，连接点45—47为口袋线。

45—48　1.5cm，过点48向上画垂线与腰围线相交于点49，并在袖窿深线下6cm处交于点50。以点50—49—48为腰省中线，画出宽1cm的前腰省线。

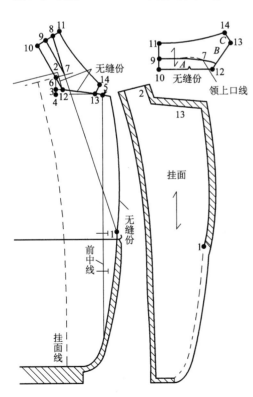

图9-25

25—51　1.25cm，连接点30—51。

30—52　4cm。

52—53　10cm，画出左前胸手巾袋纸样。

26—54　1.5cm，标明第一粒纽扣位置，过点54画水平线。

54—55　10cm，标明第二粒纽扣位置。

54—56　2.5cm。

28—57　6cm，曲线连接点56—57为前片门襟圆角形状。

29—58　$\dfrac{12-29}{2}-1\text{cm}$，在点58处用$P_3$标明腋下点；在点13之下1.5cm处用$P_1$标明后袖窿弧线对位点；在点30处，用$P_2$标明前袖窿弧线对位点。

在上述衣片纸样中，标明点①、点⑥和点⑦为画衣领的点，点①—⑦为驳口线（又称反襟线）。

（2）西服领和挂面：图9-25所示为西服领

和挂面纸样，是在上述衣身原型纸样基础上操作的。绘出前片原型纸样，用虚线画出挂面边线，在原点56（图9-24中的点）处标明点1，原点32为点2，并过点2向下画垂线。

2—3　$\dfrac{领围}{8}+1cm$。

3—4　1.5cm，过点4画水平线与前中线相交于点5，连接点3—5，并向前中方向延长此线。

用点划线画出前肩缝迹线，颈侧点为点6，向前中方向延长前肩缝迹线。

6—7　2.5cm。连接点1—7为驳口线，并延长此线。

7—8　后领口曲线长度+1cm（说明：后领口曲线长度指测量后领口净尺寸，即0—11曲线长度减去2cm缝份）。

8—9　2cm，连接点7—9，再过点9作7—9线的垂线。

9—10　3cm，为领座高度。

9—11　4cm，为翻领高度。

过点20作驳口线的平行线，与3—5线相交于点12。

说明：如果驳口线点1在腰围线之下，则点8—9取1.5cm；如果驳口线点1在腰围线之上，或者驳口线点是在高位置处时，则点8—9取2.5cm。

在领嘴线上确定点13，取点13—14=2cm，画出平驳头八字领的曲线和驳头止口弧线。在前片的领口线驳头止口弧线和门襟圆角处加出1cm缝份。

绘出上述西服领纸样，连接点10—12—13—14—11—10结构为领里绒料纸样。

绘出挂面纸样，在挂面边线和领口线2—13处各加出1cm缝份，在曲线13—1上加出2cm宽余量和缝份。

（3）西服袖：图9-26所示为西服袖纸样，其为两片袖，绘图步骤如下。

①大袖：以点0为起点，画出垂线和水平线，水平线为袖山深线，垂线为前偏袖直线。

0—1　2cm，点1为前袖山对位点。

0—2　衣片原型纸样的12—P_1（图9-24中的点P_2同）长度（说明：测量12—P_1直线尺寸），过点2画水平线。

0—3　衣片原型纸样的$\dfrac{(16-18)+(21-34)}{3}+1cm$，过点3画水平线为上平线。

1—4　衣片原型纸样的（34—P_2）+2cm（测量34—P_2直线尺寸），点4在上平线上，连接点1—4。

4—5　衣片原型纸样的（16—P_1）+1cm（测量16—P_1直线尺寸），点5在点2的水平线上，连接点4—5。

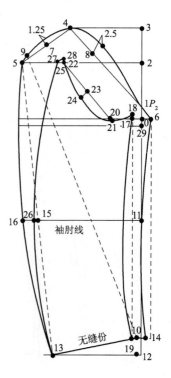

图9-26

0—6　2cm，过点6用虚线向下画垂线。

4—7　$\dfrac{4-5}{2}$。

4—8　$\dfrac{1-4}{3}$。

过点5—4—1—6画出袖山弧线，其中在4—5线段向外凸出1.25cm，在1—4线段向外凸出2.5cm。

5—9　1.5cm。

9—10　袖长−半背宽+1cm，点10在前偏袖直线上，过点10向右画水平线。

10—11　$\dfrac{1-10}{2}$，过点11画水平线为袖肘线。

10—12　3.5cm，过点12画水平线为下平线。

12—13　$\dfrac{袖口围}{2}$+2cm。

10—14　2cm，连接点10—13为袖口线。

曲线连接点6—14，向内凹入1.5cm，画出前袖缝线。

用虚线连接点5—13与袖肘线相交于点15。

15—16　3cm。用曲线连接点5—16—13为后袖缝线。

②小袖：

0—17　2cm。

17—18　0.5cm。

10—19　2cm，曲线连接点18—19，并在袖肘线处向内凹入1.5cm，画出前袖缝线。

0—20　衣身纸样的（29—58）+0.5cm。

20—21　0.5cm。

21—22　衣片原型纸样的（P_1—18）+（21—58）（说明：P_1—18和21—58的长度分别以测量曲线尺寸为准）。点22在2—5线上，直线连接点21—22。

21—23　$\dfrac{21-22}{2}$。

23—24　2cm，曲线连接点22—24—21—18为小袖深弧线。

22—25　1.5cm。

15—26　1cm，曲线连接点25—26—13，延长后袖缝线，并在点25上0.25cm处标明点27；延长小袖深弧线，并在点22上0.75cm处标明点28，连接点27—28。

0—29　2cm，过点29画水平线。

（4）西服的完成纸样：

图9-27所示为西服的完成纸样，其绘图步骤如下。

①后片：沿后摆缝线绘出后身纸样并在后身侧缝线的衣摆处画出开衩线，开衩长20cm、宽4cm，在底边线处加出4cm缝份，在后领口线处加出1cm缝份。

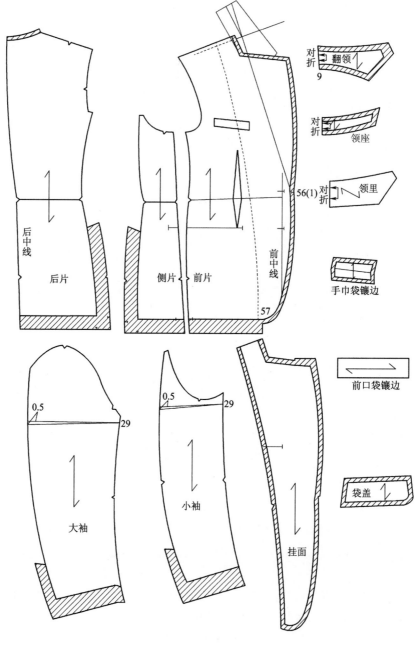

图9-27

②侧片：沿前片、后片侧缝线绘出侧身纸样，在后片侧缝线的衣摆处画出开衩线，开衩长20cm、宽4cm，在底边线处加出4cm缝份。

③前片：沿前片侧缝线绘出前身纸样，在门襟边线、驳头边线和前领口线处加出1cm缝份；在底边线处加出4cm缝份。

④领面：绘出西服领纸样，在领上口线7—9处平行下降0.5cm分割成翻领和领座两部分，并缩短领上口线0.8cm（全长计算），可采用剪开领座重叠领上口线；同时

在领外口线加长0.8cm（全长计算），可采用剪开翻领展开领外口线。然后分别在分割线处加出1cm缝份，在领下口线10—12和领串口斜线12—13处加出1cm缝份，在翻领外口线11—14处加出1.5cm余量和缝份，在领嘴线13—14处加出3cm缝份。

⑤领里：因采用毛绒布料制作领里，故绘出领子纸样即可，无须加缝份。

⑥挂面：绘出挂面纸样，在挂面边线加出1cm缝份。在驳头线1—13处加出1.5cm缝份。

⑦袋盖：根据袋口位置画出袋盖形状的纸样，即长为袋口宽+0.25cm、高为5cm，并在袋盖的上边线增加1cm缝份，其余三边的边线r加出1.2cm缝份。

⑧双嵌线袋镶边：根据袋口位置线的长度和宽度为3cm，画出长方形的镶边纸样，并在各边线加上缝份。

⑨手巾袋镶边：绘出手巾袋镶边形状线条，取上边线为折叠线，画出两倍手巾袋镶边纸样，并在各边线加上缝份。

⑩袖子：分别绘出大袖及小袖纸样，沿点29的水平线剪开，在后袖缝线处展开0.5cm，再在后袖缝线的袖口处画出袖衩线，袖衩长10cm、宽2.5cm，在袖口线处加4cm缝份。

4.西服衬里

为使西服在穿着时平挺、舒服，需在西服的工艺制作上加衬及里布。

（1）西服衬：西服衬（朴布），根据西服款式设计的要求，要塑造出胸部的丰满感，必须在衣服里面使用衬，西服衬的材料一般有毛衬、马尾衬、毡衬、棉衬四种。在西服前片衬的加工工艺上，先在前片反面粘一层毛衬，再在胸部加一层马尾衬，使胸部膨起，再加一层毡衬，达到比较柔软舒服的效果，然后再加一层棉衬，其作用在于使底衬（毛衬）撑起来。如此，前身便有四块衬裁片。除此之外，西服挂面、驳头、衣领、后领口、后袖窿、衣摆、袖口、袋盖及袋口处也必须加衬，西服衬的纸样设计是在西服面料裁片的基础上变化构成的。如图9-28所示为西服衬纸样，其绘图步骤如下。

①前片大衬：前中、前领口、肩及前袖窿部位与前身形状相同，衬长取衣身长，胸部从袖窿底（或腋点）下画弧形线至腰部，腰节线下盖住袋口，与前身外形相似。复制衣身前片，前领口和驳头线的1cm缝份减去，底边4cm缝份减去。

②马尾衬：减去驳头，只取前身裁片上部分，长度约是前身长的一半加5cm，为使胸部挺括、丰满，符合人体，此马尾衬需要收省，复制衣身前片的袖窿线、肩线、领口线，驳头线减去0.5cm，用曲线连接腋下点与翻驳点。收省的位置是从前肩线中点向下剪开约7.5cm，展开1.5cm宽，缝纫时在此省下垫衬呈小锥子形，腋下画弧形线并收省，省宽1cm、长6cm。

③毡衬及棉衬：长度盖住马尾衬，宽度是大衬减去驳头部分。

④挂面衬：与挂面净样的形状及尺寸相同。

⑤驳头衬：与驳头净样的形状及尺寸相同。

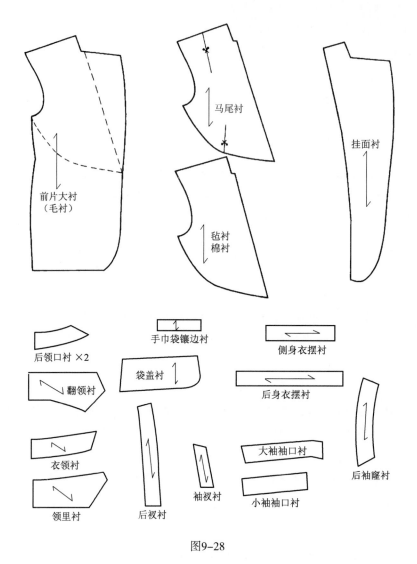

图9-28

⑥衣领衬：分别与翻领、领座及领里的净样相同。领里如采用绒布，则领里衬可不需要。

⑦后袖窿衬及后领口衬：粘衬宽4cm，长度及形状分别与后袖窿及后领口相同。

⑧衣摆衬及袖口衬：粘衬宽4cm，长度分别与后片衣摆、侧片衣摆、大袖口及小袖口相同。

⑨后衩衬及袖衩衬：后衩衬宽4cm，袖衩衬宽2.5cm，长度分别取后衩长及袖口衩长。形状和后片衣摆开衩、侧片衣摆开衩、大袖口开衩及小袖口开衩一样。

⑩袋盖衬及手巾袋镶边衬：袋盖衬形状与面层袋盖净样相同，手巾袋镶边衬只取面层手巾袋镶边实样形状及尺寸。

（2）西服里料：西服里布有半身里料及全身里料两种，一般取全身里料较多，里料的裁片是在西服面料纸样的基础上加一定的放松量构成的。图9-29所示为全身里料纸样，绘图步骤如下。

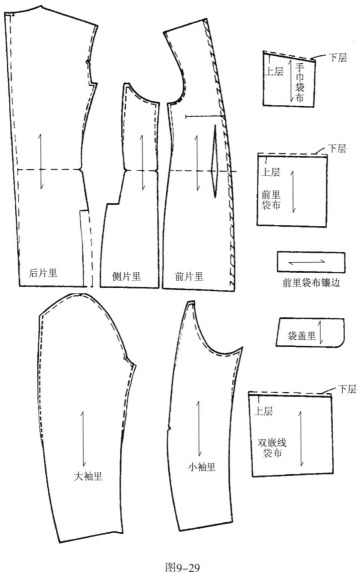

图9-29

①前片里：绘出前片纸样，前片里宽度取前片宽减挂面宽，并在挂面边线处加出1cm缝份，在腋下点处横向加出0.5cm放松量；平行袖窿弧线加出1cm放松量，并修顺线条。长度取到前片底边折边线处，此为放松量，标明里口袋线。

②后片里：绘出后片纸样，在后中线的上部加出1.5~2cm的放松量，以满足上体运动的需要，缝纫时以褶裥操作。在后片侧缝线上横向加出0.5cm的放松量，平行袖窿弧线加出1cm放松量，并修顺线条，长度取到后片底边折边线处，在后片侧缝线的下端减去后衩尺寸（如衩宽4cm、长18cm，则长度减至16cm）。

③侧片里：绘出侧片纸样，长度取到侧片底边折边线，在前、后片侧缝线上端横向加出0.5cm的放松量，平行袖窿弧线加出1cm放松量，注意袖窿弧线修顺时在靠后侧上端减掉适当尺寸，保持形状一致，并修顺线条。

④大袖里：绘出大袖纸样，减去袖衩部位，在前、后袖缝线的上端横向加出0.5cm的放松量，平行袖山线加出1cm放松量，并修顺线条。长度取到袖口折边线。

⑤小袖里：绘出小袖纸样，减去袖衩部位，在前、后袖缝线的上端横向加出0.5cm放松量，平行袖深弧线加出1cm放松量，注意袖深弧线修顺时在靠后偏袖的上端减掉适当尺寸，保持形状一致，并修顺线条。长度取到袖口折边线。

⑥双嵌线袋布：绘出双嵌线袋口线，取宽=20.5cm、长=22cm，画出上层袋布纸样，另两片为下层袋布，取宽=20.5cm、长=23cm，取布纹经线。

⑦手巾袋布：绘出手巾袋口线，袋布宽比袋口线加多4cm、长15cm，画出上层手巾袋布纸样，另一片为下层袋布，仅长度比上层袋布多1cm，其余与上层袋布相同。

⑧袋盖里：根据袋口位置线画出袋盖形状的纸样，并在袋盖四周边线加出1cm缝份。

⑨前里袋布：前里袋布共有四片，绘出前里口袋线，取宽=18cm、长=21cm，画出上层里袋布，而另两片为下层里袋布，仅长度比上层袋布多1cm，其余与上层袋布相同。

⑩前里袋布镶边：取长=16cm、宽=5cm，画长方形。

（二）男西服中式比例制图法

1. 男西服比例制作纸样所需尺寸

以170/88A的规格为例，表9–7为绘制男西服比例纸样尺寸。

$$衣长=\frac{2}{5}号+6cm=74cm$$

$$胸围=型+18cm=106cm$$

$$肩宽=\frac{3}{10}胸围+13.3cm=45cm$$

$$领围=\frac{3}{10}胸围+10cm=42cm$$

$$袖长=\frac{3}{10}号+8cm=59cm$$

$$腰节长=\frac{衣长}{2}+5.5cm=42.5cm$$

$$袖口宽=\frac{1.5}{10}胸围-1cm=14.9cm$$

表9–7 单位：cm

胸围（B）	领围（N）	肩宽（S）	衣长（L）	腰节长	袖长（SL）	袖口围	领座	翻领
106	42	45	74	42.5	59	29.8	2.5	3

2. 男西服衣身比例制图法

如图9–30所示为男西服衣身比例制图法。

3. 男西服袖子比例制图法

如图9–31所示为男西服袖子比例制图法。

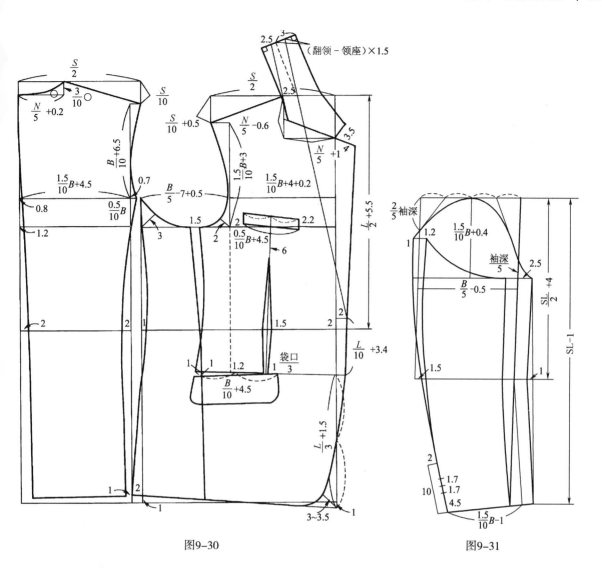

图9-30　　　　　　　　　　　　　　　　　图9-31

五、男装大衣

　　大衣也称大褛，指为了防御风寒穿在一般衣服外面的外衣。因其穿在最外面，受到里面所穿服装的围度影响，放松量较大，一般在20~30cm。大衣的种类按长度可分为长大衣、短大衣及中长大衣；按使用目的可分为防寒的冬装大衣、春天的风衣、防雨的雨衣、防尘的大衣等；按面料分主要有毛呢大衣、棉大衣、羽绒大衣、裘皮大衣、革皮大衣、人造毛皮大衣等品种。大衣款式根据流行时尚发生变化，一般大衣的形状有箱形及窄身型。其他各部位的款式有一片袖、两片袖或插肩袖（又称牛角袖）等袖型，平驳头西服领、戗驳头西服领、青果领或大翻折领型的领子，前身单排扣及双排扣等的变化。常用的衣料有毛料、呢料、毛绒、皮革及毛皮等。

　　在男大衣中，柴斯特大衣是属于最高礼节的大衣，此类大衣是一种细长的基本型配有黑色天鹅绒领子的英国绅士风味的外衣。柴斯特大衣一般有平驳头、戗驳头和青果领的领型变化，前身单排扣或双排扣。下面介绍单排扣柴斯特大衣的纸样设计。

1. 男装单排扣柴斯特大衣的款式特点

图9-32所示为男装单排扣柴斯特大衣，其款式特点是合体、单排扣、戗驳头、前腰设省、两侧有袋盖双嵌线袋、后背缝，衣长到膝关节下部，西服袖有袖衩并设三粒装饰扣，衣内有双里袋，下摆活里。

2. 绘制男装单排扣柴斯特大衣纸样所需尺寸

由于男装单排扣柴斯特大衣的围度放松量较大，所以在纸样设计上，所用尺寸要比紧身的服装（如衬衫等）的围度尺寸大。例如，以胸围92cm规格为例，表9-8所示为紧身服装尺寸。

图9-32

表9-8

单位：cm

身高	胸围（B）	腰围（W）	臀围（H）	腰节长	半背宽	袖长（SL）	衣长（L）	袖肘围	袖口围
170	92	85	98	42.5	19	80	102	53	29

绘制男装单排扣柴斯特大衣的尺寸需增大的量，如在半背宽、袖肘围和袖长上各增加1cm，在胸围、腰围和臀围上各增加6cm。

表9-9所示为男装单排扣柴斯特大衣绘图尺寸。

表9-9

单位：cm

身高	胸围（B）	腰围（W）	臀围（H）	腰节长	半背宽	袖长（SL）	衣长（L）	袖肘围	袖口围
170	98	91	104	42.5	20	81	102	54	30

3. 男装单排扣柴斯特大衣衣身纸样的绘制步骤

（1）衣片：此纸样以身高及胸围的比例进行设计，其中半围是指二分之一胸围。在纸样设计中除底边线和前中线外，其余各边线已加有1cm缝份（图9-33）。

以点0为起点，画出垂线和水平线，其中垂线为后中线，水平线为上平线。

0—1　袖窿深或$\dfrac{身高+胸围}{8}-10cm$，过点1画水平线为袖窿深线。

0—2　腰节长+2cm，过点2画水平线为腰围线。

2—3　腰至臀长或$\dfrac{身高}{8}$，过点3画水平线为臀围线。

0—4　衣长，过点4画水平线为下平线。

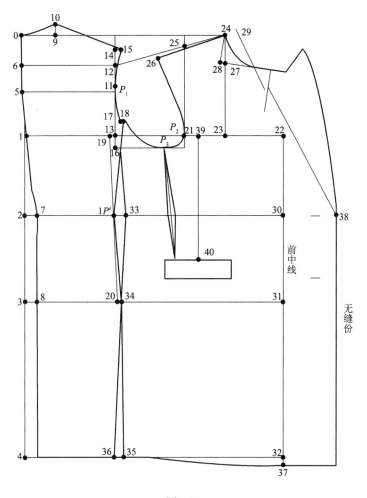

图9-33

0—5　$\dfrac{0-1}{2}$，过点5画水平线为后背宽线。

0—6　$\dfrac{0-1}{4}$，过点6画水平线。

2—7　2cm。

3—8　1.5cm，连接点7—8，向下延长至下平线，曲线连接点0—5—1—7—8至下平线为后背缝线。

0—9　$\dfrac{半围}{8}$+2cm。

9—10　2cm，曲线连接点0—10为后领口弧线。

5—11　半背宽+1cm，过点11画垂线，向上与点6的水平线相交于点12，向下与袖窿深线相交于点13。

12—14　2cm，过点14向右画水平线。

14—15　2cm，连接点10—15为后肩斜线。

13—16　2cm，过点16向右画水平线。

16—17　$\dfrac{半围}{8}$，过点17向右水平出1cm缝份为点18。

13—19　2cm，过点19向下画垂线与腰围线相交于点19′，与臀围线相交于点20。

13—21　$\dfrac{半围}{4}$+4cm，过点21画垂线。

21—22　$\dfrac{半围}{2}$−2.5cm，过点22向下画垂线为前中线。

21—23　$\dfrac{半围}{8}$+4.5cm，过点23向上画垂线与上平线相交于点24，直线连接点12—24。

24—25　（10—15）−1cm容缩量。

25—26　1cm，连接点24—26为前肩斜线。

过点15—11—18—P_3—21—26画出袖窿弧线，其中P_3为腋下点。16—P_3=$\dfrac{13-21}{2}$+1cm，标明点21为前袖窿对位点P_2，在点11之下1.5cm处标明后袖窿对位点P_1。

24—27　$\dfrac{半围}{8}$，过点27向左出0.5cm为点28，画出前领口弧线。

24—29　4cm，点29在前肩斜线的延长线上。

标明前中线和腰围线的交点为点30，前中线和臀围线的交点为点31，前中线与下平线的交点为点32。

30—33　$\dfrac{腰围}{2}$+9cm−（1—19）。

31—34　$\dfrac{臀围}{2}$+7cm−（1—19），过点34向下画垂线与下平线相交于点35。

35—36　1cm，曲线连接点18—19′—34—35和点18—33—34—36为后侧缝线。

32—37　1cm，曲线连接点35—37为前底边线，并过点37向右画水平线。

30—38　5cm，即放松量+搭门尺寸，过点38向下画垂线为门襟止口线。

21—39　2.5cm，过点39向下画垂线。

39—40　30.5cm。

过点40画水平线，并且以点40为中点，画出袋口线和袋盖线，其中取袋盖宽=17cm，高=6.5cm。

在腋下点P_3向右1.5cm为腰省上尖点，距离袋口左端点2cm为腰省下尖点，在腰围线处取前腰省宽1cm，画出前腰省线。

画出戗驳头止口线。

（2）两片袖：跟男西服的两片袖纸样绘图原理相同，步骤参照男西服袖。

（3）领子：和西服领子绘图原理相似，步骤可参照男西服领子制图。

（4）面料完成纸样：如图9-34所示为男装单排扣柴斯特大衣纸样，是在上述绘图基础上进行下列操作：

①前片：绘出前片纸样，在前领口弧线、戗驳头止口线和门襟止口线处加出1cm缝份，在底边线处加出4cm缝份。

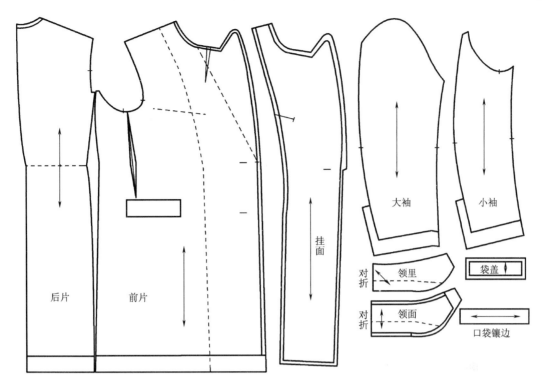

图9-34

②后片：绘出后片纸样，在后领口弧线处加出1cm缝份，在底边线处加出4cm缝份。

③挂面：在前片纸样上画出挂面边线，再绘出挂面纸样。在戗驳头止口弧线处加出1.5cm缝份，其余各边线加出1cm缝份，裁2片，取布纹经线。

④袋盖：绘出袋盖纸样，在各边线处加出1cm缝份。

⑤口袋镶边：取长=21cm、高=5cm，画出长方形结构的口袋镶边纸样。

⑥领里与领面：绘出领子纸样，为领里裁1片，取布纹斜线；领面是在此基础上领下口线处加出1cm缝份，在领外口线处加出1.5cm，在领前宽斜线处加出2.5cm，裁1片，取布纹经线。

⑦大袖和小袖：绘出大袖和小袖纸样，在袖口线处加出4cm缝份，各裁2片，取布纹经线。

4.男式长大衣（双排扣）中式比例制图法

（1）男式长大衣比例制作纸样所需尺寸：以170/88A的规格为例，表9-10为绘制男西服比例纸样尺寸。

衣长=$\frac{3}{5}$号+20cm=122cm

胸围=型+30cm=118cm

肩宽=$\frac{3}{10}$胸围+12cm=47.4cm

领围=$\frac{3}{10}$胸围+9cm=44.4cm

$$袖长=\frac{3}{10}号+9cm=60cm$$

$$腰节长=\frac{袖长}{2}+13cm=43cm$$

$$袖口宽=\frac{1.5}{10}型+1.5cm=14.7cm$$

表9-10

单位：cm

胸围（B）	领围（N）	肩宽（S）	衣长（L）	腰节长	袖长（SL）	袖口围	领座	翻领
118	44.4	47.4	122	43	60	29.4	4	8

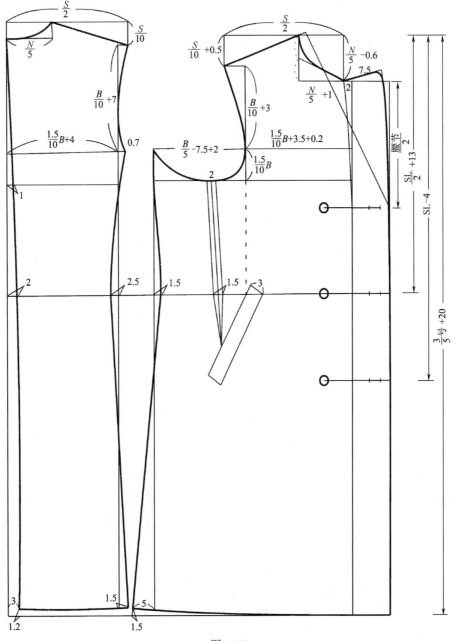

图9-35

（2）男式长大衣衣身比例制图：如图9-35所示。

（3）男式长大衣袖片及领子比例制图：袖子的制图方法除了图9-36所示的公式以外，其他比例方法可参照西服袖制图。领子为一片戗驳领。

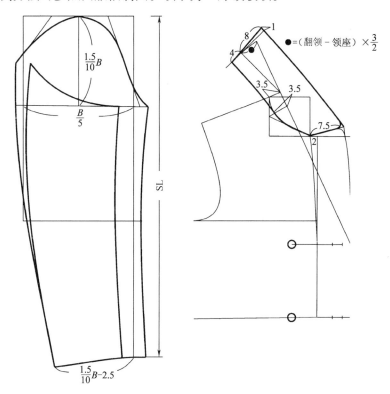

图9-36

第二节　裤装纸样设计

一、男西裤

1. 传统西裤

在这一节中介绍用点数法制作男西裤基本原型，并以此原型为基础，变化出裤子局部纸样及款式纸样。

（1）传统西裤款式：图9-37所示为传统男式西裤，其款式特点为：前身两侧斜插袋，前开襟，左右拼驳腰头，后身有一个对称的腰省，后腰下右侧设一个双嵌线袋（双唇袋）。

（2）绘制男西裤纸样所需尺寸：以臀围96cm男士规格为例，表9-11所示为男西裤纸样制图尺寸。

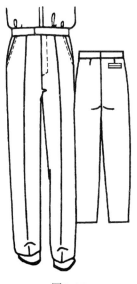

图9-37

表9-11 单位：cm

臀围（H）	腰围（W）	上裆	下裆长	裤脚口宽	腰头宽
96	78	27	81	25	4

（3）男西裤原型纸样绘制步骤：图9-38所示为男西裤纸样，此纸样除裤脚口线处无缝份以外，其他边线已包含1cm的缝份，腰头上口线被放置在自然腰线上。

①前裤片：以点0为起点，画出垂线和水平线，垂线为裤中烫迹线，水平线为腰缝线。

0—1　上裆长–腰头宽+1cm，过点1画水平线为横裆线。

1—2　下裆长，过点2画水平线为裤脚口围线。

2—3　$\dfrac{1-2}{2}$+5cm，过点3画水平线为中裆线。

1—4　$\dfrac{上裆长}{4}$+1.5cm，过点4画水平线为臀围线。

1—5　$\dfrac{臀围}{12}$+1.5cm，过点5向上画垂线与臀围线相交于点6，与腰围线相交于点7。

6—8　$\dfrac{臀围}{4}$+2cm。

5—9　$\dfrac{臀围}{16}$-0.5cm。

7—10　1cm，用直线连接点6—10。过点9—6—10画出前裆弧线，曲线距离点5为2.5cm。

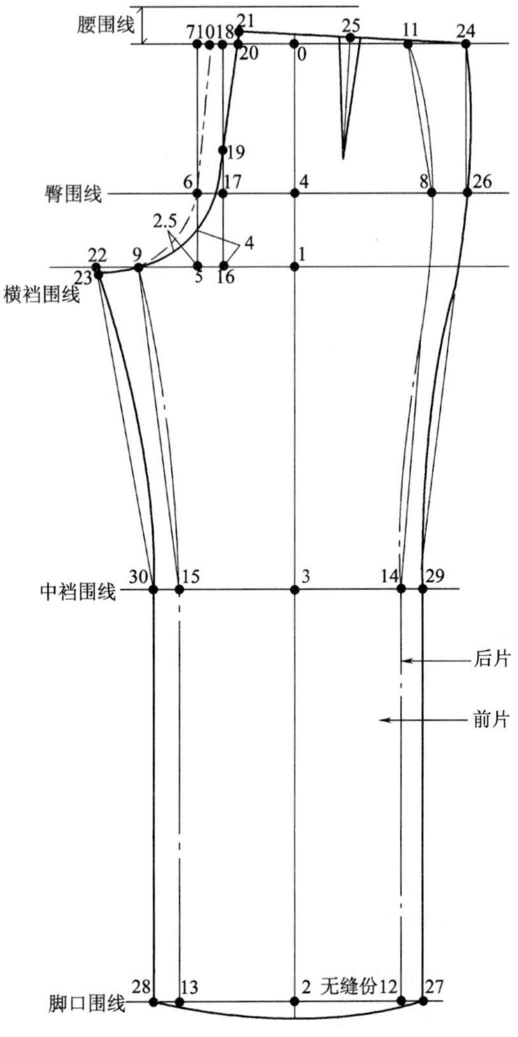

10—11　$\dfrac{腰围}{4}$+2.5cm。

2—12　$\dfrac{裤脚口宽}{2}$。

2—13　$\dfrac{裤脚口宽}{2}$，过点12和点13分别向上画垂线与中裆线相交于点14和点15。

过点11—8—14—12画出前侧缝弧线，曲线在8—11线段处凸出0.5cm，在8—14线段处

图9-38

凹入0.5cm。

过点9—15—13画出前下裆弧线，曲线在9—15线段处凹入1cm。完成前裤片纸样。

②后裤片纸样：在前裤片纸样的基础上继续绘图。

5—16　$\dfrac{1-5}{4}$，过点16向上画垂线与臀围线相交于点17，与腰围线相交于点18。

点19为$\dfrac{16-18}{2}$。

18—20　2cm。

20—21　1cm，用直线连接点19—21。

9—22　$\dfrac{5-9}{2}$+0.5cm。

22—23　0.5cm，过点21—19—23画出后裆弧线，曲线距离点16为4cm。

21—24　$\dfrac{腰围}{4}$+4.5cm，点24在腰围缝线上。

点25为$\dfrac{21-24}{2}$，过点25向下作后腰缝线的垂线为后省中线，取省长12cm、省宽2.5cm，画出后腰省线。

17—26　$\dfrac{臀围}{4}$+3cm。

12—27　2cm。

13—28　2cm。

14—29　2cm。

15—30　2cm，过点24—26—29—27画出后侧缝弧线，曲线在24—26线段处凸出0.5cm，在26—29线段处凹入0.75cm。

过点23—30—28画出后下裆弧线，曲线在23—30线段处凹入1.5cm。在点2处下降1cm，用曲线画出后裤脚口弧线。完成后裤片纸样。

（4）男式西裤完成纸样绘制步骤：图9-39所示为男式西裤完成纸样。其步骤是以上述男西裤原型为基础变化而成的。

①后片：绘出男式西裤后身原型，标明原有的点25，取点25—D=7cm，点D为后袋口的中点位置。取后袋口宽14cm，在裤脚口弧线处加上4cm缝份。

②前片：绘出男式西裤前身原型，在侧缝迹线上腰点标明点A，取A—B=5cm，取B—C=17cm为袋口线，直线连接点B和侧缝迹线上点C，在前斜袋口线B—C处加上1cm缝份；在裤脚口线处加上4cm缝份。

③前垫袋布：在前身纸样的基础上，将袋口线B—C平行加出5cm为D—E，C—F=2.5cm，绘出A—D—E—F为前垫袋布（袋衬）纸样。

④前袋贴边：在前身纸样基础上，将袋口线B—C线平行加出5cm，并在B—C线加上1cm缝份，绘出B—D—E—F为前袋贴边纸样。

⑤前袋袋布：在前身纸样基础上，在侧缝迹线上取C—G=5cm，袋布宽为17cm，袋布

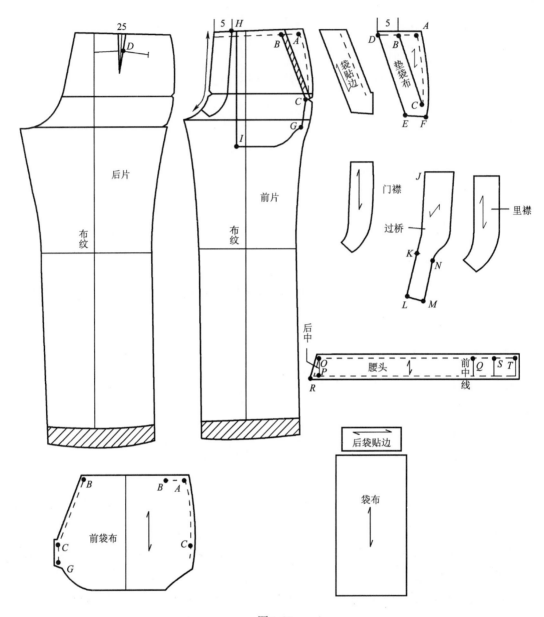

图9-39

长即点H—I为32cm，曲线连接点G—I，画出袋布形状；以H—I为袋布中心线，绘出线条A—C—G和线条B—C—G，并分别加出1cm缝份。

　　⑥门襟、里襟、过桥：在前身纸样基础上，绘出前裆弧线，取长度为17cm和宽度为5cm，用曲线画出门襟纸样；里襟纸样和门襟纸样相同。过桥纸样是在里襟纸样的基础上，前裆弧线平行加出1.5cm，延长点J—K—L，即J—L=前裆弧线长+5cm，L—M=4cm，用直线连接点M—N。

　　⑦腰头：以点O为起点，画出呈直角的垂线和水平线，水平线为腰头上口线。取O—

P=4cm，$O—Q=\dfrac{腰围}{2}$，过点P画水平线为腰头下口线，过点Q画垂线为前中线，$P—$
R=0.5cm，直线连接点$O—R$为后腰中线，$Q—S$=4cm，$Q—T$=9cm。绘出$R—O—S$纸样为左
边腰头（即与门襟缝制的一边腰头）；绘出$R—O—T$纸样为右边腰头（即与里襟缝制的一
边腰头），并在边缘分别加出1cm缝份。

⑧后袋垫布和袋贴边：取袋贴边宽=后袋口线宽+2cm，袋贴边高6cm，画出长方形结
构为后袋垫布和后袋贴边纸样。

⑨后袋布：取后袋布宽=后袋口线宽+4cm，袋布长40cm，画出长方形结构为后袋布
纸样。

2. 男式西裤的款式变化

（1）腰线有褶的款式：图9-40所示为前腰线有两个褶裥的男式西裤款式及前片纸样
的变化，其纸样是在上述传统男西裤的原型纸样上，将前腰线无褶的款式利用剪开加大的
方法获得。

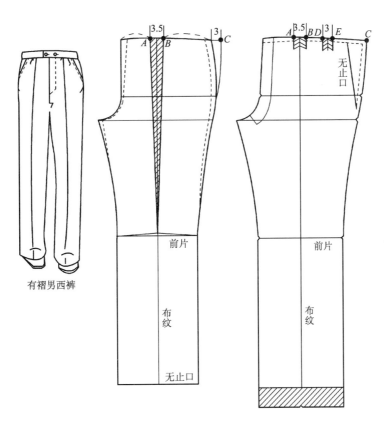

图9-40

绘出男西裤前片原型纸样，沿中裆线剪开，将烫迹线（前中线）分开，并向两边展开，
使腰缝线加宽3.5cm的褶裥量，标明点A和点B，然后在新的侧缝线点向外加出3cm至点C，连
接点C至横裆围线。在腰缝线处画出褶裥标记，$A—B$=3.5cm，$B—D$=3cm，$D—E$=3cm。

（2）裤子外形变化：男式西裤的外形和线条主要取决于裤管的形状，图9-41所示为裤管的形状，常见的有直筒裤、喇叭裤、萝卜裤等。

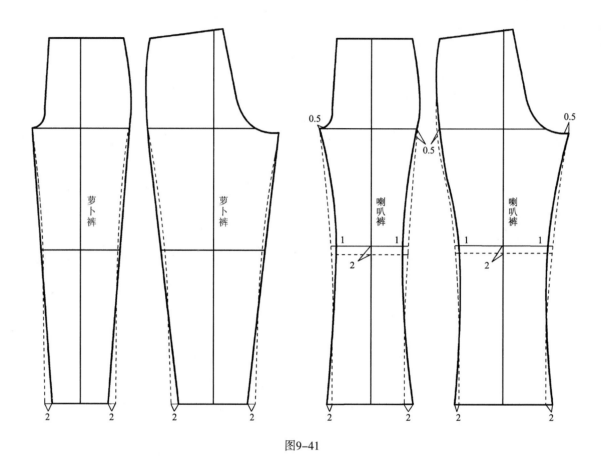

图9-41

①直筒裤：裤管形状呈垂直长方形，膝围尺寸和裤脚口尺寸非常接近，围度相差很少，是西裤的基本形式。

②喇叭裤：裤管形状顾名思义呈喇叭形，主要特征是膝围尺寸收窄或臀围裹紧，而裤脚口明显放宽，形成喇叭状。

③萝卜裤：一种臀围宽松而裤脚口收窄的裤管形状，为了增加臀围尺寸，需在腰缝线上增加若干数量的活褶裥，裤脚口的尺寸通常会比直筒裤的裤脚口要窄。

3. 西裤比例制图法

（1）绘制男式西裤比例制图所需尺寸：以腰围77cm成品规格为例，表9-12所示为西裤比例制图所需尺寸。

表9-12　　　　　　　　　　　　　　　　　　　　　　　　单位：cm

腰围（W）	臀围（H）	裤长（L）	裤口围
77	103	106	44

（2）绘制男式西裤比例制图步骤：如图9-42所示。

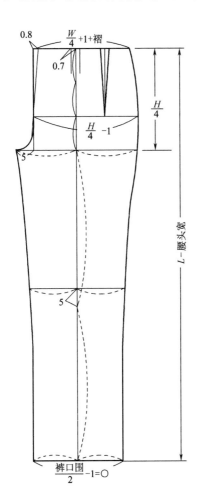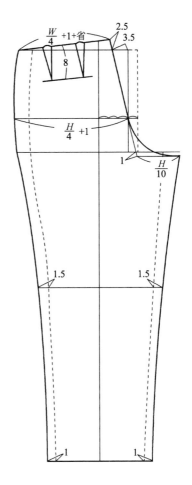

图9-42

4. 男西裤中式比例制图法

（1）男西裤中式比例制作纸样所需尺寸：以170/76A的规格为例，表9-13所示为男西裤比例制图所需尺寸。

$$裤长=\frac{3}{5}号+4cm=106cm$$

$$腰围=型+2cm=78cm$$

$$臀围=\frac{4}{5}腰围+42cm=104.4cm$$

$$上裆（前、后裆长的和）=\frac{臀围}{2}+24cm=76.2cm$$

$$中裆（膝围的宽度）=\frac{臀围}{5}+3.5cm=24.3cm$$

表9-13 单位：cm

裤长（L）	腰围（W）	臀围（H）	上裆	中裆
106	78	104.4	76.2	24.3

（2）绘制男西裤中式比例制图步骤：如图9-43所示。

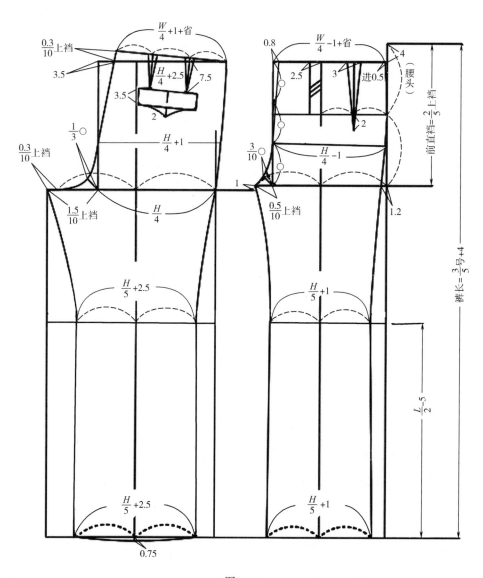

图9-43

二、牛仔裤

牛仔裤的创始人是利维·史特拉斯，最初是为美国加利福尼亚金山的劳工设计的工作裤。在牛仔裤的款式中，最常见的是四袋款牛仔裤和五袋款牛仔裤，五袋款牛仔裤的前裤

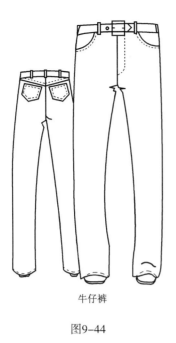

牛仔裤

图9-44

片有两个弯插袋、一个明表袋，后裤片有两个明贴袋。

图9-44所示为四袋款的牛仔裤，其款式特点为加直腰头，有串带襻，前中开门里襟，前裤片设有弯插袋，后裤片腰缝下有育克并在育克下设明贴袋，主要特点是各线缝缉明线。

下面介绍用点数法制作男式牛仔裤原型纸样，再以此原型纸样为基础制作各零部件的完成纸样。

1.男式牛仔裤原型纸样

（1）绘制牛仔裤纸样所需尺寸：以臀围96cm的男士规格为例，表9-14所示为绘制牛仔裤纸样所需尺寸。

表9-14 单位：cm

臀围（H）	下裆长	上裆长	低腰围（W）	裤脚口宽	腰头宽
96	80	27.2	81	19	3.5

（2）牛仔裤原型纸样绘制步骤：图9-45所示为牛仔裤原型纸样，此纸样除裤脚口线无缝份外，其他各边均包含1cm的缝份。在大批量生产中，依不同缝纫制作要求，缝份不足时可随意加大。

①前裤片：以点0为起点，画出垂线和水平线，其中垂线为裤中烫迹线，水平线为腰缝线。

0—1 上裆长-4.5cm，过点1画水平线为横裆线。

1—2 下裆长，过点2画水平线为脚口围线。

2—3 $\dfrac{1—2}{2}$+5cm，过点3画水平线为中裆线。

1—4 $\dfrac{上裆长}{4}$，过点4画水平线为臀围线。

1—5 $\dfrac{臀围}{12}$+1.5cm，过点5向上画垂线与臀围线相交于点6，与腰围线相交于点7。

6—8 $\dfrac{臀围}{4}$+2cm。

5—9 $\dfrac{臀围}{16}$-1cm。

7—10 1.5cm，用直线连接点6—10，曲线连接点6—9，曲线距离点5为2.5cm，连接点10—6—9为前裆弧线。

$10—11$ $\dfrac{低腰围}{4}$ +2cm。

$2—12$ $\dfrac{裤脚口宽}{2}$。

$2—13$ $\dfrac{裤脚口宽}{2}$，分别过点12和点13

向上画垂线与中裆线相交于点14和点15。

过点11—8—14—12画出裤子前侧缝线，曲线在8—11线段处凸出0.5cm，在8—14线段处凹入0.5cm。

过点9—15—13画出裤子前下裆弧线，曲线在9—15线段处凹入1cm，完成前裤片原型纸样。

②后裤片：在前裤片纸样的基础上继续作图。

$5—16$ $\dfrac{1—5}{4}$，过点16向上画垂线与臀围线相交于点17，与腰围线相交于点18。

点19为 $\dfrac{16—18}{2}$。

$18—20$ 2cm。

$20—21$ 2cm。

$9—22$ $\dfrac{5—9}{2}$ -1cm。

$22—23$ 0.25cm，过点21—19—23画出后裆弧线，曲线距离点16为4cm。

$21—24$ $\dfrac{低腰围}{4}$ +3.5cm，点24在腰缝线上。

点25为 $\dfrac{21—24}{2}$。

确定省线位置：过点25向下画后腰缝线的垂线，取省长为6cm，省宽为1.5cm。

$17—26$ $\dfrac{臀围}{4}$ +2.5cm。

$12—27$ 2cm。

$13—28$ 2cm。

$14—29$ 2cm。

$15—30$ 2cm。

过点24—26—29—27画出后裤片侧缝线，曲线在24—26线段处凸出0.5cm，在26—29

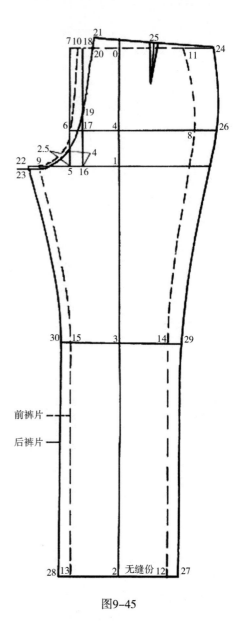

图9-45

线段处凹入0.75cm。

过点23—30—28画出后裤片下裆弧线，曲线在23—30线段处凹入1.5cm。

2.牛仔裤的完成纸样绘图步骤

图9-46所示为牛仔裤的完成纸样，是在上述牛仔裤原型基础上变化而成的。

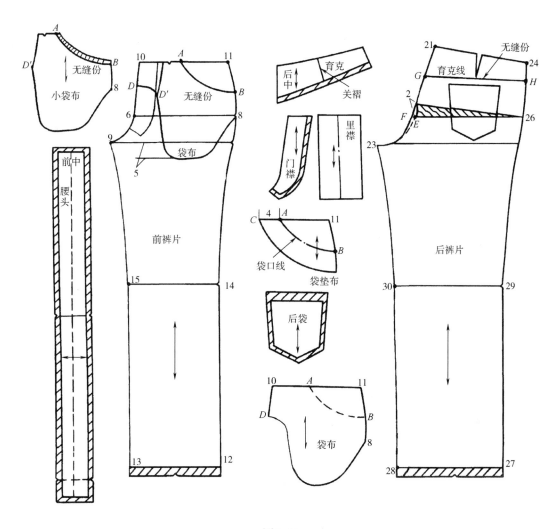

图9-46

（1）前裤片：绘出牛仔裤前裤片原型纸样，标明原有的点6、点8、点9、点10、点11、点13、点12、点14、点15。11—A=12cm，11—B=8cm，曲线连接点A—B为前弯袋口线，在弯袋口线A—B处加出1cm缝份，裤脚口线处加出2cm缝份。

（2）前袋垫布：在前裤片纸样的基础上，绘出点11—A—B结构，取A—C=4cm，过点C画A—B线的平行线为袋垫布底边线，完成袋垫布纸样。

（3）前袋布：在前裤片纸样的基础上，取10—D=5cm，袋深线位置在横裆线之下5cm，画出袋布轮廓线，绘出袋布纸样。点10—A—11—8—D的轮廓线迹为大袋布的纸样。点*A*—*B*—8—*D*′（取平行10-*D*线4cm）的轮廓线迹为小袋布的纸样。在弯袋口线*A*—*B*处加出1cm缝份。

（4）门襟和里襟：绘出裤子的前裆弧线，取长度=19cm、宽度=4cm，画出平行前裆弧线后增加1cm缝份，完成门襟的纸样。取长度=20cm、宽度=10cm，画出长方形结构线条，并以中线为对折线，完成里襟纸样。

（5）后裤片：绘出后裤片原型纸样，标明原有的点21、点23、点24、点26、点27、点28、点29和点30。沿着臀围线剪开，保持后侧缝线不变，在后裆弧线处展开2cm，标明点*E*。*E*—*F*=1cm，过点21—*F*—23画出新的后裆弧线。21—*G*=8cm、24—*H*=4cm，连接点*G*—*H*为育克与后裤片的分割线，在*G*—*H*边缘增加1cm缝份，裤脚口线增加2cm缝份，完成后裤片纸样。

（6）后育克：在后裤片纸样的基础上，绘出点21—*G*—*H*—24为后身育克，并将省闭合，在*G*—*H*线边缘修成凸出的弧线并增加1cm缝份，完成后身育克纸样。

（7）后袋布：在后裤片纸样的基础上，在后育克线下画出后袋口线，取袋口宽为15cm、长为16cm，绘出后明贴袋纸样。在袋口线边缘增加2cm缝份，其余各边线均加1cm缝份。

（8）腰头：取腰头宽为3cm，画出宽度=2倍腰头宽、长度=低腰围+3cm（里襟宽）的长方形结构，并在各边线均加出1cm缝份。

第三节　T恤纸样设计

针织服装纸样设计由于面料的弹性特征，其造型简洁、流畅、精炼，以直线、简单的曲线、斜线为主，较少采用省道和分割线，规格尺寸主要以测量实际尺寸为主。由于面料弹性的不同，紧身合体的服装依据其弹性度来实现各部位的尺寸，比例制图法表现出了较不确定性。

一、男T恤原型

1. 男T恤简介

针织服装的结构设计简单，大多数是较宽大的造型，近几年，流行的是合身的小T恤，T袖又称为打底衫、POLO衫、T-shirt。它取代了大T恤，款式变化通常在领口、下摆、袖口、色彩、图案、面料和造型上，比较常用的T恤面料有100%棉（其中经过除毛、软化等特殊工艺处理的100%棉，属于高档面料）、棉+涤纶、棉+莱卡（优质氨纶，又称莱卡棉）。莱卡棉具有悬垂性及折痕恢复能力，这是一种在织造过程中完成植入氨纶的弹性棉面料，手感好，比较贴身，凸显身材，有弹性，尤其是加氨纶丝的T恤更适宜做贴身衣着，现在开始在男装T恤上有所使用。氨纶的面料只能做淡碱低温丝光处理，骨感会差一些。尤其要注意的是，这款面料须做好防缩水处理。

T恤的基本纸样主要有修身型和直身型，一般采用较简单的方法而没有繁杂的公式。前片和后片的胸宽尺寸相同，前、后袖肥尺寸相同，袖窿形状、肩斜度大小、袖子的袖山弧度均一致。袖窿弧度较直，肩斜度较平，袖子的袖山高度较低。袖窿弧度、袖山弧度的形状相同，在车缝时绱袖的操作时间快且不易出错，能提高生产效率。

2. 修身型男T恤基本纸样

（1）男T恤基本款式：如图9-47所示，圆领、修身型、短袖，放松量为0~10cm。

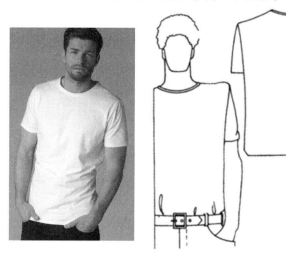

图9-47

（2）绘制男T恤所需尺寸：以号型170/88A成品规格为例，表9-15所示为男T恤制图所需尺寸。

表9-15

单位：cm

领围（N）	胸围（B）	肩宽（S）	袖窿深	腰节长	衣长（L）	袖长（SL）	袖口围
40	98	44	24	44.2	68	21	30

（3）男T恤衣身和短袖基本结构：如图9-48所示，袖窿直线测量为前片或后片肩端点至袖窿腋下点的直线距离。其主要公式如下：

前、后横开领宽=领围/5-0.5cm

前领深=领围/5-1.5cm

袖窿深线=袖窿深-2.5cm

前、后胸围宽=胸围/4-2cm

袖窿直线测量=■

袖山高=■/2

袖山斜线=■+2.5cm

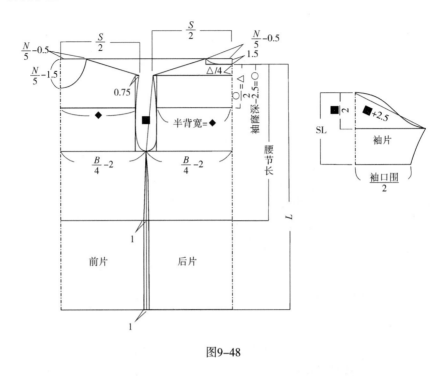

图9-48

3. 直身适中型男T恤基本样

图9-49所示为直身适中型男T恤的衣片和短袖基本结构，袖窿直线测量为前片或后片肩端点至袖窿腋下点的直线距离。直身适中型男T恤基本纸样为圆领、直身型、短袖，放松量为10~14cm。制图所需要的尺寸参考表9-15，与修身型基本纸样除胸围、背宽及袖窿深放松量不同外，其他部位取值可一样。主要公式如下：

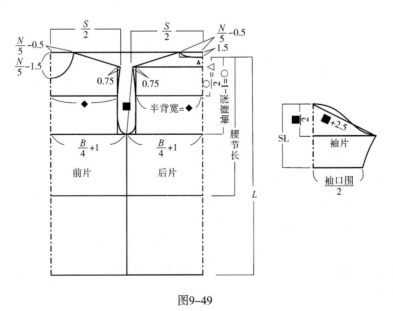

图9-49

前、后横开领宽=领围/5-0.5cm

前领深=领围/5-1.5cm

袖窿深线=袖窿深-1cm

前、后胸围宽=胸围/4+1cm

袖窿直线测量=■

袖山高=■/2

袖山斜线=■+2.5cm

二、门襟翻边较宽松T恤

1. 门襟翻边较宽松T恤款式特点

图9-50所示为门襟翻边较宽松T恤款式，其款式特点为：胸围放松量约为14~16cm，前身为门襟翻边半开襟，罗纹针织翻领，普通短袖。

图9-50

2. 门襟翻边较宽松T恤结构制图步骤

门襟翻边较宽松T恤的尺寸规格可参考表9-15，其纸样设计可由直身适中型T恤原型纸样变化而成，其造型结构图绘制步骤如图9-51所示。

3. 门襟翻边较宽松T恤生产纸样制作步骤（图9-52）

（1）后片：绘出松身T恤原型纸样的后身，取后中线为对折线，在底边线处加出2.5cm缝份。

（2）前片：绘出松身T恤原型纸样的前身，在前领口线上取搭门宽为1.5cm；经过此向下画出垂直线取开襟长为16cm，取前中线为对折线，在底边线处加出2.5cm缝份。

（3）门襟翻边：画出门襟的长方形结构，取宽3cm和长16cm，边缘分别增加0.5cm缝份，裁一片，取布纹经线。画出里襟的长方形结构，取宽6cm和长16cm，按中线对折，边缘分别增加0.5cm缝份，裁一片，取布纹经线。

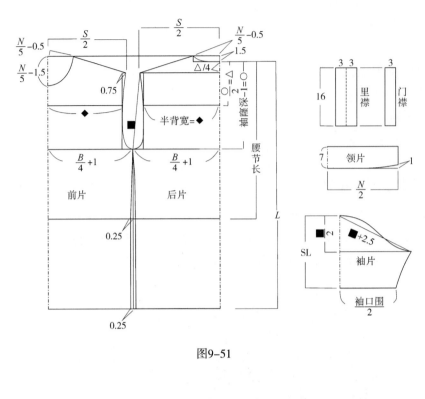

图9–51

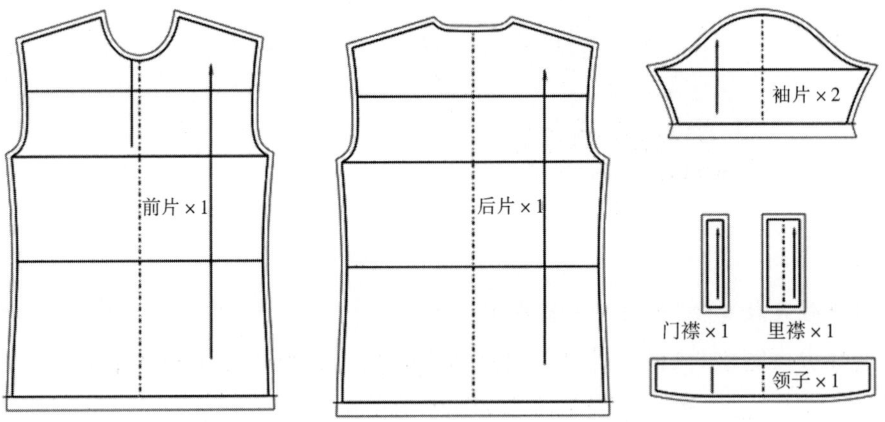

图9–52

（4）袖子：绘出松身T恤原型纸样的袖子，取中线为对折，在袖口线处加出2.5cm缝份。

（5）领子：罗纹针织领，取领宽7cm，领长为前、后领口弧线长减0.5cm，并在前中部向上翘1cm，取后中线为对折线，裁一片。

第四节　内裤纸样设计

一、男内裤简介

男内裤是专为男性设计的内裤。中国男人开始穿内裤是从周朝开始的，尽管至今已发展了数千年，但在保守的年代，这种属于绝对隐私的衣物发展极为缓慢。直至今天，遮羞保护阴部仍被许多男性视为内裤的主要功能。内裤又称为裤衩，男内裤首先要求宽松一些，不能太紧，材料采用纯棉。囊袋内裤，从医学的角度完全符合人体构造设计，立体阴囊托采用无缝工艺制成，阴茎与阴囊分开隔离放置，穿着很方便。时尚的中低腰及贴身设计，可以很好的提裆，有助于血液循环，有利于预防和护理阴囊潮湿和精索静脉曲张等男性常见症状，能够满足现代男人对于内裤追求时尚和保健的完美结合。

二、男内裤分类

男内裤变得稳重简单，整体样式可分为：三角裤、四角裤、五角裤，最新流行款式有：丁字裤、C字内裤、比基尼型内裤。

（1）三角裤：可分为高腰三角裤和低腰三角裤，是腿粗的男性优先考虑的，而且可以修饰腿部，使之显得更修长。低腰三角裤比高腰三角裤性感。

（2）四角裤：裤脚长度到达大腿上部，即平角裤，比三角裤看着舒服，不太适合腿太粗或太细的男性穿着。紧身拳击四角裤结合了三角裤和短脚内裤的优点，款式简洁醒目，成为阳光男孩的标志。现在男性都流行穿着一种薄型内裤，裤腰在盆骨以下位置，裆部很短，裤子有弹性穿上之后显得比较紧身。

（3）五角裤：指内裤外形像五角星，五角形内裤的设计重点在于底线的弹性有防止臀部下垂、提升臀线的作用，适合臀部曲线下垂或平板的女性。但要注意，如果底线部分织物松弛，则提升臀部的作用就达不到了。

（4）丁字裤：可分为单丁裤和双丁裤，后面裆部只有一条线的设计是单丁，不习惯的人穿着会有些不舒服。有两条带子分在臀部两边固定的则是双丁裤，这两种款式最大的优点就是透气性极佳，可以适应穿着者的任何剧烈运动，同时穿紧身裤时不会留下痕迹，是时尚男性的最爱。如穿着比较贴身的紧身长裤时，可以避免内裤的线条破坏臀型的表现，但易导致臀部下垂。

（5）C字内裤与V字内裤：均为性感型内裤，此种内裤款式众多，虽谈不上有保护臀部和塑形的功能。

（6）比基尼型内裤：比基尼型的设计一般是为了避免有束缚的感觉，但易导致臀部下垂。

（7）男士囊袋内裤：这是男内裤发展中的一个重要里程碑。男士囊袋内裤指有一个囊袋（也称为阴囊托）托住阴囊，防止阴囊下垂，避免阴囊与大腿内侧相互摩擦，通风透气效果极佳。

三、男内裤结构设计

1. 男内裤款式

如图9-53所示为低腰型三角内裤，橡筋腰头，前片分为两片，有一横向拼接缝和底片连接。

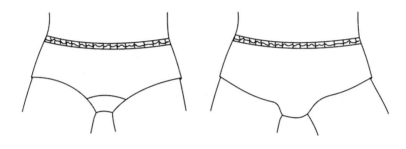

图9-53

2. 男内裤所需尺寸规格

以身高170~180cm为例制图，男内裤制作纸样时所需要的尺寸如表9-16所示。

表9-16　　　　　　　　　　　　　　　　　　　　　　　单位：cm

腰围（*W*）	臀围（*H*）	侧缝长	底裆宽
72~80	88~96	16.6	10

男内裤尺寸规格要求：

（1）腰围55~78cm，以每6cm分一档。

（2）腰围79~110cm，以每8cm分一档。

（3）臀围79~90cm，以每10cm分一档。

（4）臀围91cm，以每12cm分一档。

（5）臀围减腰围在25~28cm为正常尺寸。

3. 男内裤结构制图步骤

图9-54所示为男内裤结构制图。

（1）前片和前裆布：前片制图主要公式如下。

臀围宽=1/4臀围-3cm

腰至臀长=16cm

前底裆长=1/6臀围-1.5cm

底片长=10cm

底片宽10cm

在上述前身纸样上绘出结构，3cm为裤腰头贴边，底裆拼接缝分别加出0.5cm缝份，取前中线为对折线，前片裁一片，底裆片裁两片，取布纹经线。

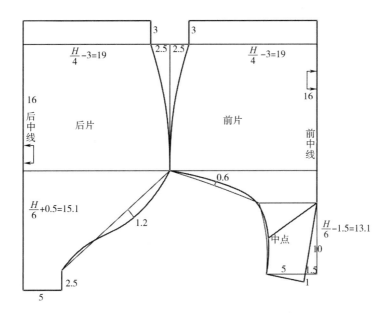

图9-54

（2）后片：后片制图主要公式如下。

臀围宽=1/4臀围-3cm

腰至臀长=16cm

底裆长=1/6臀围+0.5cm

在上述后身纸样上绘出结构，3cm为裤腰头贴边，取后中线为对折线，裁一片，取布纹经线。

本章要点

设计男装纸样要先了解人体尺寸和服装规格之间的关系，人体尺寸指测量人体的长度和围度的净尺寸，而服装规格是服装成品的实际尺寸。

传统男衬衫指和西装、礼服等套装组合穿用的内衣化衬衫，其款式结构特点为较紧身，圆形下摆，前开襟单排扣，左前胸有明贴袋，肩部有育克，后肩育克有褶裥。男马甲在礼仪上可分为普通马甲和礼服马甲。普通马甲是与西装和西裤配合穿用；礼服马甲主要与礼服西装、燕尾服等配合穿用，有塔士多礼服马甲、燕尾服马甲、晨礼服马甲等。男马甲穿在衬衫和西装之间，因而在结构上必须比西装的收缩量小，而其后背缝收腰量则稍大些；袖窿深线比西装的袖窿深线扩大2~6cm。其款式特点是六粒扣，V型领口，单排扣门襟，前、后身分别设有腰省，前身有左、右对称的手巾袋和腰袋，下摆侧缝线开衩，前底边线呈V型。马甲后身采用里料或薄绸料，前身采用与套装相同的面料。后领口强度不足时，可采取前身结构延伸后领座来加强后领口牢度，或可在后领口内层加入牵条。男夹克款式多种多样，是男装变化最多的一种休闲服装。西装在穿着上的基本形式有三件套和两件套，所谓三件套指由上衣、马甲和西裤三件组合成的上下装束，而两件套仅由上衣和西裤组成。西装的款式变化在于纽扣位置及数量、领型、衣摆开衩位置、衣袋等。按纽扣数量可分为单排扣西服、双排扣西服等；按驳头不同，可分为平驳头西服（又称八字领西服）、戗驳头西服（又称关刀领西服）等。大衣的种类按长度分为长大衣、短大衣及中长大衣；按使用目的可分为防寒用的冬天大衣、春天用的风衣、防雨用的雨衣、防尘用的大衣等；按面料分，主要有毛呢大衣、棉大衣、羽绒大衣、裘皮大衣、皮革大衣、人造毛皮大衣等品种。大衣款式有箱型及窄身型。其他各部位的款式有一片袖、两片袖或插肩袖（又称连肩袖、牛角袖）的袖子，平驳头西服领、戗驳头西服领、青果领或大翻折领型的领子，前身单排扣及双排扣等的变化。在男大衣中，柴斯特大衣属于最高礼节大衣，此类大衣是一种细长的基本型且配有黑色天鹅绒领子的英国绅士风味的外衣。其款式特点是合体、单排扣、戗驳头、前腰设省、两侧有袋盖双嵌线袋、后背缝，衣长到膝关节下部，西服袖，有袖衩并设三粒装饰扣，衣内前双里袋，下摆活里。

传统男西裤的款式特点是前身两侧斜插袋，前开襟，左右拼驳腰头，后身有两个对称的腰省，后腰下右边设双嵌线袋（双唇袋）。男西裤的外形和线条主要取决于裤管的形状，常见的有直筒裤、喇叭裤、萝卜裤等。在牛仔裤的款式中，最常见的是四袋款牛仔裤和五袋款牛仔裤，五袋款牛仔裤的前身有两个弯插袋、一个明表袋，后身有两个明贴袋。款式特点为加直腰头，有串带襻，前中开门里襟，前身设有弯形插袋，后身腰缝下有育克并在育克下设明贴袋，主要特色是各线缝缉明线。

男T恤的款式特点由于面料有弹性，其造型简洁、流畅、精炼，结构主要有紧身型和适中型基本样。在款式上最常见的是门襟翻边较宽松T恤，罗纹针织翻领，普通短袖。

男内裤的款式特点主要为低腰型三角内裤，前片分为两片，有一横向拼接缝和底片连接，腰头缩缝橡筋带，其结构适合有弹性的面料。

本章习题

1. 简述男衬衫和男西装的款式特点。

2. 绘制男式衬衫、大衣、裤子各需要什么尺寸？

3. 分别说明传统男衬衫和西裤的生产纸样包含哪些。

4. 绘制传统男西装生产纸样包含哪些纸样？

5. 分别说明修身型和直身适中型男T恤制图的主要公式有哪些。

6. 绘制门襟翻边较宽松T恤纸样包含有哪些？

7. 说明男内裤制图的主要公式有哪些。

应用与实践——

童装纸样设计

本章内容: 1.儿童体型特征

2.童装原型设计

3.童装纸样设计

教学时间: 8课时

学习目的: 让学生掌握童装原型设计和各式童装款式的纸样设计。

教学要求: 掌握童装原型设计和各式童装上衣、裙子、裤子及背带装等款式的纸样设计;了解儿童体型特征;学会利用以上知识点分析或解剖各式童装款式的变化原理及其纸样设计方法。

第十章　童装纸样设计

童装指适合儿童穿着的服装，要求穿着方便、安全舒适。在设计上，由于儿童不断成长发育，体型在不断变化，故童装设计应满足不同的儿童成长阶段，并要有很强的吸引力，才能使父母有购买欲。在纸样制作上，尺寸定位要适应各年龄段童装设计的要求，使童装美观适体。

第一节　儿童体型特征

儿童的体型是随着成长过程而逐渐变化的，并且在相同的年代，依地方差异，如气候、风土、生活环境、遗传、性别、健康状况等的不同，儿童的体型与成长状态也有差别，要将儿童服装制作的美观适体必须了解各年龄段儿童的体型与成长状态。

一、出生~1岁的婴儿

此年龄段的儿童身体发育特别显著，出生时，婴儿的平均身长约50cm，平均体重约3000g，到2~3个月时，身长已增加10cm，体重则是出生时的2倍左右；而到1岁时，身长会长高约1.5倍，体重增加约3倍，并且其运动机能发达，如3~4个月会活动手脚，6~7个月会坐起来及爬行，10~12个月可学走路。

二、1~5岁的幼儿

此年龄段的儿童身长、体重、胸围尺寸均同时伸展，尤其由于步行而促使其下半身成长显著。1~3岁幼儿的体型特点是头部大、颈项短，挺身而腹部凸出；大约从4岁开始下腹部的凸出会稍微减少，但背部的弯曲度会增大，肩宽也有所增加；至5岁时，肩峰点会明显。

三、6~12岁的小学生

此年龄段的儿童运动机能与智能发育显著，6~8岁儿童的体重与胸围尺寸之增加率较高，且男女差异会逐渐显现。9~12岁的儿童，男女的体型差异会变得更显著，特别是女孩发育显著，身长、体重都会超过男孩，胸围、腰围、臀围的尺寸差异会更加增大。女孩的臀围尺寸在一年之间会增大3~4cm，身体会圆润起来而成为少女化的体型。而男孩的胸部会变厚，肩膀会变宽，筋骨和骨骼会强壮，变成耸肩，肩胛骨的挺度也变强，成为少年型体型。

　　儿童在各个年龄段有相应的体型、姿势和比例，儿童的发育、成长状态不是按照同一比例变化的，而是不同时期发育的部位不同。如图10-1所示为0~16岁儿童的体型和身高比例。

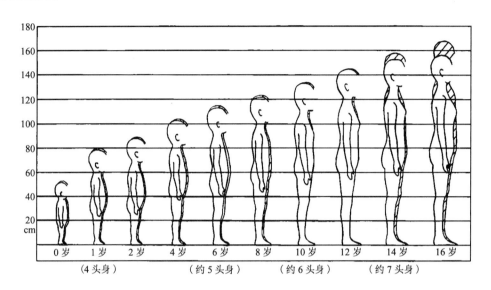

图10-1

第二节　童装原型设计

　　童装裁剪有立体裁剪和平面裁剪两种方法，但立体裁剪需要人体模型，尤其是童装，各年龄段需要不同的童体模型，会增加制作童装的成本，故童装生产多采用平面裁剪。

一、童装衣身原型

　　童装衣身原型是以上身胸围和腰节长尺寸为基础，加上不妨碍正在成长发育的孩子之运动功能的放松量。

1. 绘制童装衣身原型所需尺寸

以身高110cm的5岁儿童为例，表10-1所示为绘制衣片原型所需尺寸。

表10-1　　　　　　　　　　　　　　　　　　　　单位：cm

领围（N）	胸围（B）	小肩宽	后背宽	腰节长	袖窿深
28.5	60	8.5	24.5	26	14.5

2. 童装衣身原型纸样绘制步骤

图10-2所示为童装衣身原型，绘图步骤如下。

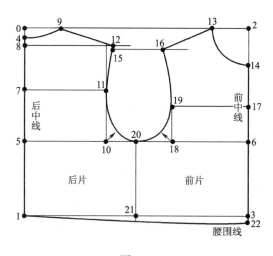

图10-2

以点0为起点，画出垂线和水平线，其中垂线为后中线，水平线为上平线。

0—1　腰节长+1.25cm，过点1画水平线为下平线。

0—2　身高92~122cm规格为$\dfrac{胸围}{2}$+4cm，身高123~152cm规格为$\dfrac{胸围}{2}$+4.5cm。过点2向下画垂线为前中线，与下平线相交于点3。

0—4　1.25cm。

4—5　袖窿深+1cm，过点5画水平线为袖窿深线，与前中线相交于点6。

4—7　$\dfrac{4—5}{2}$，过点7画水平线为背宽线。

4—8　$\dfrac{袖窿深}{4}$-2cm，过点8画水平线。

0—9　$\dfrac{领围}{5}$-0.2cm，曲线连接点4—9为后领口弧线。

5—10　半背宽+0.5cm，过点10向上画垂线与背宽线相交于点11。

9—12　身高92~122cm规格为小肩宽+0.3cm，身高123~152cm规格为小肩宽+0.5cm。点12在过点8的水平线上，连接点9—12为后肩斜线。

2—13　$\dfrac{领围}{5}$-0.5cm。

2—14　$\dfrac{领围}{5}$-0.2cm，曲线连接点13—14为前领口弧线。

12—15　0.5cm，过点15向右画水平线。

13—16　小肩宽，点16在点15的水平线上，连接点13—16为前肩斜线。

14—17　身高92~122cm规格为$\dfrac{6—14}{2}$+1cm，身高123~152cm规格为$\dfrac{6—14}{2}$+1.5cm，过点17画水平线。

6—18　身高92~122cm规格为（5—10）-1cm，身高123~152cm规格为（5—10）-0.75cm，过点18向上画垂线与点17的水平线相交于点19。

18—20　$\dfrac{10—18}{2}$+0.5cm，过点20向下画垂线与下平线相交于点21。

过点12—11—20—19—16画出袖窿弧线，分别画出过点10和点18的45° 斜线，取袖窿弧线的曲度参考值为：身高92~122cm规格距离点10为2cm、距离点18为1.75cm，身高123~152cm规格距离点10为2.25cm、距离点18为2cm。

3—22　身高92~122cm规格为1.5cm，身高123~152cm规格为1cm。用曲线连接点1—22为腰围线。

3. 童装衣身原型变化

根据儿童体型特征，在童装设计上，通常会采用橡筋处理，附加腰带、抽褶、折裥等设计方式来适合多种体型的儿童穿着，衣身形状受腰围尺寸控制，故将衣身原型变化为无省和有省两类。

（1）无省衣身原型：图10-3所示为无省衣身原型，在衣身原型基础上进行侧收腰变化。在腰围线上取1—$A=\dfrac{腰围}{4}+1.25cm$、22—$B=\dfrac{腰围}{4}+1.75cm$。曲线连接点20—A和点20—B为侧缝线，调整点A和点B，确保20—A=20—B。

（2）有省衣身原型：图10-4所示为有省衣身原型，也是在衣身原型基础上进行侧收腰和加省变化。在袖窿深线上取5—A=1/2（5—10），过点A向下画垂线与腰围线相交于点B。6—C=1/2（6—18），过点C向下画垂线与腰围线相交于点D。A—E=2cm，C—F=2cm。

在腰围线上，身高116~122cm规格：1—G=1/4腰围+1.75cm，22—H=1/4腰围+2.25cm；身高123~134cm规格：1—G=1/4腰围+2.25cm，22—H=1/4腰围+2.75cm；身高135~152cm规格：1—G=1/4腰围+2.75cm，22—H=1/4腰围+3.75cm。

用曲线连接点20—G和点20—H为侧缝线。

分别以点E—B和点F—D为省中线，画出后腰省和前腰省线，其中省宽尺寸为：身高116~122cm规格，前、后腰省宽各为0.5cm；身高123~134cm规格，前、后腰省宽各为1cm；身高135~152cm规格，后腰省宽为1.5cm，前腰省宽为2cm。

在腰围线处调整点G和点H，使20—G=20—H，并且调整前、后腰省线，使腰省线相等。

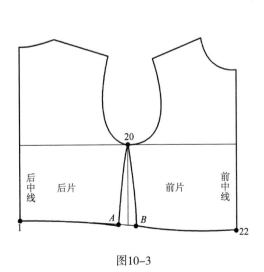

图10-3

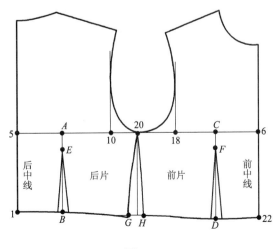

图10-4

4.童装外套衣身原型

童装外套在围度上要求宽松，以便里面能穿衬衫、毛衣等服装，而且在长度上要覆盖臀部，故外套衣身原型在围度及长度上需增加放松量。为满足不同年龄段儿童尺寸规格及外套设计要求，分别将童装外套衣身原型设计如下。

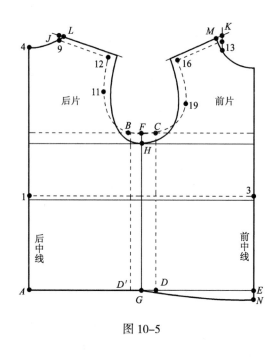

图10-5

（1）7岁以下儿童外套衣身原型：图10-5所示为7岁以下儿童外套衣身原型，在童装衣身原型的基础上进行变化。

延长后中线，取4—A=衣长，过点A画水平线为下平线，标明后腋下点为点B和前腋下点为点C，并分别过点B和点C向下画垂线，与下平线相交于点D'和点D；延长前中线，与下平线相交于点E。

沿侧缝线剪开，取B—C=5cm，$B—F=\dfrac{B—C}{2}$，过点F向下画垂线与下平线相交于点G；降低腋下点，取F—H=2cm，H—G为外套的侧缝线。

平行提高前、后肩斜线0.5cm，并分别向肩端方向延长1.25cm，画出外套的袖窿弧线。

分别过点9和点13向上画垂线，与外套的肩斜线相交于点J和点K，取J—L=K—M=0.5cm，画出外套的领口弧线。

取E—N=1.5cm，曲线连接点G—N为前片底边线。平行1—3线降低0.5cm为外套的腰围线。

（2）8~13岁儿童外套衣身原型：由于8~13岁的男孩腰节长和后背宽大于女孩，故外套衣身原型应分别进行纸样设计。以身高134cm的9岁男孩和女孩为例，表10-2所示为绘制8~13岁儿童外套衣身原型所需尺寸。

表10-2　　　　　　　　　　　　　　　　　　　　　　　　　单位：cm

部位 分类	领围（N）	胸围（B）	后背宽	小肩宽	腰节长	腰至臀长	袖窿深
男孩	31	70	29.5	10.5	31.5	15.5	17.5
女孩	31	69	29	10	30.5	15.5	17

图10-6所示为8~13岁儿童外套衣身原型，绘制步骤如下。

以点0为起点，画出垂线和水平线，其中垂线为后中线，水平线为上平线。

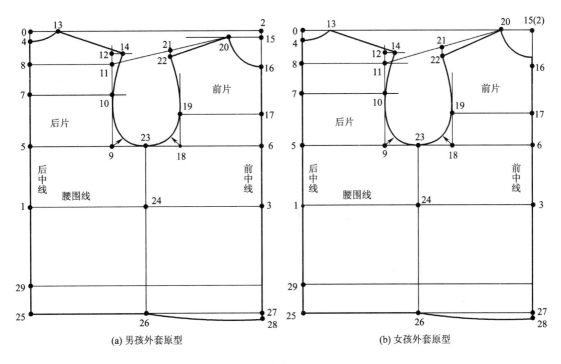

(a) 男孩外套原型　　　　　　　(b) 女孩外套原型

图10-6

0—1　腰节长+2.25cm，过点1画水平线为腰围线。

0—2　$\dfrac{胸围}{2}$+10cm，过点2向下画垂线为前中线，与腰围线相交于点3。

0—4　1.75cm。

4—5　袖窿深+3cm，过点5画水平线为袖窿深线，与前中线相交于点6。

4—7　$\dfrac{4-5}{2}$，过点7画水平线为背宽线。

4—8　$\dfrac{袖窿深}{4}$，过点8画水平线。

5—9　$\dfrac{后背宽}{2}$+2cm，过点9向上画垂线，与背宽线相交于点10，与点8的水平线相交于点11。

11—12　2cm，过点12向右画水平线。

0—13　$\dfrac{领围}{5}$+0.3cm，连接点4—13画出后领口弧线。

12—14　1.5cm，连接点13—14为后肩斜线。

女孩外套绘图如下［图10-6（b）］：

将点2更改为点15。

15—16　$\dfrac{领围}{5}$+2cm。

16—17　$\dfrac{16-6}{2}$+2cm，过点17画水平线为上胸围线。

6—18　（5—9）–0.8cm，过点18向上画垂线与上胸围线相交于点19。

男孩外套绘图如下［图10–6（a）］：

2—15　0.5cm，过点15画水平线。

15—16　$\dfrac{领围}{5}$+0.3cm。

16—17　$\dfrac{6—16}{2}$+2cm，过点17画水平线为上胸围线。

6—18　（5—9）–1cm，过点18向上画垂线与上胸围线相交于点19。

继续衣身绘图如下：

15—20　$\dfrac{领围}{5}$，曲线连接点16—20为前领口弧线，直线连接点20—11。

20—21　（13—14）–0.5cm。

21—22　1cm，直线连接点20—22为前肩斜线。

18—23　$\dfrac{9—18}{2}$+0.5cm，过点23向下画垂线为侧缝线，与腰围线相交于点24。过点14—10—23—19—22画出袖窿弧线，袖窿弧线距离点9和点18为2.25cm。

4—25　衣长，过点25画水平线为下平线，与侧缝线相交于点26，与前中线相交于点27。

27—28　1cm，曲线连接点26—28为前衣底边线。

1—29　腰至臀长，过点29画水平线为臀围线。

二、童装袖子原型

童装袖子原型是以衣身袖窿弧线长和袖长为基础而绘制的。为使袖子原型适合衣身原型，需考虑袖子的袖山高度，袖山高度对袖肥和手臂动作有很大影响。童装需要功能性，袖山高度不应太大，一般随着儿童年龄增大而袖窿弧线长度增大，袖山高度也因此增高，但必须与袖肥保持平衡，袖山高度需配合儿童的不同年龄阶段而适当调整。此袖子原型为一片袖，适用于所有尺寸规格的男孩和女孩的衣身原型。

　1. 绘制童装袖子原型所需尺寸

以身高110cm的5岁儿童规格为例，绘图所需尺寸如下。

（1）袖窿弧线长度：测量衣身原型的袖窿弧线长度。

（2）袖长：39.5cm，但若是大衣或外套，则必须再加长1.25cm，约为40.8cm。

　2. 童装袖子原型绘制步骤

如图10–7所示，用软卷尺测量衣身原型的袖窿弧长，标明腋下点为点A，后肩端点为点B和前肩端点为点C，在袖窿深线上将原点10更改为点D，原点18更改为点E。袖子原型绘图步骤如下。

以点0为起点，画水平线和向上画垂线，其中水平线为袖山深线。

0—1　$\dfrac{袖窿弧长}{3}$+0.25cm，过点1画水平线为上平线。

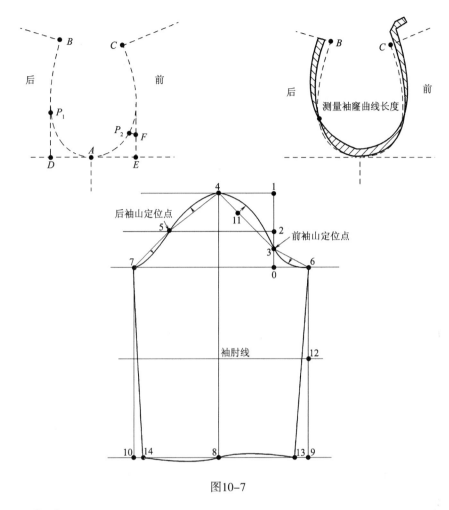

图10-7

$0—2$ $\dfrac{0—1}{2}$，过点2画水平线。

$0—3$ $\dfrac{0—2}{2}$。画出袖山基础线后，在衣身原型上标明前、后袖窿对位点，$E—F=$ $0—3$，过点F画水平线交前袖窿线为前袖窿对位点P_2，而点$D—P_1=0—2$。

$3—4$ （$C—P_2$）+0.5cm（说明：以测量$C—P_2$直线长度为准），若身高123~152cm，则取（$C—P_2$）+0.75cm，点4在上平线上，连接点3—4。

$4—5$ （$B—P_1$）+0.5cm（说明：以测量$B—P_1$直线长度为准），若身高123~152cm，则取（$B—P_1$）+0.75cm，点5在点2的水平线上，连接点4—5。

$3—6$ （$P_2—A$）-0.3cm（说明：以测量$P_2—A$曲线长度为准），点6在袖山深线上，连接点3—6。

$5—7$ （$P_1—A$）-0.3cm（说明：以测量$P_1—A$曲线长度为准），点7在袖山深线上，连接点5—7。过点4向下画垂线为袖中线。

$4—8$ 袖长，过点8画水平线为下平线，分别过点6和点7向下画垂线与下平线相交于点9和点10。

依据下列参考值，过点7—5—4—3—6画出袖山曲线：线段5—7凹入约0.4cm，线段4—5凸出约0.8cm，$4—11=\dfrac{3—4}{3}$，点11处凸出约1.5cm，线段3—6凹入约0.6cm。

$9—12$　$\dfrac{6—9}{2}$，过点12画水平线为袖肘线。

$9—13$　$\dfrac{8—9}{6}$。

$10—14$　$\dfrac{8—10}{6}$，连接点6—13和点7—14为袖内缝线。

依据下列参考值，过点13—8—14，画出袖口弧线：线段8—14下凸约0.5cm，线段8—13上凹约0.5cm。

三、童装裙子原型

依据儿童的成长发育、体型特征及运动功能，普通童装裙子原型纸样为斜裙（又称A字裙），为配合童装无省衣身原型纸样和有省衣身原型纸样，将童装裙子原型分为无腰省和有腰省两类。

1. 无腰省裙子原型

此纸样适用于身高92~115cm的儿童，因为身高115cm以下的女孩，她们的腹部突出，且仅有小小的腰线，故紧身的服装是不适宜的。而无腰省裙子原型是不收腰的宽松型，而且在腰围处包含有5cm的放松量，所以通常用于背带裙（又称吊带裙）、连衣裙和背心裙的设计上。

以身高110cm规格为例，表10-3所示为无腰省裙子原型所需尺寸。

表10-3 单位：cm

腰围（W）	臀围（H）	腰至臀长	腰至膝长
56	62	13.2	37

图10-8所示为无腰省裙子原型纸样，绘图步骤如下。

（1）后裙片：以点0为起点，画出垂线和水平线，其中垂线为后中线，水平线为腰围线。

0—1　腰至膝长+1cm，过点1画水平线作为膝围线。

0—2　腰至臀长+1cm，过点2画水平线作为臀围线。

$2—3$　$\dfrac{臀围}{4}+1.5cm$，过点3画垂线向上与腰围线相交于点4，向下与膝围线相交于点5。

$0—6$　$\dfrac{腰围}{4}+1cm$。

0—7　1cm，用曲线连接点6—7为后腰缝线。

5—8　2.5cm。

过点6—3—8画出侧缝线，其中3—6线段向外凸出0.25cm，在点8处向上减0.25cm，用曲线连接点1—5—8为裙摆线。

（2）前裙片：以点9为起点，画出垂线和水平线，其中垂线为前中线，水平线为腰围线。

9—10　腰至膝长+1cm，过点10画水平线为膝围线。

9—11　腰至臀长+1cm，过点11画水平线为臀围线。

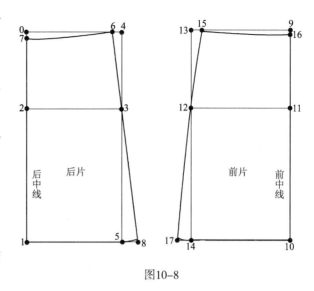

图10-8

11—12　$\dfrac{臀围}{4}$+2cm，过点12画垂线向上与腰围线相交于点13，向下与膝围线相交于点14。

9—15　$\dfrac{腰围}{4}$+1.5cm。

9—16　0.5cm，曲线连接点15—16为前腰缝线。

14—17　2.5cm。

过点15—12—17画出侧缝线，其中12—15线段向外凸出0.25cm，在点17处向上减0.25cm，用曲线连接点17—14—10为裙底边线。

2．有腰省裙子原型

此纸样适用于身高116~140cm的女孩，它在腰围处包含1cm的容缩量，车缝时裙子腰围归拢缝于裙腰头上。以身高116cm的6岁女孩为例，表10-4所示为绘制有腰省裙子原型所需尺寸。

表10-4　　　　　　　　　　　　　　　　　　　　　　　　　单位：cm

腰围（W）	臀围（H）	腰至臀长	腰至膝长
61	65	13.8	39

如图10-9所示，有腰省裙子原型绘图步骤与无腰省裙子原型基本相同，不同之处如下。

（1）后裙片：0—6=$\dfrac{腰围}{4}$+1.2cm（说明：若身高为123~140cm，则取$\dfrac{腰围}{4}$+1.7cm）。在腰围线6—7的中点上画出后腰省中线，取后腰省长8cm、省宽1cm画出后腰省

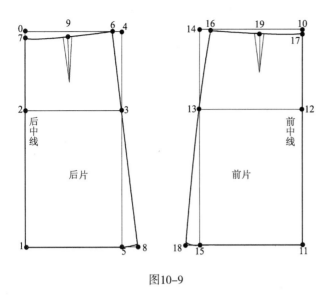

图10-9

线（说明：若身高为123~140cm，后腰省尺寸变化为省长9cm、省宽1.5cm）。

（2）前裙片：$10—16=\dfrac{腰围}{4}+1.3cm$（说明：若身高为123~140cm，则取$\dfrac{腰围}{4}+1.8cm$）。在腰围线16—17的中点上画出前腰省中线，取前腰省长6.5cm、省宽1cm画出前腰省线（说明：若身高为123~140cm，前腰省尺寸变化为省长7.5cm、省宽1.5cm）。

四、童装裤子原型

童装裤子设计要求易穿脱和易整理，裤子面料宜选择结实、耐洗的斜纹粗布类、棉织物、毛料和针织面料等。依据儿童的体型变化以及不同的年龄阶段，将童装裤子原型分为普通裤子原型和宽松式裤子原型。

1.普通裤子原型

此纸样适用于身高92~122cm的儿童，以及身高123~170cm的男孩和身高123~140cm的女孩，其在腰围处包含1cm的容缩量，在缝制时归拢于腰头上，对于男孩和身高在122cm以下的女孩，裤腰头上口线处于自然腰围线处；而身高在122cm以上的女孩，采用裤腰头下口线在自然腰围线处。以身高134cm的9岁儿童为例，表10-5所示为绘制普通裤子原型所需尺寸。

表10-5
单位：cm

分类\部位	臀围（H）	腰围（W）	立裆长	内侧缝长	腰至臀长	裤脚口宽	裤腰头宽
男孩	73	63	22	61	15.5	19	3
女孩	74	61	22.5	61	15.5	19	3

图10-10所示为普通裤子原型纸样，绘图步骤如下。

（1）前裤片：以点0为起点，画出垂线和水平线，其中水平线为腰围线，垂线为裤中烫迹线。

用于身高92~122cm的儿童以及身高123~170cm的男孩［图10-10（a）］：

0—1　上裆长+1cm-裤腰头宽，过点1画水平线为横裆线。

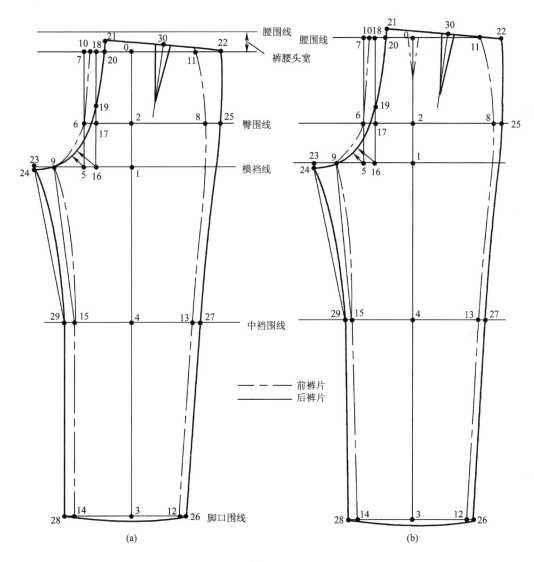

图10-10

0—2　腰至臀长+1cm-裤腰头宽，过点2画水平线为臀围线。

用于身高123~140cm的女孩［图10-10（b）］：

0—1　上裆长，过点1画水平线为横裆线。

0—2　腰至臀长，过点2画水平线为臀围线。

继续裤子绘图如下：

1—3　内侧缝长，过点3画水平线为脚口围线。

1—4　身高92~122cm规格为 $\frac{1-3}{2}$ -3cm，身高123~152cm规格为 $\frac{1-3}{2}$ -3.5cm，身高153~170cm规格为 $\frac{1-3}{2}$ -4cm。过点4画水平线为中裆围线。

1—5　$\dfrac{臀围}{12}+1.5\text{cm}$，过点5向上画垂线与臀围线相交于点6，与腰围线相交于点7。

6—8　身高92~122cm规格为$\dfrac{臀围}{4}+1.5\text{cm}$，身高123~152cm规格为$\dfrac{臀围}{4}+1\text{cm}$，身高153~170cm规格为$\dfrac{臀围}{4}+0.5\text{cm}$。

5—9　$\dfrac{臀围}{16}+0.5\text{cm}$。

7—10　1cm。

连接点10—6—9为前裆弧线，其中曲线距离点5的参考值为：身高92~122cm规格为2.25cm，身高123~152cm规格为2.5cm，身高153~170cm规格为2.75cm。

用于身高92~122cm的儿童以及身高123~170cm的男孩［图10—10（b）］：

10—11　无省道时，身高92~122cm规格为$\dfrac{腰围}{4}+0.75\text{cm}$，身高123~170cm规格为$\dfrac{腰围}{4}+0.25\text{cm}$。

10—11　有省道时，$\dfrac{腰围}{4}+1.25\text{cm}$。

在点0的垂线上画出前腰省线，取省长=8cm、省宽=1cm。

继续裤子绘图如下：

3—12　$\dfrac{裤脚宽}{2}-0.5\text{cm}$。

4—13　（3—12）+1cm，直线连接点12—13。

3—14　$\dfrac{裤脚宽}{2}-0.5\text{cm}$。

4—15　（3—14）+1cm，直线连接点14—15。

连接点11—8—13—12为侧缝弧线，其中8—11线段向外凸出0.25cm。

连接点9—15—14为下裆线，其中9—15线段向内凹入0.75cm。

（2）后裤片：

5—16　$\dfrac{1-5}{4}$，过点16向上画垂线与臀围线相交于点17，与腰围线相交于点18。

16—19　$\dfrac{16-18}{2}$。

18—20　1.5cm。

20—21　1.5cm。

21—22　身高92~122cm规格为$\dfrac{腰围}{4}+1.75\text{cm}$，身高123~152cm规格为$\dfrac{腰围}{4}+2.25\text{cm}$，身高153~170cm规格为$\dfrac{腰围}{4}+2.75\text{cm}$。点22在上平线上，连接点21—22为后腰缝线。

9—23　$\dfrac{5-9}{2}$。

23—24　0.25cm，连接点21—19—24为后裆弧线，其中曲线距离点16的参考值为：身高92~122cm规格为3.5cm，身高123~152cm规格为3.75cm，身高153~170cm规格为4cm。

17—25　身高92~122cm规格为$\frac{臀围}{4}$+1cm，身高123~170cm规格为$\frac{臀围}{4}$+1.25cm。

12—26　1cm。

13—27　1cm，直线连接点26—27。

14—28　1cm。

15—29　1cm，直线连接点28—29。

连接点22—25—27—26为侧缝弧线，曲线22—25线段处向外凸出0.25cm，在25—27线段处向内凹入0.25cm。

连接点24—29—28为下裆线，曲线在24—29线段处向内凹入1.25cm。

21—30　$\frac{21-22}{2}$，过点30向下作21—22线的垂线，取后腰省尺寸为：身高92~122cm规格，省长=7.5cm、省宽=1.5cm；身高123~152cm规格，省长=9cm、省宽=2cm；身高153~170cm规格，省长=11cm、省宽=2.5cm。画出后腰省线。

在点3处下凸1cm，曲线连接点26—28为脚口围线。

2. 宽松式裤子原型

此纸样适用于身高92~170cm的儿童，用于粗棉斜纹布的工装裤和橡筋腰头的宽松裤子款式。

以身高110cm的5岁儿童规格为例，表10-6所示为绘制宽松裤子原型所需尺寸。

表10-6
单位：cm

臀围（H）	腰围（W）	内侧缝长	腰至臀长	上裆长	裤脚口宽
62	56	48	13.2	18.9	17

图10-11所示为宽松式裤子原型纸样，绘图步骤如下。

（1）前裤片：以点0为起点，画出垂线和水平线，其中水平线为腰围线，垂线为裤中烫迹线。

0—1　上裆长+1cm，过点1画水平线为横裆线。

1—2　内侧缝长，过点2画水平线为脚口围线。

1—3　身高92~122cm规格为$\frac{1-2}{2}$-3cm，身高123~152cm规格为$\frac{1-2}{2}$-3.5cm，身高153~170cm规格为$\frac{1-2}{2}$-4cm。过点3画水平线为中裆围线。

1—4　$\frac{臀围}{12}$+2cm，过点4向上画垂线与腰围线相交于点5。

4—6　身高92~122cm规格为$\frac{臀围}{4}$+2.5cm，身高123~152cm规格为$\frac{臀围}{4}$+2cm，身高

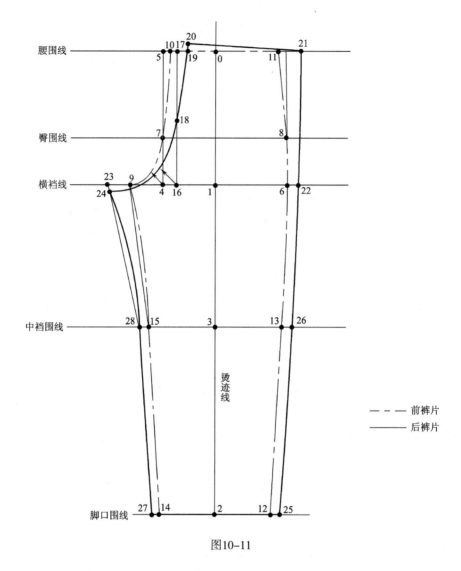

图10-11

153~170cm规格为 $\dfrac{臀围}{4}$ +1cm。过点6向上画垂线。

5—7　腰至臀长，过点7画水平线为臀围线，与点6的垂线相交于点8。

4—9　$\dfrac{1—4}{2}$ +0.5cm。

5—10　1cm，连接点10—7—9为前裆弧线，其中曲线距离点4的参考值为：身高92~122cm规格为2.25cm；身高123~152cm规格为2.5cm，身高153~170cm规格为2.75cm。

10—11　身高92~122cm规格为 $\dfrac{腰围}{4}$ +2cm，身高123~152cm规格为 $\dfrac{腰围}{4}$ +3cm，身高153~170cm规格为 $\dfrac{腰围}{4}$ +4cm。

2—12　$\dfrac{裤脚口宽}{2}$ -0.5cm，连接点6—12与中裆线相交于点13，用曲线连接点8—11，曲线11—8—6—13—12为侧缝线。

2—14　$\dfrac{裤脚口宽}{2}$－0.5cm。

3—15　3—13，直线连接点14—15。连接点9—15—14为下裆线，曲线在9—15线段处向内凹入0.5cm。

（2）后裤片：

4—16　$\dfrac{1—4}{4}$，过点16向上画垂线与腰围线相交于点17。

16—18　$\dfrac{16—17}{2}$。

17—19　1.5cm。

19—20　1.5cm。

20—21　身高92~122cm规格为$\dfrac{腰围}{4}$+2.5cm，身高123~152cm规格为$\dfrac{腰围}{4}$+3.5cm，身高153~170cm规格为$\dfrac{腰围}{4}$+4.5cm。点21在腰围线上，连接点20—21为后腰缝线。

16—22　身高92~122cm规格为$\dfrac{臀围}{4}$+2cm，身高123~152cm规格为$\dfrac{臀围}{4}$+2.25cm，身高153~170cm规格为$\dfrac{臀围}{4}$+2.5cm。

9—23　$\dfrac{4—9}{2}$。

23—24　0.25cm。连接点20—18—24为后裆弧线，曲线距离点16的参考值为：身高92~122cm规格为3.5cm，身高123~152cm规格为3.7cm，身高153~170cm规格为4cm。

12—25　1cm，连接点21—22—25为侧缝弧线与中裆围线相交于点26。

14—27　1cm。

15—28　13—26，连接点24—28—27为下裆线，曲线在28—24线段处向内凹入0.75cm。

第三节　童装纸样设计

童装在设计上的细节较多，款式变化烦琐，通常童装纸样设计采用原型变化。本节采用童装原型进行款式净样制图，图中没有加缝份，在裁剪前需按要求进行放缝。

一、连衣裙纸样设计

如图10-12、图10-13所示，高、低腰连衣裙款式可采用童装衣身原型与裙子原型以腰围线相交接，根据款式分割线位置进行变化，加大尺寸作为聚褶量。

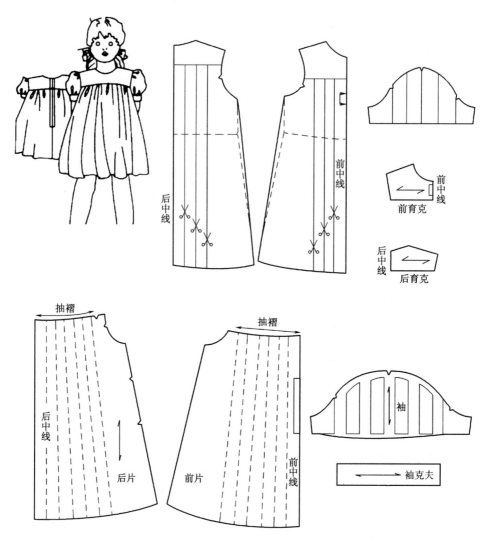

后中线
前中线

前育克
前中线

后育克
后中线

抽褶
抽褶

后中线
后片

前片
前中线

袖

袖克夫

图10-12

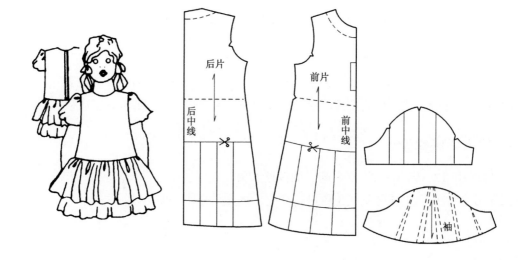

后片
后中线

前片
前中线

袖

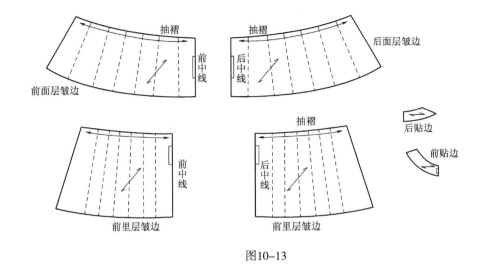

图10-13

二、大衣纸样设计

如图10-14、图10-15所示，男、女童装大衣可采用童装外套衣身原型和袖子原型进行变化，延长前、后中线到大衣所需长度，加宽衣摆。连衣帽子纸样设计步骤如下。

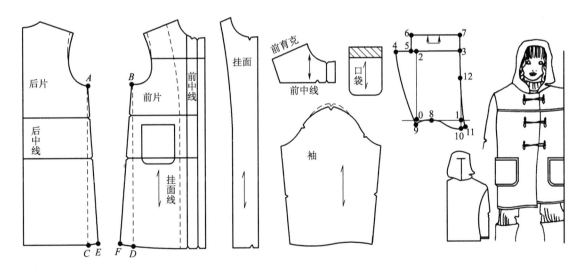

图10-14

测量前、后领口线弧长，以点0为起点，画出垂线和水平线。

0—1　前、后领口线长度-1cm，过点1向上画垂线。

0—2　颈椎到头顶高+4cm（说明：颈椎到头顶高取20cm左右），过点2画水平线与点1的垂线相交于点3。

2—4　$\dfrac{2—3}{3}$+2cm。

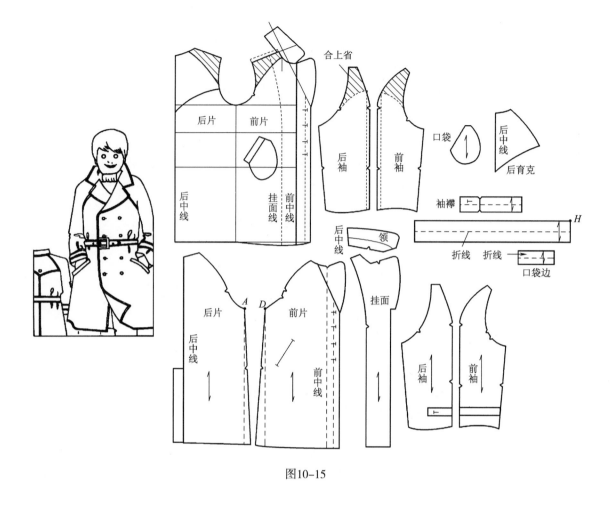

图10-15

4—5　$\dfrac{2—3}{3}$+0.5cm，过点5向上画垂线。

5—6　4—5，过点6画水平线与点1的垂线相交于点7。

0—8　$\dfrac{0—1}{2}$-1cm。

0—9　0.75cm，曲线连接点4—9为帽子后中缝线。

1—10　$\dfrac{0—1}{5}$。

10—11　1cm，曲线连接点9—8—10—11为帽子下口线。

3—12　$\dfrac{1—3}{3}$，曲线连接点11—12。

取6—7为对折线，完成帽子纸样。

三、背带裤纸样设计

如图10-16、图10-17所示，童装背带裤可采用童装衣身原型和宽松裤子原型进行变化，删除所有腰省线，切割后臀围线并加长后裆线。

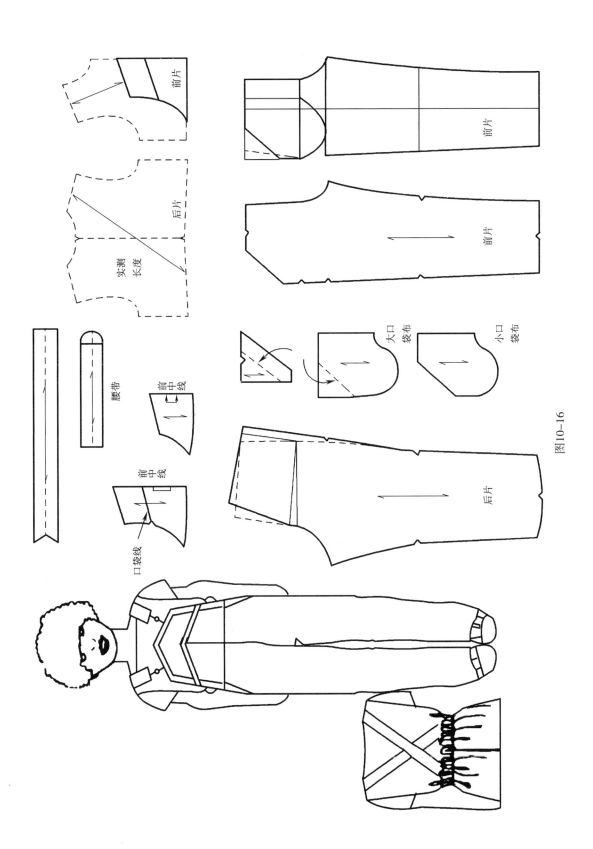

前片

前片

前片

前片

后片

实测长度

腰带

前中线

前中线

口袋线

大口袋布

小口袋布

后片

图10-16

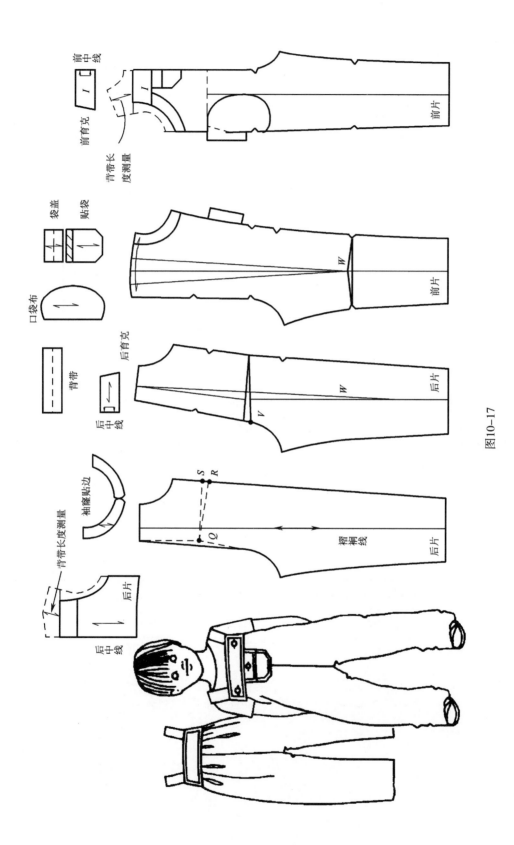

前中线

前育克

I

背带长度测量

前片

袋盖

贴袋

口袋布

前片

W

背带

后育克

后中线

后片

W

v

袖窿贴边

背带长度测量

S

R

Q

褶裥线

后片

后片

后中线

图10-17

本章要点

　　儿童的体型与成长变化较大，要制作美观适体的童装，必须了解各年龄段的儿童体型与成长情况。如婴儿阶段，因睡眠时间长，故婴儿服装的重点在于吸湿与保温。幼儿阶段注意身体成长与运动功能的变化，身高、体重、胸围尺寸均同时发展，幼儿的头部大、颈项短、挺身而腹部凸出，幼儿服装要求方便穿脱且强调服装的功能性。学童阶段的体重与胸围尺寸增加较快，且男女差异会逐渐显现，到9~12岁，男女的体型差异变得显著，特别是女孩发育显著，身长、体重都会超过男孩，胸围、腰围、臀围的尺寸差异增大，身体圆润起来而逐渐显出少女体型。而男孩胸部变厚，肩膀变宽，筋骨和骨骼发达，变成耸肩，肩胛骨的挺度也变强，逐渐显出少年型体型。学生服装通常选择容易活动而又可以调节气温变化的上下装或分开装等。

　　童装原型是制作童装的基础，由于童装款式变化多，只有采用原型变化才能制作出各式各样的童装。童装原型一般可分为上装与下装，依据童体的上身、下身和手臂三部分结构，童装有衣身、袖子、裙子和裤子等原型。童装衣身原型是以上身胸围和腰节长尺寸为基础，再加上配合运动功能的放松量。根据儿童的体型特征，通常多采用橡筋处理，附加腰带、抽褶、折裥等方式来适合多种体型的儿童穿着，衣身的形状受腰围尺寸控制，故将衣身原型按年龄分为无省和有省两类。为配合童装无省衣身原型和有省衣身原型，将童装裙子原型分为无腰省和有腰省两类。童装裤子设计要求面料具有结实、耐洗、易保养等特点，依据不同年龄将裤子原型分为普通裤子原型和宽松式裤子原型。童装款式变化烦琐、细节较多，如各式高、低腰连衣裙款式、背带裤款式都可以采用童装衣身原型、裙子及裤子原型进行纸样设计。

本章习题

　　1. 说明儿童不同年龄阶段的体型特点。

　　2. 说明儿童不同年龄阶段的服装款式要注意的因素。

　　3. 绘制童装背带裤纸样需注意什么？

实践与提高——

服装纸样修正

本章内容： 1. 上装纸样修正

2. 裤、裙装纸样修正

3. 服装纸样工程

教学时间： 6课时

学习目的： 让学生掌握上装整体及局部、裤装和裙装的纸样修正方法。

教学要求： 掌握上装整体及局部纸样修正方法，了解上装穿着的质量及外观要求，掌握裤装和裙装纸样的修正方法，了解各种特殊体型的成因及穿着外观；学会利用以上知识点分析和解剖各式服装的纸样修正方法，了解服装纸样工程的目的和作用，掌握纸样修改的技巧和方法。

第十一章　服装纸样修正

　　由于特殊体型或与服装结构不吻合而出现的服装不合体现象，需将标准体的纸样进行修正，使之符合穿着者的体型，达到舒适、合体和美观的效果。这就是常说的不合体服装的纸样修正，也可以说是特殊体型服装纸样修正。

　　产生不合体服装的纸样，主要原因在于：第一，体型。它是影响服装是否合体的重要因素，由于生活习惯或遗传因素等会造成不同体型的人，即特殊体型。第二，尺寸。不正确的测量方法，或制图时采取的比例尺寸不恰当，会产生服装尺寸太松或太紧的不合体现象。例如，当尺寸太松时，服装往往会出现松散的直形皱纹；相反，当尺寸不足时，服装往往会出现紧绷的八字形斜皱纹。分析不合体服装的主要原因，对症下药，才能更好地处理服装的毛病；找出体型缺陷及服装毛病的纸样尺寸是太多还是太少，对纸样进行适当调整，以使服装的毛病得到合理的改良。

第一节　上装纸样修正

一、上装整体穿着质量要求

　　上装整体穿着质量要求如图11-1所示。

　　（1）前门襟左右搭门线互相对齐、平行，不扣纽扣时，稍作运动放下手臂后，衣服前门襟不出现搅盖（服装搭门下端左右重叠过多）或豁开（服装搭门下端左右重叠量过少，甚至分开）现象。

　　（2）领口向颈部贴紧，不能向外豁开。驳角、领嘴要左右对称，串口线顺直、对称，驳头要有明显的凹势，驳头翻折线笔直，内层（即衣服）不能有多余的皱纹。第一粒纽扣以上的驳头不能露出驳头里。

　　（3）胸省的大小与高低符合BP点位置，胸部的造型与人体形状基本相似。

　　（4）腰节的凹势（最细处凹进造型）应在人体腰部最细处的上方（行内称为假腰节造型）。腰节线前后呈水平。

　　（5）后背平服、挺括，后背呈长方形（内行称为作方）。后背缝线的形状与人体的脊椎骨形相仿。

　　（6）后领平服，无涌起皱的现象。装领线正好盖没，后领中线不能有凹进或尖角现象。

　　（7）袖山吃势要均匀，袖山呈椭圆形。

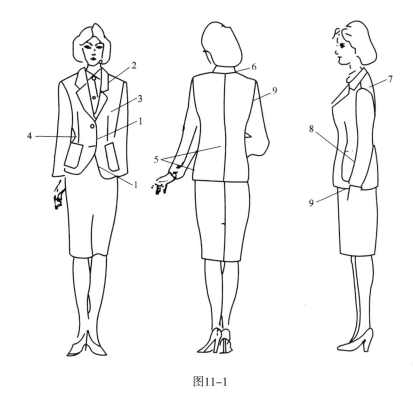

图11-1

（8）袖肘线以下的袖片纬向与水平线平行，袖肘线以下袖子要有明显的朝前弯势。

（9）装袖位置正确，不能出现装袖时袖子过于向前或向后倾斜，即通常所说的推车型或拉车型。当手臂伸直呈自然状态时，看袖口与手腕是否相碰。若前袖口与手腕相碰，说明袖子过于向前倾斜（呈拉车型）或者人体是驼背体；若后袖口与手腕相碰，说明袖子过于向后倾斜（呈推车型）或者人体是挺胸体。

总之，男西装中左右颈侧整齐的领子、没有皱痕挺括的衬衫领、上衣驳头间的V字、正中线上的领带、扣子等，无论哪一个都是对称的效果。

二、特殊体型衣身结构设计

1. 挺胸体（反身体）

（1）体型特征：头部向后仰，胸部挺起，前胸宽，背部扁平，后背窄，腹部吸进，臀部凸出。喜好体育运动或健美锻炼的人体容易成为挺胸体。因其前腰部长于后腰部，裁剪前如不测量出来，裁剪时又不注意，就会出现前短后长等一系列毛病。

（2）穿着衬衫或夹克的现象：如图11-2所示。

①人体由于挺胸，穿着正常体型的服装时，就会出现前胸绷紧，前衣片显短、后衣片显长，前身起吊、搅止口等现象。

②衬衫或夹克制图上的调整，如图11-3所示。

通过测量前、后腰节线在正常体型制图上加以调节，调节的具体数据视情况而定。如图11-2、图11-3所示为上衣走后的毛病现象及其纸样修正。由于人体胸部肌肉比较丰满，

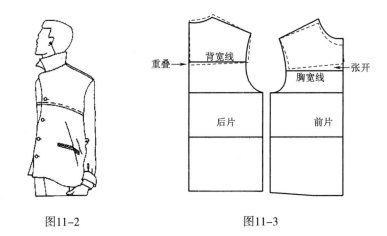

图11-2   图11-3

产生上衣的前中线长度不足，出现向前翘起并向后倾、两侧有涟形的现象。挺胸者常会出现此现象。通过将前片胸宽线剪开、后片背宽线处折叠，调整以下所述部位，以达到符合挺胸体型者的穿着要求。

纸样修正步骤：绘出男衬衫或夹克的前身纸样，沿前片的胸宽线剪开，保持肩端点不变，展开需加长前中线的长度尺寸，领口线、肩线和袖窿线保持不变。绘出男衬衫或夹克的后片纸样，沿后片的背宽线剪开，保持肩端点不变，重叠需减短后中线的长度尺寸，领口线、肩线和袖窿线保持不变。

（3）穿着西装的现象（图11-4）：

①胸部绷紧出现褶皱，自我感觉不舒服。

②前身吊起，有明显的门襟不顺直，搭门下端左右重叠过多的现象，衣服出现前短、后长的造型。

③领口离颈，驳头翻折线不顺直，呈曲线状态。

④后袖窿被挺起的胸部拉紧，若向前移动则出现涟形，后袖也出现涟形，后背涌起，出现多余的皱纹。

（4）西装制图上的修正（图11-5）：

①剪开前衣片的胸围线，将胸围线上的整个部分向上转动●量，使前领口内撇，如女装则一部分放大横领宽，一部分放大肩胸省。

②前胸放宽，背宽改窄，女式如有背省则改小。

③前片上平线抬高，后片上平线适当降低。

④前胸围放大，后胸围改小。

⑤袖山深线处折叠缩短后袖缝。

⑥袖山头的缩袖标记向后移。

⑦前袖山头放胖些，后袖山头放低些。

⑧在领子后中线处将领下口线向上减掉所要求的尺寸，使后领高度减少，画出新的领下口线。

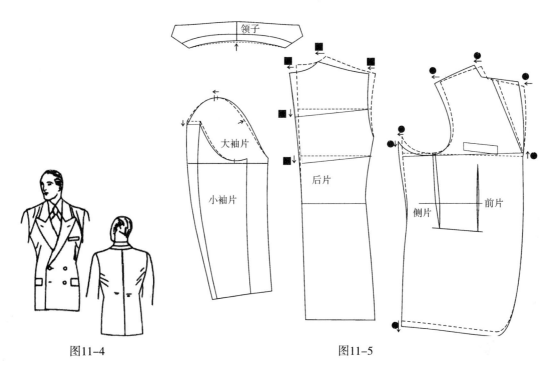

图11-4   图11-5

2. 凸胸体

（1）体型特征：此类体型多为发育成熟的青年女性，该体型上体的主要特征为乳房大而高耸。

（2）凸胸体穿着现象：穿着标准体结构制图的上衣，呈前胸部绷紧，胸侧部起褶状态；衣下摆处略空荡并上抽，后背处出现多条横向皱纹，如图11-6所示。

（3）凸胸体衣身结构变化（图11-7）：

①腰节线以上结构变化：增加前衣片的长度，以满足从颈侧点过胸高点至腰节线的长度，同时增加了前衣片的容量，消除胸部紧绷的现象；加大胸凸省，略加大胸宽，加大腰省在前衣片上的分配值，使胸侧部起褶的状态消失。

②上衣制图上的修正：剪开胸围线，胸围线下的部分向下水平移动●量，使前衣片的前中长度比后衣片的后中长度长；剪开经过胸高点的垂线至肩线处，在胸高点处张开●量；剪开经过胸高点的垂线至腰围线处，在胸高点处张开●量；保持侧缝线长度不变，加大胸省量。后片纸样保持不变。

3. 驼背体（弓身体）

（1）体型特征：背部凸起，手臂根向后，腹部凸出，臀部吸进。驼背体的人体背部突出且宽，头部略前倾，前胸则较平且窄。

（2）驼背体穿着西装的毛病现象：如图11-8所示，穿着正常体型的服装，后腰节被吊高，后背绷紧，后身吊起，后衣片被驼背骨或弯曲的脊柱骨顶起而出现斜涟纹；下摆出现前长后短、与地面不平行的现象，衣摆缝向后倾斜；后领口离颈，不与颈部服帖。

（3）制图上的修正：通过测量前、后腰节线在正常体型制图上加以调节，调节的具

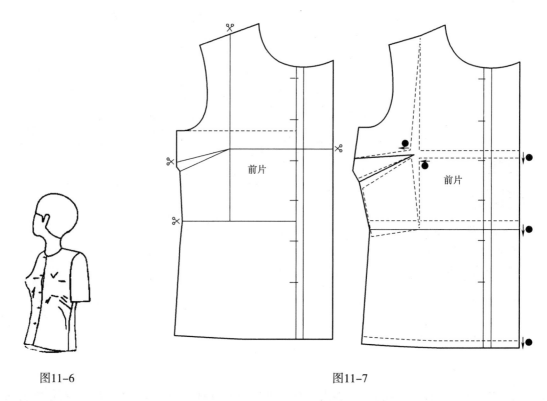

图11-6　　　　　　　　　　　　　　　　　　图11-7

体数据视情况而定。调整以下所述部位，达到符合驼背体型者的穿着要求，纸样修正如图11-9所示。

①剪开后衣片的胸围线，后衣片胸围线以上的整个部分转动▲量使后中线加长▲量，

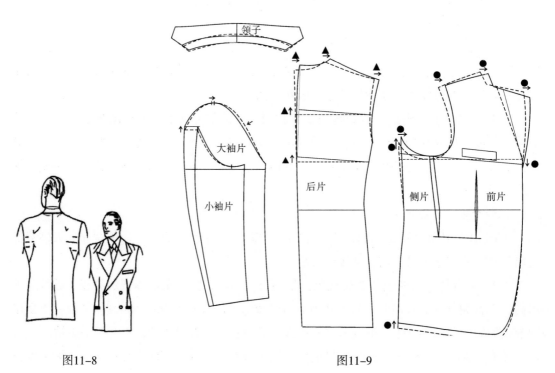

图11-8　　　　　　　　　　　　　　　　　　图11-9

放出外肩缝，使之呈胖弧形；对肩胛骨突出严重者，可收肩省。

②放出后袖山头弧线，将袖山头绱袖标记向前移动，小袖片同步放出。前袖山头下落些，后袖山头放高些。

③剪开前衣片的胸围线，胸围线以上的整个部分转动●量使前中线减短●量，使前撇门改小，女式胸省改小，前胸改窄，前片下摆减短●量使腰节线改短。

④领子的前颈侧点上升，减短前领高度，使领下口线和领上口线也缩短，重新修顺领下口线和领上口线。

第二节　裤、裙装纸样修正

一、裤子纸样修正

裤子着装后，人体自然站立，前门襟明线以下部位产生放射状皱纹，影响美观，也是裤装造型中弊病之一，俗称"小裆生须"。根据小裆皱纹产生方向及形状的不同，可分为三类：横向绷开式皱纹、对称对绺式皱纹和八字链式皱纹（图11-10）。横向绷开式（小裆生须）的产生原因，是因为裤装遮盖人体腰、腹、臀、会阴点及下肢。做人体矢状切面，观察裤装裆宽、前后裆弧线与人体裆底呈现的吻合关系。从人体矢状切面取小裆弧线呈弱弯曲，大裆弧线呈强弯曲，如果在打板时小裆弧线凹势过大，相当于缝合时小裆弧线部位在收省，从而造成小裆部位丝缕变化。所以在打板时，小裆弧线曲度不宜过强，尤其在采用薄料及面料斜裁时，缝制前应在小裆弯处粘临时黏合衬，于小裆弯处采用归烫手法有利于缝制。

1. 凸臀体

（1）体型特征：臀部丰满凸出，腰部中心轴倾斜。如图11-11所示，穿上正常体型的

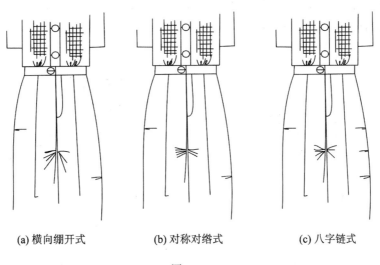

(a) 横向绷开式　　　　　(b) 对称对绺式　　　　　(c) 八字链式

图11-10

西裤，会出现臀部绷紧，后裆宽卡紧现象。

（2）制图上的修正：可以将后裤片基图剪开，在正常体型裤片上加以调节，调节的具体数据视情况而定。通过将后裤片臀围线剪开放大臀围，调整如图11-12所示部位，以达到符合凸臀体型者的穿着要求。

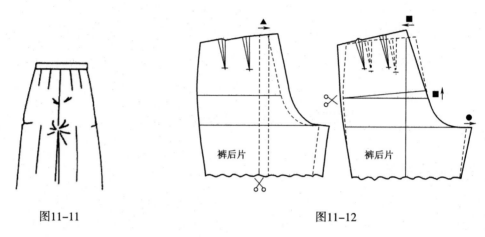

图11-11　　　　　　　　　　　　　图11-12

①后臀围放大，相应地将前臀围减小。

②适当增加后裆缝斜度。

③抬高后翘（因后裆缝斜度增大，此抬高量会自然产生）。

④放宽后裆宽。

⑤适量增大后省。

2. 平臀体

（1）体型特征：臀部平坦。如图11-13所示，穿上正常体型的西裤，出现后裆缝过长并下坠的现象。

（2）制图上的修正：如图11-14所示，通过将后裤片基图剪开，在正常体型裤片上加以调节，调节的具体数据视情况而定。将后裤片臀围线折叠，后片臀围收小，后裆缝斜度减小，后翘降低，以达到符合平臀体型者的穿着要求。

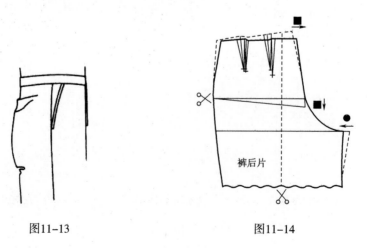

图11-13　　　　　　　　　　　　　图11-14

3.凸肚体

（1）体型特征：腹部突出，臀部并不显著突出，腰部的中心轴向后倾。如图11-15所示，穿上正常体型的西裤，会使腹部绷紧，腰口线下坠，侧缝袋绷紧。

（2）制图上的修正：如图11-16所示，通过对前裤片基图剪开，在正常体型裤片上加以调节，调节的具体数据视情况而定。将前裤片烫迹线处剪开至膝围线，以下裆缝膝围点为定点展开腰围线■量，前中线上升●量，使前裆缝加长，前片腰围增大，前片臀围增大，前裆宽也略加大，以达到符合凸肚体型者的穿着要求。

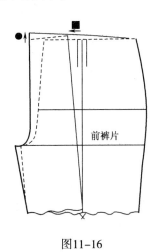

前裤片

图11-15　　　　　　　　　　图11-16

二、连衣裙纸样修正

1.臀部扁平

图11-17所示为连衣裙后身过长的现象及其纸样修正。由于人体为臀部扁平而大腿肌肉发达者，因此造成连衣裙出现此种现象：上身正常而后裙片比前裙片长，后下摆靠紧臀部，前下摆向上翘起。其纸样修正步骤如下：

（1）分别测量出前、后裙底边至地面的距离，取得其差额值。

（2）绘出连衣裙原型的后身纸样，沿腰围线剪开，保持侧缝长度不变，在后中重叠上述所取得的差额值，再将后颈中点和裙摆中点连接成一直线，作为新的后背缝线。

（3）在侧缝的腰点上，横向内减在后背缝腰围线处增多的尺寸，即保持原腰围尺寸不变，画出新的侧缝线。

2.臀部丰满

图11-18所示为连衣裙后身过短的现象及其纸样修正。由于人体为臀部丰满体型者，因此造成连衣裙出现此种现象：上身正常而后裙片下摆向上翘起，下摆呈前长后短。其纸样修正步骤如下：

（1）与后身过长的连衣裙毛病纸样修正原理相同，首先取得前、后身底边与地面距离的差额值。

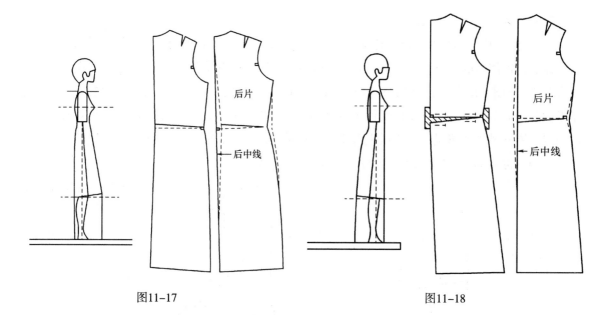

图11-17   图11-18

（2）绘出后身纸样，沿其腰围线剪开，保持侧缝长度不变，在后中展开上述前、后差额数值，再将后颈中点和裙摆中点连接成一直线，作为新的后背缝线。

（3）在侧缝线的腰点上，横向外加在后背缝腰围线处减去的尺寸，即保持原腰围尺寸不变，画出新的侧缝线。

第三节　服装纸样工程

一、服装纸样工程简介

在实际成衣大批量生产中，往往会遇到诸如此类的问题：排料时由于面料幅宽的原因裤子纸样的角位或领尖角位没法排放；由于褶裥几层的厚度，穿着褶裥裙显得肚腹更大；女装贴身的低胸领容易出现走光现象；袖窿部位较难对格对条等现象。通常服装CAD系统排料利用率比手工排料高，这首先是因为电脑辅助更加精确、误差小，一般CAD排料系统比手工排料能提高面料利用率2%～3%，服装CAD技术是企业提高效率、降低成本、改善品质、增强企业对市场的快速反应能力的主要技术，也是服装企业信息化的主要途径。服装纸样款式标准制图后如何进行适当的修改，使服装CAD排料达到提高布料利用率，是值得探讨的问题。

1. 服装纸样工程的目的

针对成衣生产中经常遇到的排料问题，在制作生产纸样时须进行纸样修改，使问题得到解决。在不影响或不改变服装款式、比例尺寸、贴身程度、外形轮廓、销售能力等前提条件下，对原本的纸样进行修改，使之能够达到美化人体，方便生产、提高效率，节省时间、方便排料，节省布料、方便对格对条，增强服装功能，提高服装品质等目的。

工程部门在排料时常常会遇到导致布料浪费、车间缝制工艺造成产品质量不佳及影响生产时间等问题，因此要对前期制作的生产纸样加以板型修改，使问题得到解决。制作纸样是服装生产的首要环节，而制作出来的生产纸样要在满足款式要求的前提下方便缉缝，提高产量和品质，方便排料（排唛架）。因而生产纸样既要符合款式要求又要对服装生产有利。

2. 服装纸样工程的作用

（1）加强服装的美观性：服装在制作纸样时，通过试衣对不合体、不美观的现象加以修改，得到合体的板型，从而美化体型。

（2）加强服装功能性：服装在制作纸样时，通过试衣对结构上不合理的纸样加以修改，使服装穿着舒适合体，增强服装的舒适性、防卫性等功能。

（3）提高服装品质：服装在制作纸样时，通过修改不同的结构裁片，如领子（西装领、平领）和袋盖等，为使其翻领时自然或不会翘起来，可将其裁片制作为有大小之分的底、面结构，这样能够达到领子的平衡性、平服性，从而提高服装的品质。

（4）方便排料、节省面料、方便工艺制作，降低生产成本：服装CAD是计算机技术与传统服装行业相结合的产物，可有效帮助企业实现事前成本控制。服装CAD中的排料系统与面料的节省率有着千丝万缕的联系。随着劳动力的进一步紧缺以及服装产业朝小批量、多品种、短周期、时装化和快速流行方向的发展，通常CAD系统排料利用率比人工要高，这首先是因为精确、误差小的缘故，其次是因为多方案的总体比较，使选择出的排料显然更高。如宁波首家西服企业2008年产销西服87.5万套，依照每套服装节省用料2%~3%计算，每套西服可节约毛料3.5cm，则2008年该企业可节约毛料为87.5×0.035=3.06（万米），若以每米毛料平均价格为65元计算，则当年该企业仅面料节约所产生的经济效益为3.06×65=198.9万元。

二、服装纸样工程应考虑的因素

服装纸样制作的目的是为了服装生产能够达到产量高、品质佳，且成本降低。

1. 衡量是否值得进行纸样修正

采取纸样工程修改纸样会同时增加其他相关的成本（如工序多—用手整理裁片的动作增多—裁剪时间多—整熨时间多），因此需衡量是否值得进行纸样工程修改。

一件衣服所需的布料（成衣的用布量）要视它的纸样而定，修改纸样的形状可能会节省布料，纸样修改的部位一般是衣服看不见或不明显的部分，在进行纸样制作工程时要特别小心，否则会影响衣服的外型和合身程度。研发设计环节发生的成本费用虽然仅占全部成本的5%~10%，但产品80%的成本却在设计环节就已经被确定了。裁片的形状很不规则，总会产生部分边角料。边角料的多少决定于纸样上裁片的形状和铺料方法。

2. 布料的幅宽（封度）

纸样制作工程在修改纸样时一定要清楚布料的幅宽（常见幅宽有36英寸、45英寸、60英寸、72英寸等，1英寸=2.54cm），它是排料时唛架宽度的最大限度，有时可考虑定制布料也可按已排好的唛架宽度（省布率可达95%，如57英寸对裤子排料是较省布的幅宽）。

以修改男西裤纸样为例，达到节省用布量的作用。布料的幅宽为115cm，实用布料宽度（唛架宽度）为113cm（唛架宽度必须比布料宽度窄2cm，这样才可避开布边的针孔）。如图11-19所示，四条西裤前片纸样共宽117cm（其中有两块前片放不进唛架里面，多出4cm），而三条西裤后片纸样共宽109cm（还有4cm宽的空隙量），按这样排料的话，只有六块前片和六块后片纸样可以放在布上，即只可用布料裁出三条西裤的裁片。从图上可以看到布料并未尽用。每块西裤裁片的平均长度为120cm，则可计算出每条西裤的用布量为4×120cm/3=160cm。

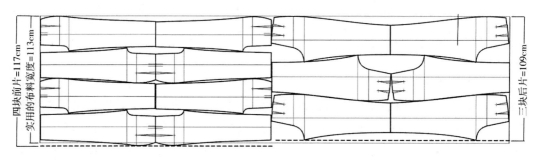

图11-19

男西裤纸样的形状：修改西裤侧缝的尺寸，即将前片的侧缝减少1cm，而后片的侧缝增加1cm，四条西裤前片共占113cm（117cm-4cm），三条西裤后片则为112cm（109cm+3cm），就可以符合唛架113cm的宽度。将四条西裤前片和三条西裤后片的纸样裁片放在唛架上，这样布料的利用率就得到了改善，如图11-20所示的西裤裁片差不多用尽了布料的宽度。如果按此方法将四条西裤前片和三条西裤后片分别沿着唛架的宽度排列，则可以把十二条西裤的纸样裁片放在唛架上，唛架上一共会有八排后片和六排前片裁片。同样可以计算出每条西裤的用布量为14×120cm/12=140cm。与之前的唛架相比也就可

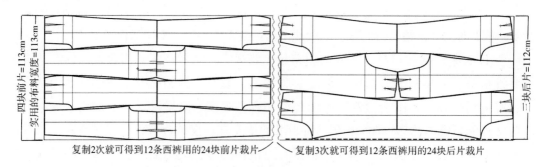

复制2次就可得到12条西裤用的24块前片裁片　　复制3次就可得到12条西裤用的24块后片裁片

图11-20

计算出节省布料的百分比（160cm-140cm）/160cm=12.5%，利润远远超过一成。

3. 明确布料损耗的分配

布料损耗的分配：主用料（基本用料）面积占45%，附加配料占35%，除此之外布头布尾占15%（可通过改良提高有效利用率）。裁剪布料的工作可以再细分为以下工序：计划衣服裁片的尺码和数量及裁剪的布料层数等，通常是根据客户所订购（订购合同）的指示的尺码和件数的配搭（Assortment）来计划铺布的层数及所需裁剪的床数。

4. 排唛架制作（Marker Planning）

一般而言，制衣厂将布匹裁成衣片形状，然后组合为可穿着的成衣。为了准确剪裁大批量成衣，需采用特别的裁剪仪器及安排唛架。检查了纸样的准确性之后，把纸样片铺在纸上排列，造成一个组合，这个组合在行内称为唛架。唛架的作用是以最省料的原则来安排，使直接成本降至最低，最准确的用量是从唛架计算出来的。唛架的编排是一项技巧工作，必须考虑多项技术需求，如布纹的方向、布料的宽度、布料的性质、尺码的组合及预备铺布的长度等，电脑辅助唛架设计亦是最早且最广泛为制衣业所应用的技术之一。

三、纸样工程的技巧和方法

1. 衣身原身贴边裁片分割为两部分，使裁片的幅度缩小

如图11-21所示为衬衫的明纽翻边前门襟纸样，有四种结构形式：（a）单层翻边结构，（b）双层翻边结构，（c）双层翻边结构，（d）原身翻边结构。其中（d）为较浪费布料，最节省布料的为（b），即采用门襟贴边与前片纸样分离，从而达到方便排料和节省面料的目的。

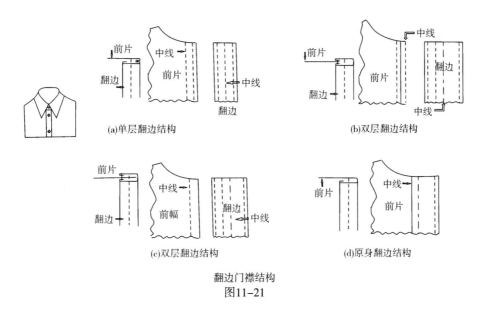

翻边门襟结构

图11-21

如图11-22所示为翻边暗纽式开襟款式，也是采用门襟贴边与前片纸样分离，且暗门襟贴边用里料制作，从而达到方便排料及节省面料的目的。

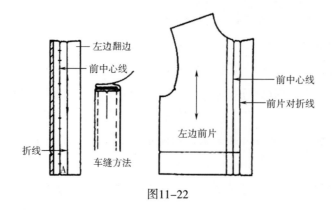

图11-22

2.尺寸调整法

按照服装结构原理裁剪出来的裤子纸样前片和后片的侧缝弯度相差较大，用手整理裁片的时间增多，不便于生产，经纸样工程修改后两侧缝弯度相近，用手整理裁片的时间会减少，便于生产，提高品质。

如图11-23所示，因前裤片的侧缝线较弯可将腰围宽度增加●量如1cm，后裤片的侧缝线弧度较直可将腰围宽度减少●量1cm，目的是使前、后裤片的侧缝线弧度相近，便于车缝。

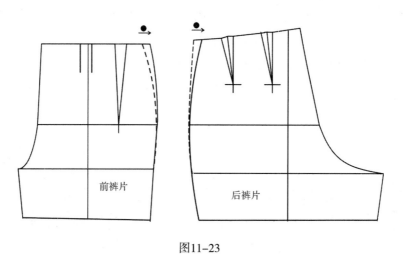

图11-23

如图11-24所示，因前裤片的侧缝线较弯可将臀围宽度减小●量如1cm，后裤片的侧缝线弧度较直可将臀围宽度增加●量1cm，目的是使前、后裤片的侧缝线弧度相近，便于车缝。

3.平行移动拼接缝法

裤子后片的后中线倾斜度较大，横裆位突出，在排料时较难省料，为了方便排料，达到省时省料的目的，可将下裆缝适当向后移，如图11-25所示后裤片的下裆缝减去●量，而前裤片则在下裆缝增加●量，同时也可作为款式要求。

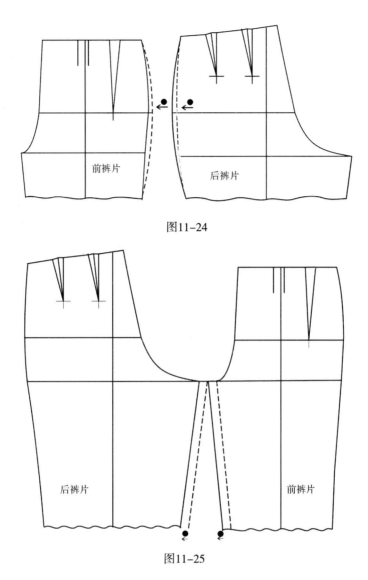

图11-24

图11-25

衬衫的侧缝位置在排料时面料宽度上有时不够，有时稍多。根据实际排料情况，会将侧缝适当向前或后移动。如图11-26所示，前片侧缝平行增加●量，后片侧缝则平行减去●量，同时对应袖子的前内缝线平行增加●量，后内缝线平行减去●量。

4.适当增加袖缝的方法

在服装款式无限制的情形下，可加设缝线以使排料时互相倒插的裁片可用尽布料。如图11-27所示为袖子不同的排料方法：

a方法：在排料中，由于布料有方向性只能同一个方向排列，袖子应用的布料宽度较宽，较浪费布料。

b方法：改变布纹方向，由于布料无方向性可双向排列，因而比a方法稍省布料。

c方法：改变布纹方向，使之与袖内缝线平行，因而又比a、b方法稍省布料，但此纱向较不佳。

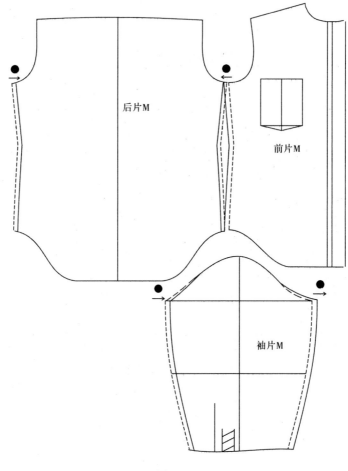

图11-26

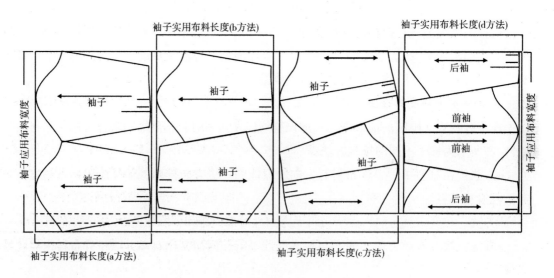

图11-27

d方法：将袖片分割成多片，袖子应用的布料宽度变窄，排料后是最省布料的。但这种情况会增加裁剪时间，车缝多了一道工序，线也用得多了等，这样就需要衡量这些耗费和所省的布料价钱是否值得。

5. 利用插三角布的方法

将裤子底裆剪掉，在前、后裆拼接菱形状的三角片则可节省布料，方便排料。这种方法多用于一些较肥大裤子的排料，如睡裤、运动裤、军用裤子等款式。如图11-28所示，可将裤裆底部剪开，前后拼合另外裁剪，将不会改变裤子的外形，通常用于布料幅宽为36英寸（91cm）和60英寸（152cm）的裁剪上。

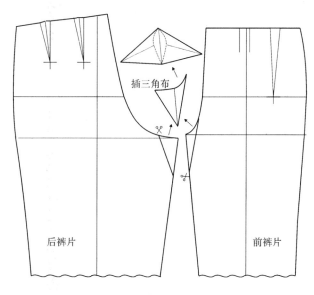

图11-28

6. 另增小胸省的方法

如图11-29所示，在西装的领口处或低胸女装领处增加小胸省0.5~1cm，使之较贴体，避免衣服走光且增强其美观，即增强了服装的功能性。

7. 翻折款式需分底和面裁片

如图11-30所示，制作领子（西装领、平领）和袋盖等时，为使其翻折时自然或不会翘起来，可将其裁片分为底和面，这样能够提高服装的品质。

8. 改变线条形状法

用于形状较相似的情况，如图11-31所示的衬衫下摆形状，改变其弧线形状后可缩短排料的长度，以达到节省布料的目的。

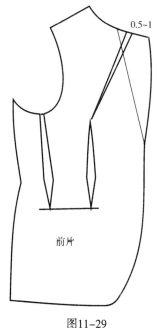

图11-29

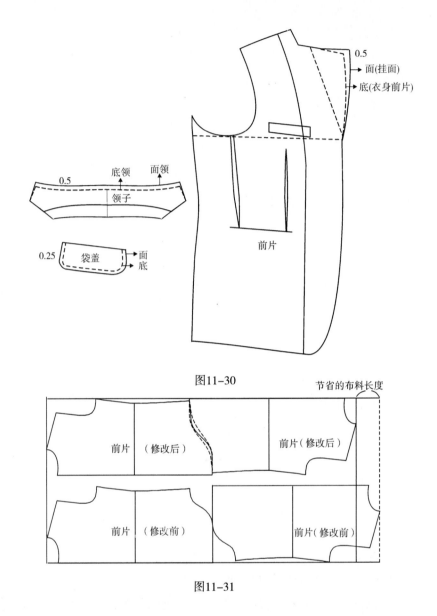

图11-30

图11-31

图11-32所示为袖子袖山的前后形状，可通过平衡有利于排料时倒插。

9. 改变裁片的布纹（丝缕）

将一些看不见或不明显位置的裁片（如袖克夫或领子等里层裁片）更换布纹方向，使之达到节省布料，方便排料。

10. 利用切角法或偷止口法

在一些结构上较为突出的部位可以利用切角法或将下层部位的止口偷掉，使之方便排料，更有效的运用布料（以损耗面料达到最小为理想）。如图11-33所示，袖衩条将底层尖角部位剪掉使车缝时不易露出底层；领子尖角位进行切角有利于排料；裙片上的褶裥可在车缝部位将底层去掉以使厚度减薄，从而使穿着时不臃肿，达到美化人体的作用。

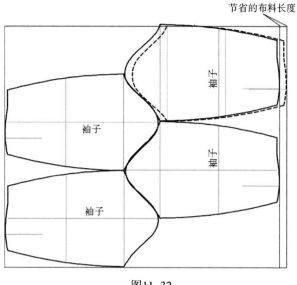

图11-32

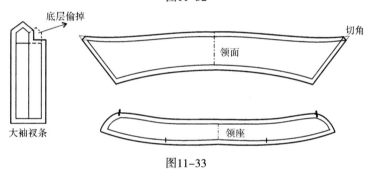

图11-33

11.调整前、后裤片（或裙片）的侧缝（外缝骨）弧度，排料时可做到对格对条

如图11-34所示，当裤子的前片和后片（或裙片）的侧缝斜度不一致时，很难对条对

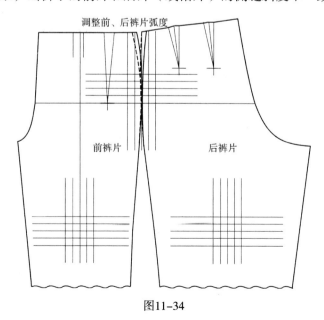

图11-34

格，将其倾斜度变成一致，调整前、后裤片的侧缝弧度，使之弧度一致，排料时可以做到对格对条。

依据原型法将直身裙的腰省闭合并转移至裙摆（即后裙片一个省闭合，前裙片两个省闭合），变化出来的A字裙的侧缝斜度不一致时，排料时很难做到对条对格，如图11-35所示。

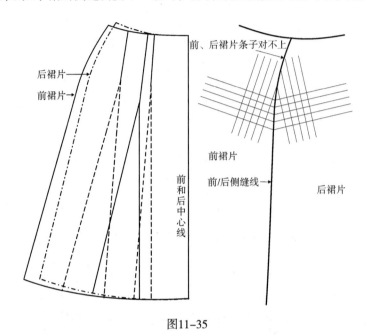

图11-35

在图11-35所示的纸样基础上，如图11-36所示，将其倾斜度变为一致（即侧腰点中点和下摆侧缝中点连线为前、后片新的侧缝线）便于对条对格。

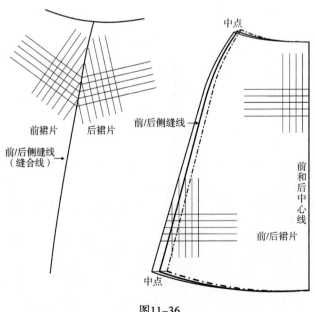

图11-36

12. 增加省道法

制作女牛仔裤的前片侧缝腰至臀围的部位较弯（无省时），包缝（埋夹）时较难控制品质。如图11-37所示，可将前中线移动，即增大前中线的倾斜度或人为增设一个省份。

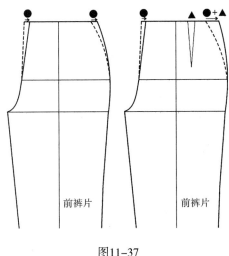

图11-37

四、衬衫对格的纸样修正

男衬衫的工艺制作要求对格的部位有：育克与后片的缝合处，领座与衣身领口的缝合处，袖克夫与袖口围线的缝合处，袖窿与袖山弧线的缝合处，贴袋与前衣片，翻边与前衣片等缝合处。

（1）育克与后片的缝合处对格。由于育克下设有一褶裥，将育克与后片缝合后格子不一定能对上，因此需要调整褶裥的大小来达到。如图11-38所示为育克与后片对格尺寸的调整，改变褶裥大小，褶裥的大小刚好为格子/条子宽度的n倍，缝合育克与后片的分割线则可以对格。

（2）前、后侧缝缝合处对格。如果前侧缝和后侧缝的收腰量不同，则侧缝斜度不一样，前侧缝和后侧缝缝合后格子不一定能对上，因此侧缝的斜度要一致。

（3）前袋口与前片袋位需要对格对条。

（4）门襟翻边和前中线缝合处需要对格对条。

（5）袖窿与袖山弧线之间的大小关系，袖窿深线与袖山深线对条，控制好袖山吃量的大小使之能对上横条。

（6）袖克夫和袖口围线的大小关系，改变褶裥的大小，使褶裥的宽度刚好为格子/条子宽度的n倍，袖身与袖克夫的分割线就可以对格对条。如图11-39所示为袖身与袖克夫对格对条的尺寸调整。

（7）领座与衣身后领口缝合处需要对格对条，领座与翻领的缝合处需要对格对条。袖子与袖衩条需要对格对条。如图11-40所示为领子与育克、袖子与袖衩条对格对条部位。

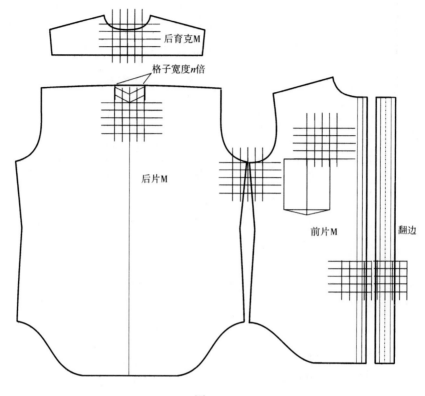

图11-38

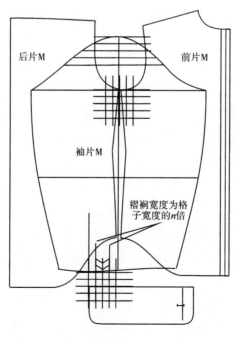

图11-39

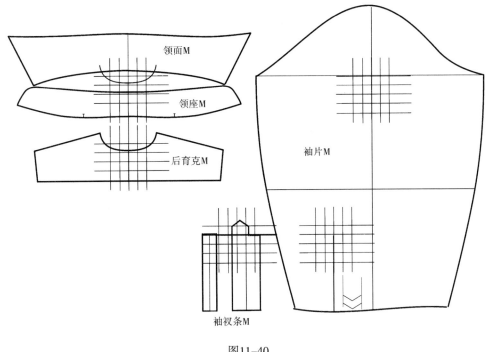

图11-40

本章要点

　　将服装的标准体纸样根据穿着者的体型进行修改，使服装达到舒适、合体和美观的效果。体型是影响服装是否合体的重要因素，因为生活习惯或遗传因素会造成不同体型的人。另一个重要因素是尺寸，不正确的测量方法或制图时采取的比例尺寸不恰当，会使服装产生不合体现象。当放松量过大时，服装往往会出现松散的直形皱纹；当放松量过小时，服装往往会出现紧绷的八字形斜皱纹。只有分析出不合体服装的成因，才能对纸样进行适当调整，使穿着效果得到合理改善。

　　要了解服装上装整体穿着的外观及质量要求，掌握上装整体和局部纸样的修正方法，如高胸体型、塌胸体型、驼背体型、挺胸体型、耸肩及塌肩、不合体袖子等的修正方法。掌握裤子和裙子纸样修正，如大肚腩体型、臀部丰满型等。掌握服装整体平衡纸样修正，如后裙身过长或过短等。

　　要了解服装纸样工程的定义及作用，掌握纸样工程修改的技巧方法以及其修改纸样后达到的目的。

本章习题

　　1. 简述造成服装不合体的主要原因。

　　2. 说明上装穿着的外观和质量要求。

3. 简述挺胸体、驼背体的体型特征和穿着正常体型服装出现的现象。

4. 简述服装纸样工程的定义及作用。

5. 列举出三种纸样的修改技巧，分别说明纸样工程达到的目的与作用。

6. 男衬衫需要对格对条的部位有哪些？

应用与实践——

立体裁剪

本章内容：	1.立体裁剪综述
	2.服装各部件造型裁剪
	3.礼服立体裁剪实例

教学时间： 18课时

学习目的： 让学生掌握立体裁剪的基本原理、操作方法及款式设计方法。

教学要求： 了解立体裁剪的特点，掌握立体裁剪的基本原理，学会零部件的立体裁剪方法和过程；掌握礼服的立体裁剪方法及款式变化原理，能独立设计制作一般要求的礼服款式。

第十二章 立体裁剪

第一节 立体裁剪综述

一、立体裁剪概述

纸样设计是一个由立体到平面，又从平面到立体的创作过程，而立体裁剪和平面裁剪正是体现这种过程的两种基本方法。

立体裁剪是指直接将布料披覆在人体或人体模型上，借助辅助工具，在三维空间中直接感受面料的特性，运用边观察、边造型、边裁剪的方法，通过分割、折叠、抽缩、拉展等技术手法制成预先构思好的服装造型，再从人台或人体上取下布样在平台上进行修正，裁制出一定服装款式的布样或衣片纸样的技术手段。服装立体裁剪在法国称为"抄近裁剪"（cauge），在美国和英国称为"覆盖裁剪"（dyapiag），在日本则称为"立体裁断"。

从技术角度看，把立体裁剪所获得的裁片在排料图上平面展开，将其形状和相关细节记录下来，就可以获得服装款式平面纸样的详细资料，进而作为研究和提高平面裁剪技术的依据；从具体的操作方式看，立体裁剪不像平面裁剪那样运用公式来确定服装各部位的结构造型，而是直接根据具体的人体部位特点来确定，借此表达款式各部位的设计线条；从艺术设计的角度看，立体裁剪不仅是一种操作技术，还是设计者灵感和工艺技巧的结合，其作品是一件件活生生的流动艺术品。所以立体裁剪也被称为"软雕塑"（图12-1、图12-2）。

就其具体优点而言，经立体裁剪后所产生的服装裁剪图，实际上是把立体的服装实样的整体结构在同一平面上展开。从展开图来看，其上衣的前、后中线为直线，其他皆为曲线或弧线，这些线条决定了整个裁片的风格和韵味，从裁片上就可以直观地体现出款式的特点，这是平面裁剪所不具备的优势。

在立体裁剪的设计过程中可以随时观察设计效果，及时发现问题及时纠正，而且还可以解决平面裁剪中解决不了的问题。如对于一些质地柔软易造成不规则下垂的面料，采用斜纹裁剪、紧身设计、有较大褶皱和悬垂效果的款式，用平面裁剪的方法往往难以准确达到所要求的效果。而利用立体裁剪的方法，把布料直接披覆在人体或人体模型上，使布料自然下垂，边观察边裁剪，就能使服装款式达到较好的效果，避免了下摆出现高低、歪斜、松动、不吻合等现象，从而准确、快捷地完成款式裁剪工作。

图12-1   图12-2

在特殊体型的服装裁剪中，用立体裁剪能够取得较为理想的效果。将人体模型用棉花和布包裹成特殊体型的形状再进行裁剪，可以直观地反映服装的款式造型，修正不合理的部分，最终达到满意的效果。因为平面裁剪在裁制服装的时候，各部位的缩放尺寸只能凭经验，与具体的人体之间出现误差的可能性增大，而立体裁剪是根据具体的人体形状来进行裁剪，制作出来的服装就能较好地符合人体体型。

立体裁剪是直接将布料裁剪成裁片的设计过程，裁片的准确程度相当高，因此根据这个优点，可以复制出平面的纸样，用以进行放码、款式变化等其他用途。

从实用角度看，立体裁剪具有成本高、效率低、操作不便、经验成分多及稳定性差等不足，而且必须在一定条件和场合下使用，因此不能适应现代服装工业大生产的需要，不能取代具备成本低、效率高、灵活方便、理论性强、稳定性好及使用范围广等优点的平面裁剪。

由于立体裁剪在现代服装工业中主要应用在款式多样、数量极少（单件或数件）的时装业中，因此本章仅对其基本原理进行介绍。

二、立体裁剪的应用范围

1.用于服装企业生产

服装生产按照产品的数量和品种分为四种不同的形式，即大量生产、成批生产、单件和少量生产，因此立体裁剪在服装生产中也常常因生产性质的不同而采用不同的技术方式：一种为立体裁剪与平面裁剪相结合，利用平面结构制图获得基本板型，再利用立体裁剪进行试样、修正；另一种为直接在标准人台上获得款式造型和纸样（图12-3）。

一件服装能否被消费者接受，不仅看款式设计是否新颖，样板设计也十分关键，因为只有优秀的样板才能将外观造型形态表达得恰到好处，并且让着装者在视觉和舒适度方面均感到满意。

高级成衣、时装和高级时装的款式变化多样（图12-4），仅靠平面裁剪法是不能满足款式设计的要求，无法体现出最佳效果，而立体裁剪法能在三维空间中使服装始终处于着装状态之下，效果直观，从轮廓塑型到局部结构都可以进行精雕细刻，使服装设计的实用性和艺术性完美的结合在一起，因此立体裁剪是高级时装制作不可替代的方法。另外，立体裁剪在量身定做和特体服装的制作方面也有着明显的优势。

图12-3   图12-4

2. 用于产品展示

立体裁剪因其造型的变化多端，并且表现力极强，因此立体裁剪法不仅可以用于服装生产，还被用于产品展示，如店铺销售的橱窗设计（图12-5、图12-6）、家纺产品的面料展示（图12-7）、大型展销会和博览会的会场布置（图12-8）等，用其夸张、个性化的造型在灯光、道具和配饰的衬托下，将产品的时尚感和独特个性直接呈现给消费者，具有强烈的视觉冲击力，不仅体现出商业与艺术的结合以及该品牌的文化和时尚品位，而且可以在极大程度上刺激消费，从而提升销售额。

3. 用于服装教学

通过将面料或裁片直接披覆在人体模型上，展示服装部位关系、省位变化原理和过程、面辅料的硬挺度和悬垂性等特性、款式造型等服装设计的相关细节，可以让学生更加直观的理解课程的内容，增加课堂的趣味性，从而引发学生的兴趣和积极性，进而培养、提升学生的创造力。因此在教学实践过程中增加立体裁剪，从造型设计开始到材料的选择

图12-5

图12-6

图12-7

图12-8

再到实践过程采用循序渐进的方法，鼓励学生拓展思维，多方面寻找设计灵感，注重创新性和流行性；要强调实践环节，提高动手能力，熟练掌握各种款式变化的方法和原理；还要训练学生对面、辅料特性的了解和掌控能力（图12-9、图12-10）。

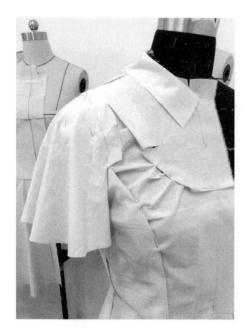

图12-9

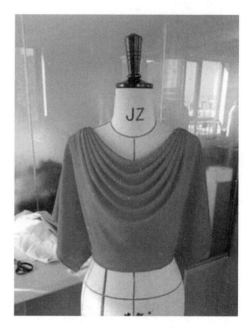

图12-10

三、立体裁剪与平面裁剪的关系

虽然立体裁剪与平面裁剪两种方法的裁剪过程不同，也有着各自的优缺点，但不能笼统地说哪一种方法好，所有的款式都只采用一种方法，而把其他方法摒弃，其实板型质量的好与坏，主要取决于设计师、纸样师的审美能力和技术水平等综合素质。两种方法直接的关系是相辅相成、互为补充、共同提高，例如，平面裁剪的理论可以先用立体裁剪的方法得到大量衣片，再经过统计和分析得出规律，而在立体裁剪过程中也可以先用平面裁剪的方法绘制出基础纸样，再进行款式的变化和设计。立体裁剪可以帮助理解服装各部位的省、褶、裥以及归、拔、推等工艺的处理，还可以用来检验平面裁剪法或特体和贴体服装的准确性，对服装的疵病分析和纠正都很有效。

立体裁剪可以解决平面裁剪中难以解决的问题（如布料厚薄的估算、悬垂程度、皱褶量的大小等），可以帮助对平面裁剪的理解，是确定各种平面裁剪方法的依据，不过虽然在实际应用中有些特殊结构尚需借助立体裁剪的方法才能解决，但相信这是暂时的，一旦探索出这些特殊结构的平面分解原理，则其显示出的优越性必将远远超越立体裁剪。当然，从研究的角度讲，在不能直接确定某些辅助疑难结构的平面分解图时，运用立体裁剪在人体模型上获取它的平面分解图作为原始数据，则是必不可少的。在此基础上进一步研究立体构成与平面分解的内在联系和变化规律，将为直接在纸或布料上设计服装的平面分解图提供充分的理论根据。

四、立体裁剪工具与材料

除了平面裁剪的常用工具之外，进行立体裁剪通常还需要以下工具。

1.人台

用于立体裁剪的人体模型分男性人台和女性人台，主要是由钢架支持的塑料泡沫组成，外面均匀覆盖一层组织紧密的海绵或其他能被手针刺入的材料，最外层用质地优良坚韧的棉麻织物包裹。根据不同的设计要求可选用不同的类型：全身人台、半身人台、有臂人台、无臂全身人台、半臂人台和吊挂人台等（图12-11）。

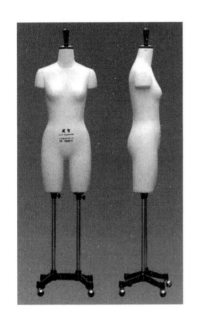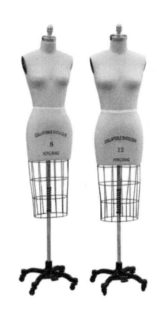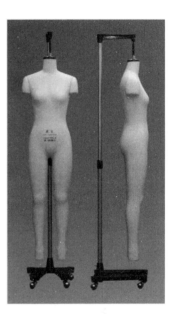

图12-11

2.手臂模型

在进行立体裁剪时通常不选择有臂人台，因为有臂人台容易妨碍设计制作，但是使用无臂人台进行立体裁剪时又较难确定袖型，同时对整体造型和舒适程度也有一定的影响，因此，通常采用同人台色泽相同的质地优良的棉麻布包裹组织紧密的海绵或棉花等制成可装卸的手臂模型（图12-12）。

3.布料

立体裁剪通常使用白坯布或宽幅的平纹棉布，根据组织密度和厚度的不同，坯布有很多种类，可根据要制作的服装来选择，如果条件允许可采用与款式要求的材质相近或相同的布料（图12-13）。

4.修正棉

为使人体模型与具体的人体形状尺寸一致，要对人体模型的某些部位进行修正，如胸部、肩部、腰部和臀部等，选用锦纶棉、双面厚绒棉等比较好（图12-14）。

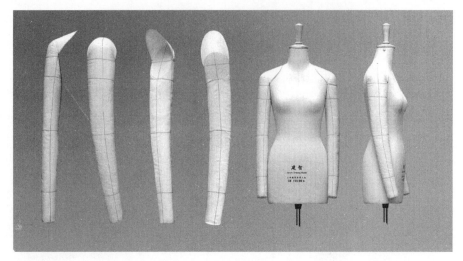

图12-12

图12-13

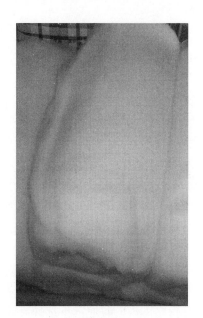

图12-14

5. 丝带或胶带

丝带或胶带有黏性和没有黏性两种，宽度为0.2~0.5cm，用于标记人台上的基础线和设计过程中因款式需要临时在人台上确定的结构线，颜色选择以能在布料下看得见的深色为好（图12-15）。

6. 大头针

立体裁剪时使用的大头针通常有珠针和普通大头针两种，前者多用于固定面积或受力较大的布料，后者用于一般缝份的固定。大头针因使用位置的不同，其插针的方式也有不同，但插针的方向要一致，使所形成的缝份尽量与款式要求相同，避免因插针的方向不同而引起款式变形（图12-16）。

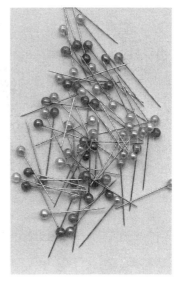

图12-15　　　　　　　　　　　　　　　　图12-16

7. 针插

针插是用薄棉布包裹棉花缝制而成，里侧缝有橡筋，可以套在手腕上，用来插大头针。在进行立体裁剪操作尤其是较为复杂的款式时经常要用到很多大头针，为了拿取方便且安全，需要有针插。还可以选择用头发来制作针插，因为头发上具有油脂且表面比较光滑，可以使大头针在使用过程中更容易刺入人台（图12-17）。

8. 针与线

针与线用于标示布料的布纹方向和临时固定布料。针与线的粗细要同布料相吻合，线的质地要与布料一致，需有多种颜色备用（图12-17）。

图12-17

9. 尺

在进行立体裁剪时，为了使裁剪出来的衣片更加精确，可以选择不同形状的尺子，例如：透明直尺用来画平行线和直角线，曲线尺用来画光滑平缓的曲线，丁字尺用来确定服装底边到地面的尺寸，6字尺用来画领围、袖窿等较弯的曲线，自由曲线尺可以随意弯曲成各种曲线并测量出该曲线的长度等（图12-18）。

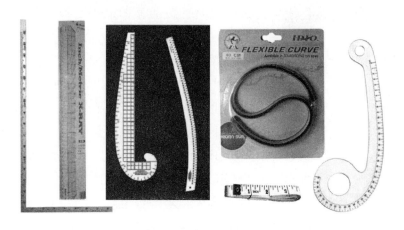

图12-18

10. 熨烫工具

在进行立体裁剪的过程中经常要用到熨烫工具，如整理坯布的布纹方向、清理布面的皱褶、固定褶裥省位等。可选择蒸汽烫斗熨烫，并注意底面的清洁（图12-19）。

11. 剪刀

在立体裁剪中使用的剪刀有两种：一种是专门用来剪开布料的裁布剪刀，另一种是用于剪线的小剪刀（图12-20）。

图12-19

图12-20

12. 其他辅助工具

为了使立体裁剪的操作更加容易，还可以使用一些辅助工具，如用来确定垂直线的铅坠、用来拷贝裁片或纸样的复写纸、复制时用来固定裁片或纸样的按钉或镇纸、用来在布料上做标记的各种颜色的笔等（图12-21）。

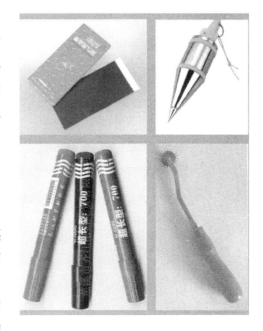

图12-21

五、立体裁剪的基本技法

1. 标示基础线

人台上的标志线是立体裁剪的基础线，坯布的布纹方向与标志线一致才能保证立体裁剪的正确，同时也是作为纸样展开时的基础线。因此在进行立体裁剪之前，应该在人台上标示出这些基础线，还可以训练操作者判定水平和垂直的能力（图12-22）。

（1）前、后中线：从人台的前颈点（FNP）和后颈点（BNP）分别确定一条垂直线，使用铅坠或重物比较准确。

（2）胸围线：在人台上找到BP点，水平围绕人台一周确定胸围线，也可以用测高仪来确定和BP点同一高度的各个位置，用大头针固定，标示出胸围线。

（3）腰围线：从后颈点沿后中线量出背长尺寸确定后腰中心点，并沿此点水平围绕一周确定标示线。也可以采用测高仪，方法同胸围线的确定。

（4）臀围线：从腰围线的前中点向下量取18~20cm，在这一位置上水平围绕一周确定臀围线，从侧面看臀部位置是否水平，并进行调整。也可采用测高仪，方法同胸围线的确定。

（5）领围线：在人台上确定左右颈侧点，从后颈点开始边观察颈部的弧度变化，边确定颈围的标示线，直到前颈点。

（6）肩线：在人台上确定左、右肩端点（SP），用标示线将颈侧点和肩端点相连，确定肩线的位置。

（7）侧缝线：侧缝线的位置可以根据视觉和款式的要求自行设定，也可参考文化式的确定方法，首先在前、后中线之间的腰围尺寸的中点向后片方向移动2cm、胸围尺寸的中点向后片方向移动1.5~2cm、臀围尺寸的中点向后片方向移动1cm的地方分别做好标记，之后用标示线从肩端点开始自然顺滑的向下通过上述三个标记点，直至人台的底边。也可以用铅坠在人台的腋下点向下确定一条垂直线作为侧缝线。

（8）袖窿线：沿人台的臂根形状标示出袖窿线。

（9）前、后公主线：从肩线的中点开始向下经过胸高点，在通过腰围线的时候考虑收腰的效果确定在腰围线上的位置，向下在臀围外凸的地方找到臀围线上的位置，垂直向下直到底边确定前公主线。从肩线的中点开始向下经过肩胛骨的凸出部位，同前公主线一样的做法来确定后公主线。

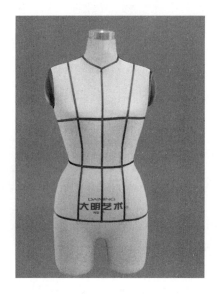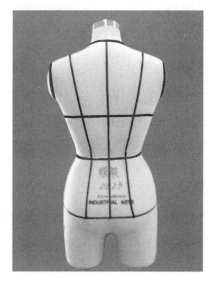

图12-22

2. 人台的补正

人台是按照标准尺寸制作的，在进行立体裁剪的时候有可能因为个人的体型特征、胖瘦程度或者款式需求等原因要对人台进行修正，经常需要补正的部位有肩部、胸部、腰部和臀部等（图12-23）。

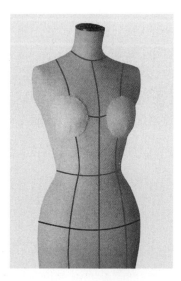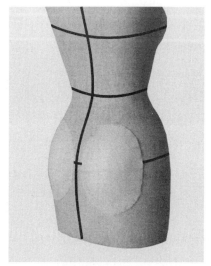

图12-23

3. 坯布整理

在进行立体裁剪时布纹的方向是非常重要的，因此立裁所用坯布的经纬纱必须是横平竖直的，在使用之前一定要进行预整理，先将坯布两端的布边撕掉，之后用熨斗烫平布面并烫正布纹，保证经纱和纬纱互相垂直。同时也要求坯布衣片与正式的面料复合时，应保持二者纱向的一致，这样才能保证成品服装与人台上的服装造型一致。

具体操作方法：用大头针挑出一根纱线，将其从一个布边一直抽到另一个布边，然后缝上一根红线去取代被抽出的纱线，法国的裁剪师经常使用这种方法。握住织物两端，将织物沿对角线方向拉伸，直到经纬纱线在一个合适的角度上，立体裁剪师要根据这些程序去准备立体裁剪所需的平纹细布（图12-24）。

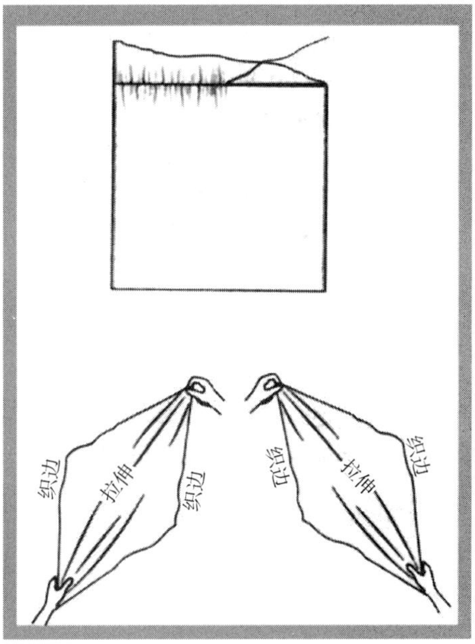

图12-24

4. 基本针法

立体裁剪过程中插大头针的方法很多，但为了使操作更方便、效果更好，根据用途和目的的不同要选择适当的插针方法。

（1）固定用针法：将坯布固定在人台上经常选用这种针法，如在固定前中线等部位的时候要用两根针从两个方向插在同一针孔里，暂时将坯布固定在人台上的时候也可以用一根针斜向插入（图12-25）。

（2）缝合针法：用于将两个衣片缝合在一起并把缝份留在外面时，插针的位置即为净缝线的位置（图12-26）。

图12-25

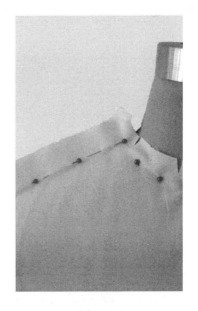

图12-26

（3）重叠针法：用于把两片平摊的布料固定在一起，有直线插法、斜向插法和垂直插法三种（图12-27）。

（4）折叠针法：用于将一块布料的缝份隐藏之后固定在另一块布料上，一般用于肩缝、育克等位置，也可以用来固定底边和袖口（图12-28）。

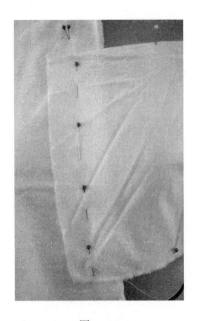

图12-27

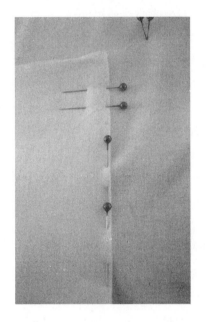

图12-28

（5）隐藏针法：将针从一块布料的折痕处插入并挑住另一块布料再折回到第一块布料的折痕处的插针方法，一般用于绱领或绱袖（图12-29）。

（6）折边固定针法：用于固定底边和袖口等部位的折边（图12-30）。

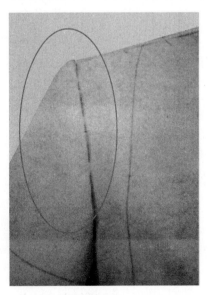

图12-29

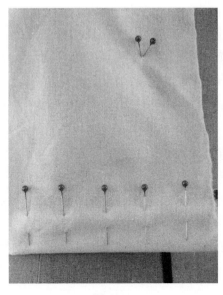

图12-30

（7）褶裥固定针法：用于固定褶裥的位置和褶裥量，经常根据款式要求的效果在用针固定之后再粘上胶带（图12-31、图12-32）。

图12-31

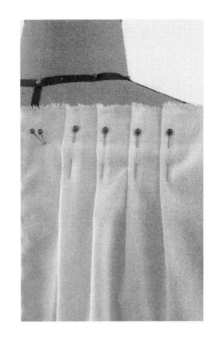

图12-32

六、立体裁剪的缝道处理技术

缝道实际上是指衣片之间的连接形式。整件服装是由缝道将各个衣片连接起来所形成的造型，因此缝道的处理技术至关重要。由于立体裁剪具有很强的直观性，缝道的处理直接影响着服装的操作与整体造型，所以缝道的处理技术显得更为突出与实际。

1. 缝道的设置

缝道应尽可能地设计在人体曲面的每个块面的结合处，即女性胸高点左、右曲面的接合处——公主线；胸部曲面与腋下曲面的接合处——前胸宽下侧的分割线；前、后上体曲面的接合处——肩线；腋下曲面与背部曲面的接合处——后背宽下侧的分割线；背部中线两侧曲面的接合处——背缝线；腰部上部曲面与腰部下部曲面的接合处——腰围线等。缝道设计在相应的接合处使服装的外型线条更清晰，也与人体的形态相吻合。

2. 缝道的形状

缝道的形状从设计角度而言具有很强的创造性，即设计领域是宽泛的，然而结合到结构设计的合理性与工艺制作的可行性，则会受到一定的制约，因此缝道处理时要注意尽可能将缝道两侧的形状设计成直线，或与人体形状相符的略带弧线的线条形状，同时两侧的形状尽量做到相同或相近，以便于缝制。

第二节　服装各部件造型裁剪

一、上装造型裁剪

1. 上衣原型

（1）准备坯布。坯布的长度为从颈侧点经BP点到腰围线的长度加5cm，宽度为胸围/4+3cm（放松量）+2cm（缝份）+5cm，前、后片尺寸相同。将裁好的坯布烫平，摆正布纹方向，确保经纱和纬纱互相垂直（图12-33）。

（2）将前衣片的标示线与人体模型的前中线和胸围线对齐，将布料推向肩颈点，使面料与人台贴合，确定BP点并用大头针固定（图12-34）。

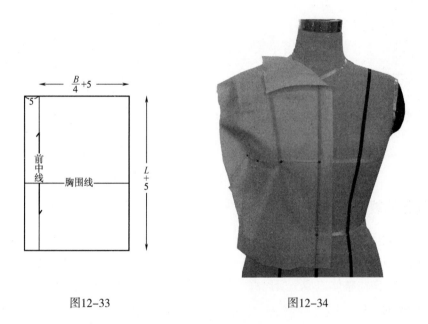

图12-33　　　　　　　　　　　　　图12-34

（3）沿领围弧线留出缝份减去多余的坯布，在领围处的缝份打剪口，抚平布料，用大头针固定，将布料从肩部向袖窿及腰部自然、平顺地推抚，并用大头针在侧缝处固定，这时在腰部形成胸省的松量，留出缝份后修剪出袖窿（图12-35）。

（4）将胸省的松量推至侧缝处，在腰围缝份上打剪口，使布料贴合腰部，并在侧缝中部抓出侧缝省，距胸高点右下2~3cm处形成省尖点固定（图12-36）。

（5）将后衣片的标示线与人台的后中线和胸围线对齐，沿人台将布料抚平，用大头针固定，肩部布料保持水平并留出放松量（图12-37）。

（6）后领围与前领围同样处理，抚平后领围，布料不平处打剪口，并用大头针固定领围。从肩颈部向袖窿处的肩端点推出放松量，抓合固定形成斜的肩省；将后胸围处的放松量沿后背宽垂直向下延伸，在袖窿下侧缝处固定，剪出袖窿形状（图12-38）。

图12-35

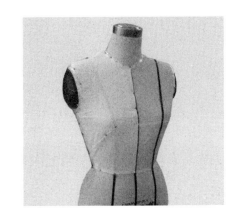

图12-36

图12-37

图12-38

（7）将后背的放松量抚向侧缝处，在后腰处打剪口，使后背与布料贴合，在侧缝中部抓出侧缝省，并与前衣片侧缝省对齐，后背处抚出省尖点，用大头针固定（图12-39）。

（8）在前后领围、肩线、袖窿弧线、侧缝线、腰围线和各个省位处做标记，将坯布从人台上取下来，取下大头针，将前、后肩线的缝份内折后合并肩线，用6字尺沿着标记画出圆顺的领围线和袖窿弧线，完成上衣原型的制作（图12-40）。

图12-39

图12-40

2. 上衣造型举例（图12-41）。

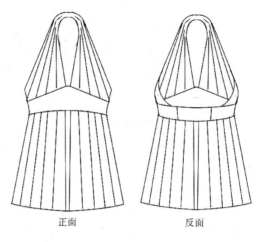

正面　　　　　　反面

图12-41

（1）坯布准备。选择较薄的白坯布，调整布纹方向，熨烫平整（图12-42）。

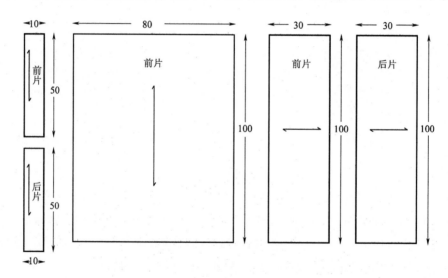

图12-42

（2）人台准备。根据款式图在人体模型上先标出分割线的位置（图12-43）。

（3）将80cm×100cm的前衣片布料的布纹线与人台的前中线保持一致，从人台的前中线处起预留出缝份，往右侧袖窿方向折叠至腋下处，边折叠边用大头针固定。全部折完之后，将布料绕过人台的颈部，用同样的方法在左侧折出相同的褶裥，在操作过程中要边观察、边固定，确保左右两侧对称（图12-44）。

（4）将10cm×30cm的前衣片布料的布纹线与胸围线保持一致，向胸部和两侧缝方向推抚布料，沿人台上预先确定的标示线用大头针固定布料，预留出缝份，将多余的布料剪掉（图12-45）。

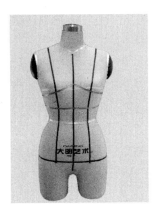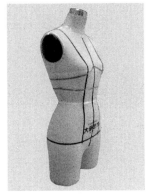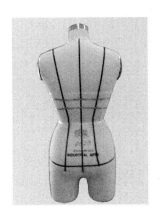

图12-43

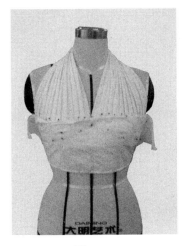

图12-44

图12-45

（5）将10cm×30cm的后衣片的布料分割成三份，按标示线和侧缝对好，推抚布料使之服帖，并用大头针固定，预留出缝份之后将多余的布料剪掉（图12-46）。

（6）掀起前胸衣片，将30cm×100cm的前衣片的布纹线与前中线保持一致，并固定在人台上。将整块布料做若干褶裥，边折叠边用大头针固定，注意调整衣摆的形状（图12-47）。

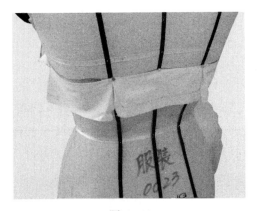

图12-46

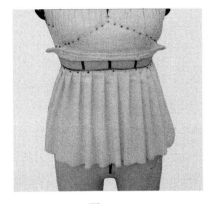

图12-47

（7）将30cm×100cm的后衣片的布纹线与后中线保持一致，操作方法跟前衣片相同。

（8）完成（图12-48）。

图12-48

（9）在各衣片大头针固定的位置做标记，将坯布从人台上取下来，沿着做好的标记点修顺轮廓线（图12-49）。

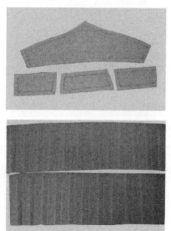

图12-49

二、衣领造型裁剪

在服装设计中衣领经常起到装饰的作用，因此造型变化多样。衣领的造型与颈部的形状、肩部及前胸后背的结构、衣领各部位尺寸的比例等方面都有着密切的联系，因此设计者应进行全面的了解，综合考虑，才能设计出形态各异、美观舒适的衣领。

以翻领和西装领为例，介绍用立体裁剪方法进行衣领造型的基本操作过程。

1. 翻领

（1）准备坯布。量出后颈中点到前颈中点的领围长度，加上一定的宽余量作为布料的长度，估计领子的高度并加上一定的宽余量作为布料的宽度，裁出布料，调整布纹，熨烫平整（图12-50）。

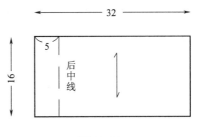

图12-50

（2）将坯布上的后中线与人台的后中线重合，用大头针固定（图12-51）。

（3）将坯布沿着人台的颈部抚顺，并沿着人台领围线用大头针固定，留出1~2cm的缝份，剪掉多余的坯布（图12-52）。

图12-51

图12-52

（4）依照款式，将布料向下折出领座并用大头针固定，保持与后领座宽度相同。依照款式画出翻领的款式线。取下布料画线并留1cm止口，然后将布料按形状剪出（图12-53、图12-54）。

图12-53

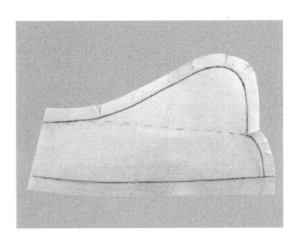

图12-54

（5）烫好止口后，再重新固定在人台上观察效果，检查裁片正确与否，进行裁片修正（图12-55、图12-56）。

图12-55

图12-56

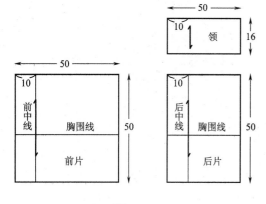

图12-57

2. 翻驳领

（1）准备坯布，如图12-57所示。

（2）将前片坯布上的前中线和胸围线与人台上的标志线重合，用大头针固定，在袖窿和领围线处预留出1~2cm的缝份，剪掉多余的坯布（图12-58）。

（3）根据款式要求确定翻折线，将前片坯布向外翻折出驳头的形状，留出缝份（图12-59）。

（4）将后片坯布的后中线和胸围线与人台上的标志线重合，用大头针固定，确定后领围线，留出缝份，剪掉多余的坯布。将领坯

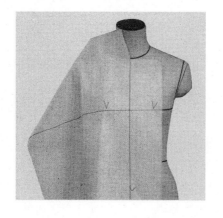

图12-58

图12-59

布的后中线与人台的后中线重合，沿着人台的颈部轻推坯布，按照后领围线固定坯布，预留出缝份（图12-60）。

（5）根据款式要求将坯布向外翻折出领座和领面（图12-61）。

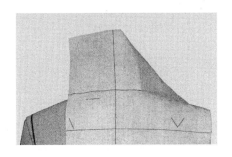

图12-60

图12-61

（6）将衣领坯布绕到前面，让衣领的翻折线与驳头的翻折线自然连成直线，注意衣领的宽松量，保持领面的平整（图12-62）。

（7）将驳头压在衣领上，确定领角形状，注意整体效果，预留出缝份，剪掉多余的坯布（图12-63）。

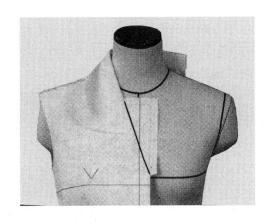

图12-62

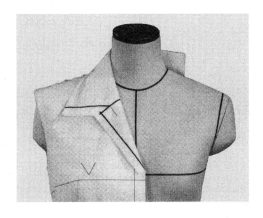

图12-63

（8）在领围线和翻折线的位置用记号笔做标记，将衣领和衣片从人台上取下来，根据标记点修顺各条结构线（图12-64）。

（9）将衣领和衣片的缝份折到里面，固定到人台上检查裁片效果，进行必要的调整（图12-65）。

三、衣袖造型裁剪

上肢是身体上运动量最多的部分，因此在做衣袖设计时不仅要具有美观性，同时还要兼顾实用性，要考虑手臂的结构特点、肩部的形态特征、身体的运动规律、各部位的基本

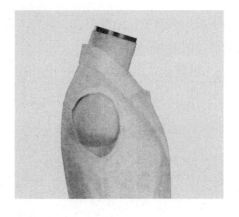

图12-64   图12-65

尺寸等方面的综合影响，这也是做好衣袖立体裁剪的基础。

　　各种款式的衣袖都可以从一片袖变化得到，先做出一片袖的纸样或坯布，按照平面裁剪的款式变化方法取得基础坯布，再在人台手臂上进行修正，完成衣袖裁片的立体裁剪。仅以一片袖为例，介绍衣袖立体裁剪的基本过程和注意的问题。

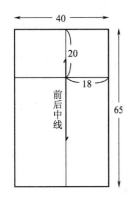

图12-66

1. 一片装袖

　　（1）准备坯布，如图12-66所示。

　　（2）将手臂模型装在人台上。将衣袖坯布围在手臂模型上，横向的基准线与胸围线对齐保持水平，纵向基准线自肩端点向下保持垂直，用大头针固定（图12-67）。

　　（3）根据手臂模型的形状在前、后两侧留出放松量，用大头针固定，注意前面的放松量要小于后面。由于手臂模型在手肘处向前倾，所以为了保持衣袖的平整，要在手肘处设省。调整衣袖长度，预留出缝份之后剪掉多余的坯布（图12-68）。

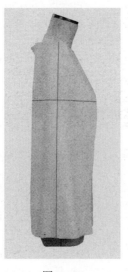

图12-67   图12-68

（4）将手臂抬起约45°，确定绱袖线，从腋下点开始向上沿着绱袖线逐步用大头针将衣袖固定在人台上，注意袖山部位的圆顺和放松量，留出缝份后剪掉多余的坯布（图12-69）。

（5）用记号笔画出袖山弧线、袖肘省和袖口线，将裁片从人台上取下，修顺各条结构线，再装回到人台上进行检验和修正，完成衣袖的立体裁剪过程（图12-70）。

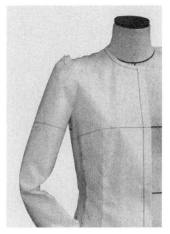

图12-69　　　　　　　　　　　　　　　图12-70

2. 喇叭袖

（1）准备坯布：如图12-71所示尺寸确定坯布大小，标明经向和纬向的基准线。

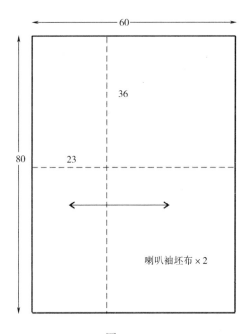

图12-71

（2）修改袖片：将坯布覆盖在肩臂处，使袖中线与肩线对齐，沿袖中线方向提升袖口，确定喇叭袖的袖口量，符合设计要求后确定袖山弧线位置，并在人台袖窿处用大头针固定，预留出缝份。分别从前面、侧面和后面三个方向检查造型是否符合要求，确认后用笔做好标记（图12-72~图12-74）。

 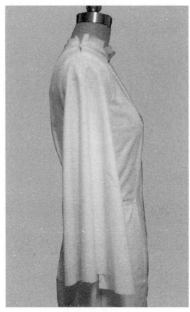 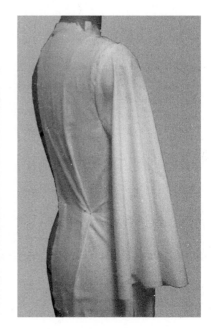

图12-72　　　　　　　　　　图12-73　　　　　　　　　　图12-74

（3）完成袖片：从人台上取下袖片，展平并重新修正轮廓线，用熨斗烫平，完成喇叭袖的制作（图12-75）。

3. 缩褶袖

（1）准备坯布：如图12-76所示尺寸确定坯布大小，标明经向和纬向的基准线。

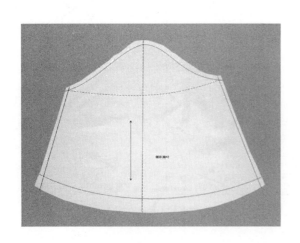 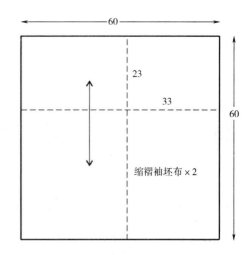

图12-75　　　　　　　　　　　　　　图12-76

（2）确定袖片轮廓：将坯布覆盖在肩臂处，使袖中线与肩线对齐，将袖山线固定在衣身袖窿上，预留出缝份（图12-77）；根据款式设计的要求在袖山处依次折出褶裥，并用珠针固定；确定好褶裥位置和数量之后，固定袖底，并确定袖口大小（图12-78）。

图12-77　　　　　　　　　　　　　　　　图12-78

（3）修改袖片：整理好缝份，用珠针将衣袖固定在衣片上；从前面和后面检查造型是否符合要求，确认后用笔做好标记（图12-79）。

（4）完成袖片：从人台上取下袖片，展平并重新修正轮廓线，做好标记，用熨斗烫平，完成喇叭袖的制作（图12-80）。

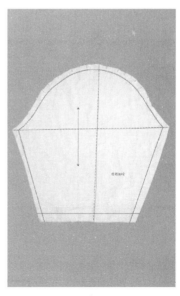

图12-79　　　　　　　　　　　　　　　　图12-80

4.插肩袖

（1）准备坯布：如图12-81所示尺寸确定袖片坯布，标明经向和纬向的基准线。

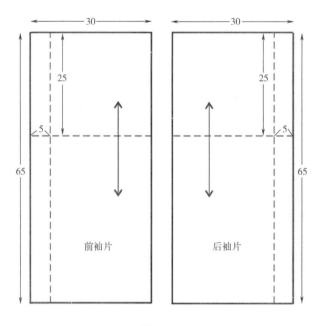

图12-81

（2）确定插肩袖轮廓线：先做好上衣前、后片的立体裁剪，并确定插肩袖的造型线（图12-82、图12-83）。

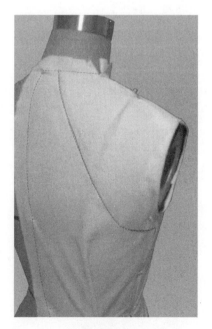

图12-82   图12-83

（3）固定衣片：预留缝份之后将衣片沿造型线剪开，用珠针沿造型线固定好衣片

（图12-84 、图12-85）。

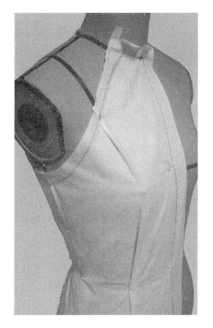

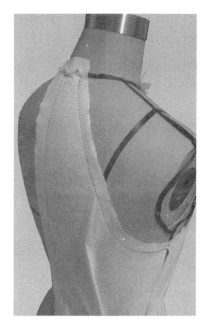

图12-84　　　　　　　　　　　　　　　　　图12-85

（4）制作插肩袖片：将前片基础袖样覆盖在肩臂处，使纵向标志线与袖中线对齐，横向标志线与胸围线对齐；在袖片上绘出造型线和肩线以及造型线上的对位点（图12-86）；将手臂卸下来，将袖片向腋下抚平，绘出腋下部分的造型线，将对位点一侧的造型线对称描到另一侧（图12-87）；预留出缝份，剪掉多余的坯布，修剪后的前袖片如图12-88所示。重复该过程做出后袖片。

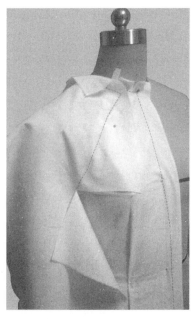

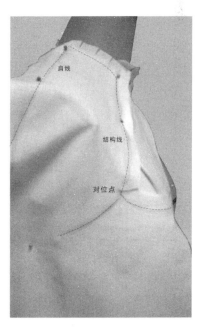

图12-86　　　　　　　　　　　　　　　　　图12-87

（5）完成袖片：后片插肩袖的制作方法与前片相同。从人台上取下袖片，展平并重新修正轮廓线，做好标记，用熨斗烫平，完成插肩袖的制作（图12-89）。

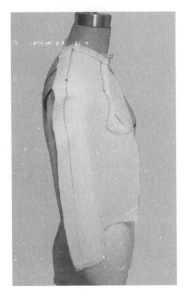

图12-88

图12-89

四、裙装造型裁剪

裙装的款式变化也是多种多样的，总的来说裙装的结构跟人体腰臀部的体型特征以及下肢的运动规律有直接的关系，因此在进行裙装的立体裁剪时要注意腰臀部的合体程度和活动量，以及下摆的张开量。下面以斜裙为例，介绍裙装立体裁剪的基本过程。

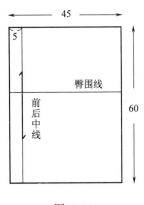

图12-90

（1）准备坯布。坯布长度为款式要求的裙长加上缝份及适当宽余量，宽度为臀围/4加上适当的放开量，裙摆越大放开量越大，前、后片坯布尺寸相同（图12-90）。

（2）将前片坯布的前中线与人台的前中线重合，并保持前中线垂直于地面；将坯布上的臀围线与人台上的臀围线重合，并保持水平，用大头针固定（图12-91）。

（3）在侧缝将坯布向下倾斜，将腰部坯布抚平，如不平服可在缝份处打剪口，下摆拉出款式要求的宽度，预留出缝份，剪掉多余的坯布（图12-92）。

（4）用同样方法将后片坯布固定在人台上（图12-93）。

（5）将前、后片在侧缝处重合，拉开裙摆呈喇叭状，确定侧缝线，预留出缝份，剪掉多余的布料（图12-94）。

（6）用丁字尺确定底边线的位置，保持前、后片相同，预留出折边量，剪掉多余的布料。将坯布从人台上取下，修顺各条结构线，再装回到人台上检查裁片并进行必要的修改，完成裙装的立体裁剪（图12-95、图12-96）。

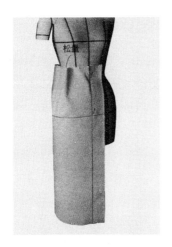

图12-91

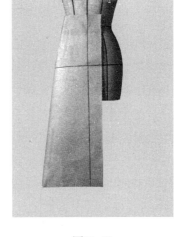

图12-92

图12-93

图12-94

图12-95

图12-96

第三节　礼服立体裁剪实例

　　礼服相对来说款式变化更为丰富，结构也更为复杂，为了达到设计要求大部分礼服都是用立体裁剪的方法制作出来的。礼服的立体裁剪不仅要求操作者掌握立体裁剪的基础知识，还要掌握各种造型变化的原理并结合平面裁剪的经验，如荷叶边、各种褶裥等纸样的基本形状，同时还要了解各种面料的特性及动态效果等多方面的知识，充分发挥想象力和创造力，合理利用面料的特性，制作出款式多变的作品（图12-97~图12-100）。

图12-97

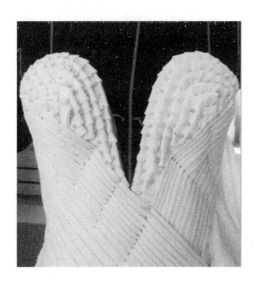

图12-98

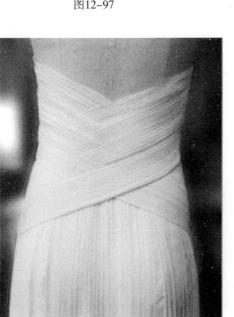

图12-99

图12-100

一、礼服实例一（**图12-101**）

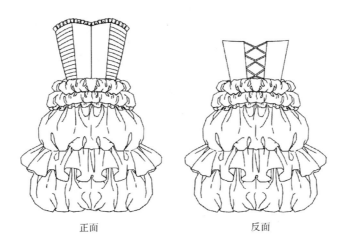

正面　　　　　　　　反面

图12-101

（1）准备坯布，如图12-102所示。

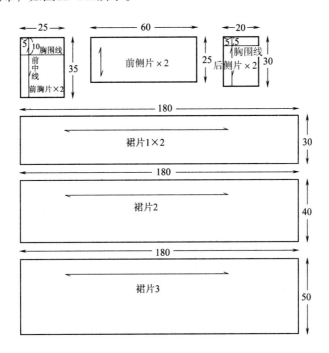

图12-102

（2）根据款式图在人体模型上先标出分割线的位置（图12-103、图12-104）。

（3）将前中胸衣的经向标示线与人台的前中线对齐，向侧缝和上胸方向推抚布料，并用大头针固定（图12-105）。

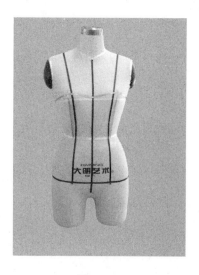
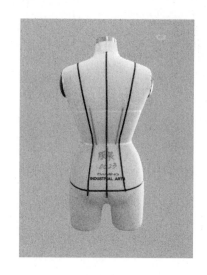

图12-103   图12-104

（4）在另一侧采用相同方法固定另一片坯布。在布料上做标记，预留出缝份，将多余的布料剪掉（图12-106）。

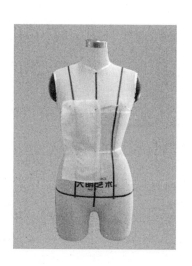
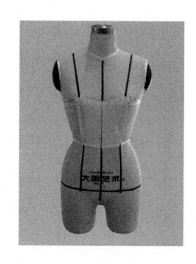

图12-105   图12-106

（5）将侧衣片的布料放在桌面上折叠出均匀的褶裥，边折叠边熨烫定型，然后将面料与人台的侧分割线对齐，推抚布料使之服帖，用大头针固定（图12-107）。

（6）将上胸衣的装饰边面料与标记对齐，边折叠边固定，形成荷叶边（图12-108）。

（7）将后衣片的标示线与人台的后侧分割线对齐，推抚面料，腰围线以下的布料打剪口，使其服帖。在布料上做标记，预留出缝份，并剪掉多余布料，用大头针固定（图12-109、图12-110）。

（8）把面料熨烫成条带，再将条带按照款式图固定在人台上（图12-111）。

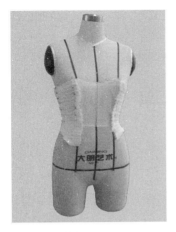

图12-107

图12-108

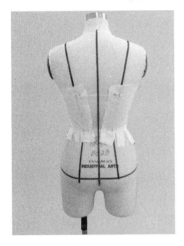

图12-109

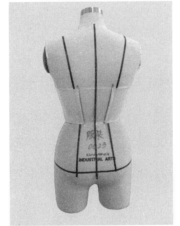

图12-110

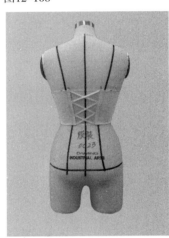

图12-111

（9）裁出180cm×30cm的面料两块，180cm×40cm和180cm×50cm的面料各一块，由长至短分别固定在腰围上，折出随意的折叠效果，形成四层不规则的百褶裙（图12-112、图12-113）。

图12-112

图12-113

（10）在第一层裙摆上，用大头针别出两层灯笼式裙摆；在第二层裙摆上别出一层灯笼式裙摆，露出5cm荷叶边；同理，在第三层裙摆上别出灯笼式裙摆，并露出10cm的荷叶边；用手针缝向内侧固定，不露布边（图12-114、图12-115）。

图12-114

图12-115

（11）最底层裙摆向内翻，做出灯笼裙状，把各层荷叶边外露的布边做卷边处理，用手针缝合，使其不露布边，完成礼服设计（图12-116、图12-117）。

图12-116

图12-117

二、礼服实例二（**图12-118**）

（1）准备坯布。根据款式的要求量取最宽围度和最大长度，加上一定的放松量，裁出适当尺寸的布料。

（2）按款式大致轮廓将布料披露在人台上，用大头针固定，预留出褶边，剪去下摆

图12-118

多余部分，做出前片连身部分的大致造型（图12-119）。

（3）依照款式固定肩部、袖窿、前胸，塑造右前片腰间造型。捏出几个不规则褶皱，使腰部达到合体，用大头针固定，其余布料让其自然下垂（图12-120）。

（4）剪去袖窿多余部分，将缝份向里折，用大头针固定，做出袖窿造型。将左边腰部周围抚平，结合左边的褶裥进行调整，使得腰部适体，并留出一点放松量。适当修剪下摆，完成前片连身部分的大概造型（图12-121）。

| 图12-119 | 图12-120 | 图12-121 |

（5）裁出一块较小的裁片，依照款式，将布料自然缩褶后扭转，扭转处在左腰间用大头针固定，腰线上的造型也用大头针先做固定，并用手针挑缝0.5cm缝份，待最后利用铁丝进行局部造型塑造时使用（图12-122）。

（6）穿入铁丝塑造出大概造型，完成右侧的抹胸部分，与已经完成的前片缝合，固定侧缝（图12-123）。

（7）制作后片左侧部分，依照款式要求，留出缝份，减掉多余的布料，将缝份向里折，用大头针固定，并与前片抹胸缝合于侧缝，完成后片上衣设计（图12-124）。

图12-122　　　　　　　　　图12-123　　　　　　　　　图12-124

（8）剪下1m布料，斜纹沿着腰线固定，并与前片侧缝用手针缝合。修剪前、后片下摆（图12-125）。

（9）利用铁丝制作好造型，完成晚礼服设计（图12-126）。

图12-125　　　　　　　　　　　　图12-126

礼服的立体裁剪过程是审美与技术的结合过程，设计师经常根据制作过程中的实际情况产生新的灵感，或者根据不同面料的变化进行款式的创新，从而创作出更好的设计作品。因此，设计师应该经常进行练习，掌握基本的制作技巧，如各种省位的变化、褶皱的处理方法、面料的特性及面料机理变化的技巧等，才能在设计过程中更好地完成作品。

本章要点

立体裁剪是指直接将布料披覆在人体或人体模型上，借助辅助工具，在三维空间中直接感受面料的特性，运用边观察、边造型、边裁剪的方法，裁制出一定服装款式的布样或衣片纸样。经立体裁剪后所产生的服装裁剪图，实际上是把立体的服装实样的整体结构在同一平面上展开，从裁片上就可以直观地体现出款式的特点，这是平面裁剪所不具备的优势。在立体裁剪的设计过程中可以随时观察设计效果，及时发现问题并纠正，还可以解决平面裁剪中解决不了的问题。在特殊体型的服装裁剪中，用立体裁剪能够取得较理想的效果。立体裁剪是直接将布料裁剪成裁片的设计过程，裁片的准确程度相当高，根据这个优点，可以复制出平面的纸样，用以进行放码、款式变化等其他用途。

一件服装的立体裁剪过程可以分成多个零部件的操作过程，通过各零部件的款式变化及相互之间的协调和配合，完成服装的设计和裁剪过程，因此要求设计师掌握各零部件立体裁剪的基本方法和变化原理。主要零部件可分为上衣、衣领、衣袖和裙装。衣领的造型与颈部的形状、肩部及前胸后背的结构、衣领各部位尺寸的比例等方面有着密切的联系。设计者应进行全面了解，综合考虑才能设计出形态各异、美观舒适的衣领。各种款式的衣袖都可以从一片袖变化得到，先制作出一片袖的纸样或坯布样，按照平面裁剪的款式变化方法取得基础坯布样，再在人台手臂上进行修正，完成衣袖裁片的立体裁剪。裙装的款式变化也是多种多样的，总体来说，裙装的结构跟人体腰臀部的体型特征以及下肢的运动规律有直接的关系，因此在进行裙装的立体裁剪时，要注意腰臀部的合体度、活动量以及下摆的张开量。

本章习题

1. 立体裁剪与平面裁剪相比有哪些优点？
2. 平面裁剪的常用工具之外，进行立体裁剪通常还需要哪些工具？
3. 人台上的标示线有哪些？

参考文献

［1］张文斌，等.服装工艺学：结构设计分册［M］.3版.北京：中国纺织出版社，2006.

［2］刘瑞璞，刘维和.服装结构设计原理与技巧［M］.北京：纺织工业出版社，1991.

［3］包昌法.时装构成与裁制技巧［M］.北京：纺织工业出版社，1988.

［4］全国服装标准化技术委员会.服装标志及号型规格实用手册［S］.北京：中国标准出版社，2005.

［5］文化服装学院.文化服装讲座［M］.北京：中国轻工业出版社，2004.

［6］Winifred Aldrich.英国经典服装板型［M］.刘莉，译.北京：中国纺织出版社，2004.

［7］B.赞姆考夫，J.皮尔斯.美国现代时装设计剪裁技巧［M］.杨江海，冯宝林，译.北京：电子工业出版社，1990.

［8］俞英，张同.时装局部设计与裁剪500例［M］.南京：江苏科学技术出版社，1995.

［9］鲍卫君，张芬芬.服装裁剪实用手册：袖型篇［M］.上海：东华大学出版社，2005.

［10］苏石民，包昌法，李青.服装结构设计［M］.北京：中国纺织出版社，1999.

［11］向东.服装创意结构设计与制板［M］.北京：中国纺织出版社，2005.

［12］中屋典子，三吉满智子.服装造型学：技术篇［M］.北京：中国纺织出版社，2004.

［13］日本文化服装学院.立体裁剪基础篇［M］.上海：东华大学出版社，2004.

［14］刘瑞璞.服装纸样设计原理与技术：女装编［M］.北京：中国纺织出版社，2006.

［15］刘瑞璞.服装纸样设计原理与技术：男装编［M］.北京：中国纺织出版社，2005.

［16］吴清萍.经典童装工业制板［M］.北京：中国纺织出版社，2006.

［17］安·哈格.内衣、泳装、沙滩装及休闲服纸样设计［M］.北京服装学院爱慕人体工学研究所，译.北京：中国纺织出版社，2001.